普通高等教育"十二五"创新型规划教材·电气工程及其自动化系列

工 厂 供 电

郭 媛 宋起超 主 编
赵丽娜 于 颖 秦 杰 副主编

哈尔滨工业大学出版社

内 容 简 介

本书分为 8 章,首先介绍工厂供电相关的基础知识,然后按照工厂供电系统设计的步骤重点介绍了工厂电力负荷的计算、短路电流计算及供、用电设备的选择与校验,工厂电力线路及其保护,电气安全、接地与防雷及工厂供电系统的电压质量等。书中的电路图符号、文字符号、有关术语及有关图表均采用最新国家标准,并注意引入新技术和介绍工厂供电技术的发展趋势,通过此书可以系统了解工厂供电系统和用电设备。

本书可作为高等学校电气工程及其自动化专业和相关专业的本科教材,也可作为高职高专和函授教材,同时还可供从事电气设计、运行、管理工作的工程技术人员参考。

图书在版编目(CIP)数据

工厂供电/郭媛,宋起超主编. —哈尔滨:哈尔滨工业大学出版社,2012.4(2021.7 重印)

ISBN 978-7-5603-3502-5

普通高等教育"十二五"创新型规划教材·电气工程及其自动化系列

Ⅰ.①工⋯　Ⅱ.①郭⋯②宋⋯　Ⅲ.①工厂–供电

Ⅳ.①TM727.3

中国版本图书馆 CIP 数据核字(2012)第 014339 号

策划编辑　王桂芝　赵文斌
责任编辑　李长波
出版发行　哈尔滨工业大学出版社
社　　址　哈尔滨市南岗区复华四道街 10 号　邮编 150006
传　　真　0451-86414749
网　　址　http://hitpress.hit.edu.cn
印　　刷　哈尔滨圣铂印刷有限公司
开　　本　787mm×1092mm　1/16　印张 17　字数 418 千字
版　　次　2012 年 4 月第 1 版　2021 年 7 月第 2 次印刷
书　　号　ISBN 978-7-5603-3502-5
定　　价　45.00 元

普通高等教育"十二五"创新型规划教材

电气工程及其自动化系列

编　委　会

序

随着产业国际竞争的加剧和电子信息科学技术的飞速发展,电气工程及其自动化领域的国际交流日益广泛,而对能够参与国际化工程项目的工程师的需求越来越迫切,这自然对高等学校电气工程及其自动化专业人才的培养提出了更高的要求。

根据《国家中长期教育改革和发展规划纲要(2010—2020)》及教育部"卓越工程师教育培养计划"文件精神,为适应当前课程教学改革与创新人才培养的需要,使"理论教学"与"实践能力培养"相结合,哈尔滨工业大学出版社邀请东北三省十几所高校电气工程及其自动化专业的优秀教师编写了《普通高等教育"十二五"创新型规划教材·电气工程及其自动化系列》。该系列教材具有以下特色:

1. 强调平台化完整的知识体系。系列教材涵盖电气工程及其自动化专业的主要技术理论基础课程与实践课程,以专业基础课程为平台,与专业应用课、实践课有机结合,构成了一个通识教育和专业教育的完整教学课程体系。

2. 突出实践思想。系列教材以"项目为牵引",把科研、科技创新、工程实践成果纳入教材,以"问题、任务"为驱动,让学生带着问题主动学习,"在做中学",进而将所学理论知识与实践统一起来,适应企业需要,适应社会需求。

3. 培养工程意识。系列教材结合企业需要,注重学生在校工程实践基础知识的学习和新工艺流程、标准规范方面的培训,以缩短学生由毕业生到工程技术人员转换的时间,尽快达到企业岗位目标需求。如从学校出发,为学生设置"专业课导论"之类的铺垫性课程;又如从企业工程实践出发,为学生设置"电气工程师导论"之类的引导性课程,帮助学生尽快熟悉工程知识,并与所学理论有机结合起来。同时注重仿真方法在教学中的作用,以解决教学实验设备因昂贵而不足、不全的问题,使学生容易理解实际工作过程。

本系列教材是哈尔滨工业大学等东北三省十几所高校多年从事电气工程及其自动化专业教学科研工作的多位教授、专家们集体智慧的结晶,也是他们长期教学经验、工作成果的总结与展示。

我深信:这套教材的出版,对于推动电气工程及其自动化专业的教学改革、提高人才培养质量,必将起到重要推动作用。

教育部高等学校电子信息与电气学科教学指导委员会委员
电气工程及其自动化专业教学指导分委员会副主任委员　

2011 年 7 月

前　言

　　工厂供电课程及相关教学环节是电气及自动化类学生全面、系统了解工厂供电系统和用电设备的有效途径。针对应用型本科院校电气专业面向工程应用、面向企业的人才培养目标，我们编写了这部能充分体现工程实际应用特点、适合实践型人才培养需要的教材。

　　本书在总结多位教师多年教学经验的基础上，借鉴和参考了现有教材，并依据最新国家标准和设计规范，本着服务学生，使学生能学有所长、学以致用的思想对教材进行严谨的编写。书中注重理论与实践的结合，在强调基础的同时，突出工程概念和特点。全书共分 8 章：首先简要介绍了工厂供电相关的基础知识，然后按照工厂供电系统设计的步骤重点介绍了工厂电力负荷的计算，短路电流计算及供、用电设备的选择与校验，工厂电力线路及其保护，电气安全、接地与防雷及工厂供电系统的电压质量。在内容上，书中的电路图符号、文字符号、有关术语及有关图表均采用最新国家标准，并注意引入新技术和介绍工厂供电技术的发展趋势，力求取材新颖；在文字上，力求语言简练，浅显易懂，使读者对工厂供电的基本知识和主要技术能有深入理解；在编排上，力求做到教学内容模块化，各教学模块不但具有可组合性，而且具有可选择性。电类各专业可根据专业需要进行选择教学。

　　本书由齐齐哈尔大学与黑龙江工程学院共同编写，具体编写分工如下：郭媛负责第 3 章，第 4 章；宋起超负责第 5 章，第 6 章；赵丽娜负责第 1 章，第 8 章 8.4，8.5，8.6 和附录部分；秦杰负责第 7 章；于颖负责第 2 章，第 8 章 8.1，8.2，8.3；王希凤参与了第 6 章 6.2 部分内容的编写工作；郭媛和宋起超负责全书的统稿。本书为齐齐哈尔大学重点资助教材。

　　由于编者水平有限，书中疏漏和不足在所难免，恳请广大读者批评指正。

编　者

2012 年 3 月

目　　录

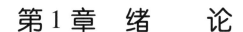

第1章 绪 论

1.1 电力系统基础

电能由于具有转换容易、输送方便、易于控制及洁净、经济等特点,成为人类社会赖以生存和发展的重要能源。如今,电能是工业、农业、国防、交通等部门不可缺少的动力,成为改善和提高人们物质、文化生活的重要因素,一个国家电力工业的发展水平已是反映其国民经济发达程度的重要标志之一。

1.1.1 电力系统的基本概念

发电厂多建立在一次能源所在地,和电能用户距离可能很远,这就要求将电能输送到用户。要想长距离输送大容量的电能,就必须把电压升高,用户要想使用电能,又需要把电压降低。围绕电能的产生、变压、输送和使用就构成了电力系统,它是一个由发电厂的发电机、升压及降压变压器、电力线路和用户构成的整体,如图1.1所示。

组成电力系统的优势有:

(1)减少总备用容量所占的比例,提高供电可靠性。电力系统在运行过程中难免会发生故障,有时为了检修也要停机。若电力系统中总装机容量正好等于该系统的最大负荷,则当某一机组停机时,势必引起一部分用户停电,给用户造成损失。为避免这种情况发生,一般都使装机容量稍大于最大负荷,多出的容量称为备用容量。备用容量在整个电力系统中可以通用,电力系统容量越大,它在系统中所占的比例就越小,同时,备用容量也保证了对主要用户的不间断供电,提高了供电的可靠性。

(2)可以采用高效率的大容量机组。大容量机组效率高,节省原材料,占地少,运行费少。但是,孤立运行的电厂或者总容量较小的电力系统,因没有足够的备用容量,不允许采用大机组,否则,一旦机组出事故或检修,将造成大规模停电,给国民经济造成极大损失。如果电力系统容量大,按照比例可装容量较大的机组,从而可节约投资、降低煤耗、降低成本、提高劳动生产率、加快电力建设速度。

(3)充分利用各种资源,提高运行的经济性。水力发电受季节影响,在夏秋丰水期水量过剩,在冬春枯水期水量短缺,水电厂容量占的比例较大的系统(如湖北省)将造成枯水期缺电、丰水期弃水的后果。组成联合电力系统后,水火电联合运行,丰水期水电厂多发电,火电厂少发电并适当安排检修;枯水期火电厂多发电,水电厂少发电并安排检修。这样充分利用水动力资源,减少燃料消耗,从而降低电能成本,提高运行的经济性。

(4)减少总负荷的峰值。不同地区由于生产、生活及时差、季差等各种条件的差异,它们

的最大负荷出现的时间不同,如一个区域最大负荷出现在17时,另一个区域出现在17时半,两个区域联成电力系统后,最大负荷小于两个区域系统最大负荷之和,减少总负荷的峰值,从而减少了需要的装机容量。

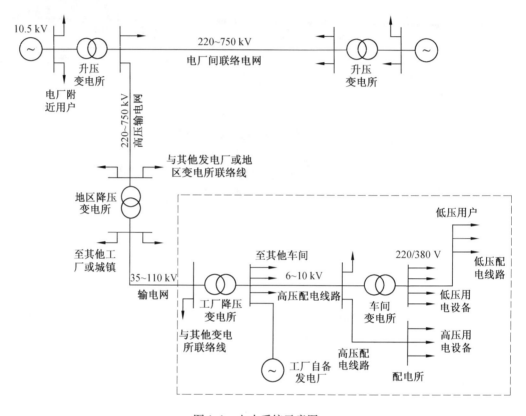

图 1.1   电力系统示意图

1.1.2   发 电 厂

能源按其基本形态可以分为一次能源和二次能源。煤炭、石油、天然气、水等自然界中现成存在、可直接供给人类使用的能源,称为一次能源;电能、煤气等由一次能源加工转换而成的称为二次能源。

生产电能的核心是发电厂,它担负着把不同种类的一次能源转换成电能的任务。根据所利用能源的不同,发电厂可以分为火力发电厂、水力发电厂、核能发电厂、风力发电厂、太阳能发电厂、热电厂等类型。

1. 火力发电厂

火力发电厂,简称火电厂或火电站,是利用煤炭、石油、天然气作为燃料生产电能的工厂,它的基本生产过程是:燃料在锅炉中燃烧加热使水成为蒸汽,将燃料的化学能转换成热能,蒸汽压力推动汽轮机旋转,热能转换成机械能,然后汽轮机带动发电机旋转,将机械能转换成电能。火力发电的重要问题是提高热效率,提高热效率的办法是提高锅炉的参数。20 世纪 90 年代,世界最好的火电厂能把 40% 左右的热能转换为电能;大型供热电厂的热能利用率也只能达到 60% ~70% 。此外,火力发电大量使用燃煤、燃油,造成环境污染,也日益成为人类关注的问题。

2. 水力发电厂

水力发电厂,简称水电厂或水电站,是利用水流的势能和动能产生电能的工厂,它的基本生产过程是:从河流高处或其他水库内引水,利用水的压力或流速带动水轮机旋转,将水能转变成机械能,然后水轮机带动发电机旋转,将机械能转换成电能。水力发电效率较高,能达到90%以上,输出单位电力的成本最低,发电启动快,在数分钟内可以完成发电,但通常距离负载中心远,输电距离长,造成输电费用高;另外,水力发电易受水量影响,而且建厂周期长、费用高,建成后不易增加容量。

3. 核能发电厂

核能发电厂简称核电厂或核电站,是利用原子核在裂变过程中产生的核能生产电能的工厂。其生产过程与火力发电厂相似,只是它的"锅炉"为原子核反应堆。核能是一种有巨大能量并可长期使用的能源,自1954年世界上第一座核电厂投入运行以来,许多国家纷纷建设核电厂,但核废料的回收与处理具有较大的风险,2011年3月的福岛核电站核泄漏事故,引发各界对核电站安全新一轮的关注和担忧,也促使各国重新审视核电发展策略。

4. 其他能源发电

(1)风力发电。风能作为一种清洁的可再生能源,越来越受到各国的重视。近几年,风力发电在我国迅猛发展,成为新能源开发的重要项目。风力发电的原理是:利用风力带动风车叶片旋转,再通过增速机将旋转的速度提升,来促使发电机发电。依据目前的风车技术,大约是3 m/s 的微风速度(微风的程度),便可以开始发电。风力发电没有燃料问题,也不会产生辐射或空气污染,而且基建周期短,装机规模灵活,但也存在着占用大片土地,产生的电能不稳定、不可控等问题。风力发电在芬兰、丹麦等国家很流行,在我国也迅猛发展,截至2009年12月31日,我国风电累计装机超过1 000 MW 的省份已超过9个。

(2)太阳能发电。太阳能同样是一种越来越受人们青睐的、干净的、可再生的新能源,它的应用之一就是将太阳能转换成电能。太阳能发电有几种形式,常见的有光伏发电和热发电:光伏发电利用太阳能电池板发电;热发电通过聚集太阳光到吸热塔,融化熔融盐,带动汽轮机发电。目前,太阳能发电的应用已从军事领域、航天领域进入工业、商业、农业、通信、家用电器以及公用设施等部门,尤其可以分散地在边远地区、高山、沙漠、海岛和农村使用,以节省造价很贵的输电线路。但是在目前阶段,它的成本还很高,发出1 kW 电需要投资上万美元,因此大规模使用仍然受到经济上的限制。

此外,还有地热发电、潮汐发电、海水温差发电等多种发电方式。

目前,我国电力结构仍以火电为主,火电装机容量占总装机容量的74%以上,火电占总发电量的80%以上,水电占总发电量的14%,核电占总发电量的2%。从增长速度来看,水电和核电得到快速发展,尤其是2007年以来,国家出台的一系列政策必将促进未来电源发展中水电、风电等可再生能源和核电的快速发展。

1.1.3 变 电 所

变电所是变化电能电压和接受电能与分配电能的场所,是联系发电厂和用户的中间枢纽。

变电所有升压和降压之分。升压变电所多建立在发电厂内,把电能电压升高后,再进行长距离输送。降压变电所多设在用电区域,将电能高压降为某一低电压后对某地区和用户供电。

变电所按所处地位和作用又可分为五类：

（1）枢纽变电所。枢纽变电所位于电力系统的枢纽点，电压等级一般为 330 kV 及以上，连接多个电源，出线回路多，变电容量大，全站停电后将造成大面积停电，或系统瓦解。枢纽变电所对电力系统运行的稳定和可靠性起到重要作用。

（2）中间变电所。中间变电所位于系统主干环行线路或系统主要干线的接口处，电压等级一般为 220 ~ 330 kV，汇集 2 ~ 3 个电源和若干线路。变电所停电后，将引起区域电网的停电。

（3）地区变电所。地区变电所是一个地区和一个中、小城市的主要变电所，电压等级一般为 220 kV，全站停电后将造成该地区或城市供电的紊乱。

（4）工厂变电所。工厂变电所是大、中型企业的专用变电所，它对工厂内部供电。接受地区变电所的电压等级为 35 ~ 110 kV，通常有 1 ~ 2 回进线，降为 6 ~ 10 kV 后对车间变电所和高压用电设备供电。

（5）车间变电所。车间变电所从工厂降压变电所接受电能，将其降为 220/380 V，对车间低压用电设备和照明设备供电。

1.1.4　电力线路

电力线路包括输电线路和配电线路，是输送电能和分配电能的通道，连接着发电厂、变电所和用户。它由各种不同电压等级和不同结构类型的线路组成。按电压高低可分为低压线路、中压线路、高压线路和超高压线路。其中，电压在 1 kV 以下的称为低压线路；电压为 1 ~ 10 kV 的称为中压线路；电压为 10 ~ 330 kV 的称为高压线路；电压在 330 ~ 750 kV 的称为超高压线路；电压在 1 000 kV 以上的称为特高压线路。

1.1.5　电能用户

任何使用电能的单位或个人均称为电能用户，其中主要是工业用户。统计资料显示，2011年上半年，工业用电量占全社会用电量的 75.3% ，是电力系统中最大的电能用户。因此，研究和掌握工厂供电方面的知识和理论，对提高工厂供电的可靠性、改善电能品质、做好工厂计划用电、节约用电和安全用电具有十分重要的意义。

1.2　工厂供电系统

工厂供电系统由工厂降压变电所、高压配电线路、车间变电所、低压配电线路及用电设备组成，如图 1.1 的虚线框部分所示。其中，工厂降压变电所接受电网送来的电能，把电网 35 ~ 110 kV 的电压降为 6 ~ 10 kV；高压配电线路主要作为工厂内输送、分配电能之用，通过它把电能送到各个生产厂房及车间；车间变电所将 6 ~ 10 kV 的高压配电电压降为 220/380 V；低压配电线路主要用于向低压用电设备供电。

工厂供电系统一般是电力系统的一部分，即由国家电网供电，但在以下情况下，也可以建立自己的发电厂：

（1）需要设备自备电源作为一级负荷中特别重要负荷的应急电源或第二电源不能满足一级负荷的条件时；

（2）设备自备电源较从电力系统供电经济合理时；

（3）有常年稳定余热、压差、废弃物可供发电，技术可靠、经济合理时；

（4）所在地区偏僻，远离电力系统，设备自备电源经济合理时；

（5）有设置分布式电源的条件，能源利用效率高、经济合理时。

自备电厂在解决工厂用电同时，也带来了环境污染、能源浪费、影响电网安全等问题，站在建立"资源节约型"和"环境友好型"社会的角度，其发展将受到一定的限制。

1.3 电力系统的电压

为使电气设备生产标准化，便于批量生产和选用，对发电、供电和用电设备的额定电压必须有统一的规定。电力系统额定电压的等级是根据国民经济发展的需要、技术经济的合理性以及电气设备的制造水平等因素，经全面分析论证，由国家统一制定和颁布的。我国现行的标准电压为 2007 年发布的标准电压国家标准 GB 156—2007，其中规定了电力网和用电设备、发电机和电力变压器的额定电压，见表 1.1。

表 1.1 我国电力网和电力设备的额定电压 （高压 kV，低压 V）

电力网和用电设备额定电压			
交流	低压	6,12,24,48,110,380/220,660/380,1 000	
	高压	1～35 kV	3.3,6,10,20,35
		35～220 kV	66,110,220
		220 kV 以上	330,500,750,1 000
直流	低压	1.2,1.5,6,12,24,36,48,60,72	
	高压	500,800	
发电机额定电压			
交流	低压	115,230,400,690	
	高压	3.15,6.3,10.5,13.8,15.75,18,20,24,26	
直流	低压	115,230,460	
	高压		
电力变压器额定电压			
交流	低压	一次绕组	220/127,380/220,660/380
		二次绕组	230/133,400/230,690/400
	高压	一次绕组	3/3.15,6/6.6,10/10.5,13.8,15.75,18.20,35,63,110,220,330,500,750
		二次绕组	3.15/3.3,6.3/6.6,10.5/11,38.5,69,121,242,363,550

电气设备的额定电压就是能使发电机、变压器和一切用电设备在正常运行时获得最佳性能和最经济效果的电压。从表 1.1 中可以看出，发电机和变压器的额定电压均高于用电设备的额定电压，这是因为：

（1）发电机发出的电能在通过输电线路传输时，会产生一定的电压损失，因此规定发电机额定电压应比所接电网高出5%，用以补偿线路上的电压损失。

（2）变压器具有发电机和用电设备的两重性：一次侧由电网接受电能，相当于用电设备；二次侧供出电能，相当于发电机。因此对变压器额定电压的规定有两种情况：一种情况是高出10%，其原因是变压器的二次绕组额定电压是指空载电压，当变压器通过额定负载电流时，变压器绕组的电压损失约为5%，此时，和发电机一样，它仍比用电设备电压高出5%左右，用以补偿线路上的电压损失；另一种情况是高出5%，适用于配电距离较小时，此时，由于线路很短，其电压损失可忽略不计，所高出的5%的电压，均用以补偿变压器满载时一、二次绕组的阻抗压降。

由于变压器的一次绕组均连接在与其额定电压相对应的电力网末端，相当于电力网的一个负载，因此规定变压器一次绕组的额定电压与用电设备额定电压相同。

电力网的额定电压虽然与用电设备额定电压相同，但电网中由于电压损失的影响，各处电压都是不一样的，如图1.2所示，距离电源越远，电压越低，且随着负荷的变化，电压损失也在变化，所以要使加于用电设备的电压与电网的额定电压始终相同是很困难的。通常，为了使用电设备承受的电压尽可能接近它们的额定电压，应取线路的平均电压为用电设备的额定电压，即

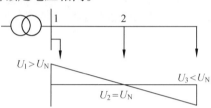

图 1.2　供电线路上的电压变化示意图

$U_{av}=(U_1+U_2)/2$，其中，U_1 为电力网首端额定电压；U_2 为电力网末端用电设备额定电压。

一般情况下，考虑到电压等级过多会造成工厂供电系统的投资增多，增加故障的可能性及继电保护的动作时限，且会使设备制造部门的生产复杂化等原因，因此在一个工厂内通常只采用一种高压配电电压。

1.4　决定供电质量的主要指标

决定工厂供电质量的指标为电压、频率和可靠性。

1.4.1　电　压

理想的供电电压应该是幅值恒为额定值的三相对称正弦电压。由于供电系统存在阻抗、用电负荷的变化和用电负荷的性质等因素，实际供电电压无论是在幅值上、波形上还是三相对称性上都与理想电压之间存在着偏差。当供电电网的实际电压与用电设备的额定电压相差较大时，对用电设备的危害很大。以照明用白炽灯为例，当加于灯泡的电压低于额定电压时，发光效率降低，从而影响工人的身体健康，同时也会降低生产效率；当加于灯泡的电压高于额定电压时，则使灯泡寿命降低。供电电压与灯泡光通量和寿命的关系见表1.2。

表1.2　供电电压与灯泡光通量和寿命的关系　　　　　　　　　　　%

电压变化	90	95	100	105	110
光通量变化	70	84	100	118	138
寿命变化	392	196	100	53	29

对感应电动机而言,当电压降低时,转矩减小,负荷电流增大,温度升高。如电压降低20%,转矩将降到额定运行时的64%,电流增加20% ~ 35%,温度升高12% ~ 15%。转矩降低,使感应电动机转速下降,甚至停转,导致工厂产生废品甚至引发重大事故;感应电机负荷电流和温度升高会使电机有功功率损耗增加,线圈过热,绝缘迅速老化,甚至烧毁。当供电电压高于额定电压时,由于磁路饱和的影响,会使无功功率显著增加,从而降低工厂的功率因数,使工厂电能消耗增加并影响供电质量。电压偏差对用电设备性能的影响见表1.3。

为满足用电设备的要求,对供电电压偏差作如下规定:

(1)电动机规定为±5%。

(2)电气照明:在一般工作场所为±5%;对于远离变电所的小面积一般工作场所、难以满足上述要求时,可为+5%、−10%;应急照明、道路照明和警卫照明等为+5%、−10%。

表 1.3 电压偏差对用电设备性能的影响

电气设备名称	主要性能指标	与电压的关系	对性能的影响	
			电压偏差−10%	电压偏差+10%
异步电动机	启动转矩、最大转矩	U^2	−19%	+21%
	启动电流	U	−(10% ~ 12%)	+(10% ~ 12%)
	温升	—	+(6% ~ 7%)	−(3% ~ 4%)
同步电动机	最大转矩	U	−10%	+10%
电热设备	输出热能量	U^2	−19%	+21%

电网容量扩大和电压等级增加后,保持各级电网和用户与额定电压始终相同是比较复杂的工作,因此供电单位除规定用户电压质量标准外,还进行无功功率补偿和调压规划的设计工作,以及安装必要的无功电源和调压设备,并对用户用电和电网运行作出相应规定和要求。

1.4.2 频 率

频率是影响供电质量的又一个指标。供电频率是否稳定通过频率偏差来衡量。频率偏差是指实际频率与额定频率的差值与额定频率的比值,用百分数来表示,即

$$\Delta f = \frac{f - f_{\mathrm{N}}}{f_{\mathrm{N}}} \times 100\% \tag{1.1}$$

式中,f 为实际供电频率;f_{N} 为额定供电频率,Hz。

电压频率的偏差达到一定数值时,对电力系统会引起下列后果:

(1)汽轮机的叶片发生共振而断裂;

(2)引起水泵、风机效率下降,导致发电厂出力降低,发电煤耗和厂用电上升;

(3)自动运动装置误动作,影响通信、广播传送质量;

(4)电力系统应付事故的能力下降。

对于电力用户而言,频率变化会有如下影响:

(1)引起异步电动机转速变化,这会使得电动机所驱动的加工工业产品的机械的转速发生变化,有些产品(如纺织和造纸行业的产品)对加工机械的转速要求很高,转速不稳定会影响产品质量,甚至出现次品和废品;

（2）电力系统频率波动会影响某些测量和控制用的电子设备的准确性和性能，频率过低有些设备甚至无法工作，这对于一些重要工业和国防部门是不允许的；

（3）电力系统频率降低将使电动机的转速和输出功率降低，导致其所带动机械的转速和功率降低，影响电力用户设备的正常运行。

因此，必须严格控制电力系统的频率。我国工业上的标准电流频率为 50 Hz，《全国供用电规则》规定，供电频率的允许偏差：电力系统容量在 300 万 kW 及以上者为 ±0.2 Hz，电力系统容量在 300 万 kW 以下者为 ±0.5 Hz。

除了上述规定之外，在工厂中由于一些特殊需要，有时也会采用较高的频率，以减轻工具的重量、加热零件、提高生产效率。如汽车制造或其他大型流水作业的装配车间采用频率为 175～180 Hz 的高频工具，某些机床采用 400 Hz 的电机以提高切削速度，锻压、热处理及熔炼利用高频加热。

1.4.3 可靠性

在工厂供电系统中，根据电力负荷对供电可靠性的要求及中断供电对人身安全、经济损失造成的影响程度，将其分为三级。

1. 一级负荷

（1）中断供电将造成人身伤亡的。

（2）中断供电将在经济上造成重大损失的。如：中断供电会造成重大设备损坏且难以修复，会给国民经济带来重大损失，打乱重点企业的连续生产过程且需要很长时间才能恢复等。

（3）中断供电将影响重要用电单位的正常工作。如：重要铁路枢纽，重要通信枢纽，重要宾馆，经常用于国际活动的大量人员集中的公共场所等。

在一级负荷中，中断供电将造成重大设备损坏或发生中毒、爆炸和火灾等情况的负荷，以及特别重要场所的不允许中断供电的负荷，应视为一级负荷中特别重要的负荷。

一级负荷应由双重电源供电，且不能同时损坏。所谓双重电源可以是分别来自不同电网的电源，或来自同一电网但在运行时电路互相之间联系很弱，或者来自同一电网但其间的电气距离较远，一个电源系统任意一处出现异常运行时或发生短路故障时，另一个电源仍不中断供电。

一级负荷中特别重要的负荷的供电除由双重电源供电外，尚需增加应急电源。应急电源类型的选择，应根据特别重要负荷的容量、允许中断供电的时间以及要求的电源为交流或直流等条件来进行。大型企业中，往往同时使用几种应急电源，应使各种应急电源设备密切配合，充分发挥作用。

2. 二级负荷

（1）中断供电将在经济上造成较大损失的。如：突然断电，将造成生产设备局部破坏，或生产流程紊乱且恢复较困难，或出现大量废品或大量减产等。

（2）中断供电将影响较重要用电单位的正常工作。如：铁路枢纽，通信枢纽以及中断供电将造成大型影剧院、大型商场等人员集中的重要公共场所秩序混乱。

这类负荷允许短时停电几分钟，在工厂中占的比例最大。二级负荷应由两回线路供电，两回线路应尽可能引自不同的变压器或母线段。当负荷较小或地区供电条件困难时，可以由一回 6 kV 及以上专用架空线供电。

3.三级负荷

不属于一级和二级负荷者均属于三级负荷。三级负荷对供电电源无特殊要求,可以较长时间停电,可由单回线路供电。

工厂中,一、二级负荷占的比例较大,即使短时停电也会造成相当可观的经济损失。掌握了负荷分级及其对供电可靠性的要求后,在设计新建或改造工厂供电系统时,可以按实际情况进行方案的拟订和技术经济分析,以确定更合理、更经济的供电方案。

1.5 工厂供电设计的一般知识

工厂供电设计是根据工厂内各个车间的负荷数量和性质,生产工艺对负荷的要求以及负荷布局,结合国家供电情况,解决对各部门的安全可靠、经济的分配电能问题。其基本内容有以下几方面。

1.5.1 工厂供电设计的原则

(1)遵守规程、执行政策。必须遵守国家的有关规程和标准,执行国家的有关方针政策,包括节约能源、节约有色金属等技术经济政策。

(2)安全可靠、先进合理。应做到保障人身和设备的安全,供电可靠,电能质量合格,技术先进和经济合理,采用效率高、能耗低和性能较先进的电气产品。

(3)近期为主、考虑发展。应根据工程特点、规模和发展规划,正确处理近期建设与远期发展的关系,做到远、近期结合,以近期为主,适当考虑扩建的可能性。

(4)全局出发、统筹兼顾。必须从全局出发,统筹兼顾,按照负荷性质、用电容量、工程特点和地区供电条件等,合理确定设计方案。

1.5.2 设计的程序与要求

工厂供电设计,通常分为扩大初步设计和施工设计两个阶段。其中,扩大初步设计阶段是工厂供电设计的主干。

1.扩大初步设计阶段

扩大初步设计的任务主要是根据设计任务书的要求,进行负荷的统计计算,确定工厂的需电容量,选择工厂供电系统的方案及主要设备,列出主要设备材料清单,并编制工程概算,报上级主管部门审批。因此,扩大初步设计应包括工厂供电系统的总体布置图、主电路图、平面布置图等图纸及设计说明书和工程概算等。

为了进行扩大初步设计,在设计前必须收集以下资料:

(1)工厂的总平面图,各车间(建筑)的土建平、剖面图。

(2)工艺、给水、排水、通风、取暖及动力等工种的用电设备平面布置图及主要的剖面图。并附有备用用电设备的名称及有关技术数据。

(3)用电设备对供电可靠性的要求及工艺允许停电的时间。

(4)全厂的年产量或年产值及年最大负荷利用小时数,用以估算全厂的年用电量和最高需电量。

(5)向当地供电部门收集下列资料:可提供的电源容量和备用电源容量;供电电源的电

压、供电方式、供电电源回路数、导线或电缆的型号规格、长度以及进入工厂的方位；电力系统的短路数据或供电电源线路首端的开关断流容量；供电电源首端的继电保护方式及动作电流和动作时限的整定值，电力系统对工厂进线端继电保护方式及动作时限配合的要求；供电部门对工厂电能计量方式的要求及电费计收办法；对工厂功率因数的要求；电源线路厂外部分设计和施工的分工及工厂应负担的投资费用等。

（6）向当地气象、地质及建筑安装等部门收集下列资料：当地气温数据，如年最高温度、年平均温度、最热月平均最高温度、最热月平均温度以及当地最热月地面 0.8 ~ 1 m 处的土壤平均温度、当地海拔高度、极端最高温度与最低温度等，以供选择电器和导体之用；当地年雷暴日数，供设计防雷装置之用；当地土壤性质或土壤电阻率，供设计接地装置之用；当地常年主导风向、地下水位及最高洪水位等，供选择变、配电所所址之用；当地曾经出现过或可能出现的最高地震烈度，供考虑防震措施之用；当地电气工程的技术经济指标及电气设备和材料的生产供应情况等，供编制投资概算之用。

根据上述收集的材料，在扩大初步设计的阶段，其具体工作包含以下几项：

（1）计算车间及全厂的计算负荷；

（2）根据车间环境及计算负荷，选择车间变电所位置及变压器的容量和数量；

（3）按照负荷等级的分类方法和设备用电要求，划分工厂的负荷等级并按照确定的负荷等级，选择供电电源、电压等级和供电方式；

（4）选择工厂总降压变（配）电所的位置、变压器台数和容量，确定总降压变（配）电所的接线图和厂区内高压配电方案；

（5）进行高压电器设备及配电网络载流导体截面的选择；

（6）选择工厂供电系统的继电保护装置，进行相关参数的整定计算；

（7）进行系统防雷设计，包括变电所、厂区建筑和用电设备的防雷措施、接地方式及接地电阻的计算；

（8）确定提高电能质量和无功功率补偿的措施；

（9）核算建设所需的器材和总成本。

2. 施工设计阶段

施工设计是在扩大初步设计经上级主管部门批准后，为满足安装施工要求而进行的技术设计，重点是绘制施工图。施工设计须对初步设计的原则性方案进行全面的技术经济分析和必要的计算和修订，以使设计方案更加完善和精确，利于安装施工图的绘制。安装施工图是进行安装施工所必需的全套图纸资料，应尽可能采用国家颁发的标准图样。

1.5.3 工厂供电的意义及课程任务

工厂供电是工业电气自动化的一个有机组成部分，从培养电气自动化技术人才的要求来讲，不应只熟悉如何以电气手段实现设备监控和生产过程的自动化，更需了解如何可靠、安全地获得电能和经济合理地使用电能。

工厂供电系统既然是电力系统的一个组成部分，一方面要反映电力系统各方面的理论和要求，使其应用于工厂供电系统的设计当中；另一方面，它又有别于电力系统，反映出工厂用户的特点和要求。如工厂电力设备用电的特点和负荷计算，用电设备的合理选择和经济运行，工厂供电系统的可靠性和保护装置，供电新技术的应用等。这些都是围绕着新的经济和能源形势下,工厂供电系统设计和运行所面临的新问题、新技术展开的。工厂作为最大的电能消耗大户,其电能的合理使用和节约对国家具有重要的战略意义。因此,培养一批工厂供电系统的设计人才,使他们掌握工厂供电系统的特点,能设计经济、高效、可靠、安全的工厂供电系统,并对运行中遇到的问题进行分析和解决,是非常必要的。

本书将根据工厂供电系统设计的步骤逐一进行讲述。在注重基本概念、基本理论的基础上,加入体现工厂供电发展趋势的新技术、新方法,并依据我国新近颁布的一系列国家标准和设计规范对工厂供电相关知识和设计方法作较为全面系统的介绍,使读者在学习过程中既能掌握经典理论和方法,又能了解到新的供电技术和相关知识,并注重理论与实际的结合。

第 2 章 负 荷 计 算

　　本章是工厂供电系统运行分析和设计计算的基础,工厂电力负荷计算是正确选择供电系统中导线、开关电器、变压器等电气设备的基础,并为电力系统继电保护的整定计算奠定基础,是保障供电系统安全运行必不可少的重要环节。本章首先介绍工厂电力负荷及其相关概念;然后重点介绍负荷计算的两种常用的计算方法,即需要系数法和二项式系数法;介绍工厂的功率损失和电能损失,工厂的无功功率补偿,尖峰电流的计算;最后介绍工厂总的计算负荷的确定方法。

2.1　计算负荷的意义及计算目的

　　对工厂的配电系统进行基本设计的时候,在许多情况下,工厂的机器设备还没有最后选定,甚至连生产过程本身也还在评估之中,这时往往不可能得到工厂的全部负荷的资料。在这个阶段机器设备的样式和安装方法尚未确定,生产过程的方案也经常修改。然而,在配电系统设计中,一次变电所和二次变电所的规模应该是多大,需要多少数量,采用何种配电方式,所有的一切又都取决于负荷的性质及其分布情况。

　　在进行工厂供电设计时,基本的原始资料为工艺部门提供的各种用电设备的产品铭牌数据,如额定容量、额定电压等,这是设计的依据。但是,能否简单地用设备额定容量来选择导体和各种供电设备呢? 显然是不能的。因为所安装的设备并非都同时运行,而且运行的设备实际需用的负荷也并不是每一时刻都等于设备的额定容量,而是在不超过额定容量的范围内,大时小地变化着。所以直接用额定容量(也称安装容量)选择供电设备和供配电系统,必将导致有色金属的浪费和工程投资的增加。因而,供配电设计的第一步,就是要计算全厂和各车间的实际负荷。

　　负荷计算的主要目的包括:

　　(1)求计算负荷(也称需用负荷),目的是为了合理地选择工厂各级电压供电网络、变压器容量和电器设备型号等。

　　(2)求出其尖峰电流。用于计算电压波动、电压损失,选择熔断器和保护元件等。

　　(3)算出平均负荷。用来计算全厂电能需要量、电能损耗及功率补偿等。

　　计算负荷作为按发热条件选择供配电系统中各元件的依据,按计算负荷选择的电力变压器、高低压电器和电线电缆,当系统在持续正常运行时,其发热温度不会超过允许值或不影响其使用寿命。

　　计算负荷是供配电系统设计计算的基本依据,如果计算负荷过大,将使设备和导线选择偏大,造成投资和有色金属的浪费,如果计算负荷过小,又将使设备和导线选择偏小,造成运行时过热,增加电能损耗和电压损失,甚至使设备和导线烧毁,造成事故。可见,正确确定计算负荷具有重要意义。

负荷计算情况很复杂,影响的因素很多,它与设备的性能、生产的组织及能源供应的状况等多种因素有关,因此准确确定计算负荷十分困难,负荷计算也只能力求接近实际。

2.1.1 工厂的电力负荷与计算负荷

电力负荷有两个含义:

(1)用电设备或用电单位(用户);

(2)电气设备所消耗的功率或线路中流过的电流。

根据用电设备在工艺生产中的作用,以及供电中断对人身和设备安全的影响,电力负荷通常可分为三个等级。(详见本书1.4.3节)

功率是表示能量变化速率的一个重要物理量。电功率又分为有功功率、无功功率和视在功率。

电阻性用电设备总是消耗能量,电阻所消耗的功率称为有功功率,用字母 P 表示。

纯电感(或纯电容)性设备能够储存能量,但不消耗能量,它只是与电源之间进行能量的交换,时而由电源吸收能量储存在磁场(或电场)中,时而又将所储存的能量释放,电感(或电容)并未真正消耗能量。这种与电源进行交换能量的功率,称为无功功率,用 Q 表示。

视在功率用 S 表示,在三相交流电路中是 $\sqrt{3}$ 乘以线电压与线电流。S,P,Q 三者之间的关系为 $S = \sqrt{P^2 + Q^2}$。

电量指用电设备所需用的电能数量。有功电量表示用电设备所消耗的电能数量,单位是有功电量(kW·h)。无功电量表示用电设备与电源所交换的电能数量,单位是无功电量(kvar·h)。

"计算负荷"是按发热条件选择导体和电器设备时使用的一个假想负荷。其物理意义为:按这个"计算负荷"持续运行所产生的热效应,与按实际变动负荷长期运行所产生的最大热效应相等。换句话说,当导体持续流过"计算负荷"时所产生的导体恒定温升,恰好等于导体实际流过变动负荷时所产生的平均最高温升。从发热的结果来看,二者是等效的。通常规定取 30 min 平均最大负荷 P_{30},Q_{30} 和 S_{30} 作为该用户的"计算负荷"。在进行负荷计算时主要计算这三个参数。

2.1.2 工厂用电设备的工作制

1. 用电设备的工作制

工厂的用电设备,按其工作时制分为以下三类。

(1)连续工作制。连续工作制的设备在恒定负荷下运行,其运行时间长到足以使用电设备达到热平衡状态,如通风机、水泵、空气压缩机、电机发电机组、电炉和照明灯等。机床主电机一般也是连续工作制的。

(2)短时工作制。短时工作制的用电设备在恒定负荷下运行的时间短,而停歇的时间长,时间长到足以使设备温度冷却到周围介质的温度,如机床上的某些辅助电动机、控制闸门的电动机等。

(3)断续周期工作制。断续周期工作制的用电设备周期性地运行,工作—停歇—工作,如此反复运行,而工作周期一般不超过 10 min,如电焊机、起重机械等。断续周期工作制的设备可用负荷持续率 ε 来表征工作特性。

负荷持续率为一个工作周期内工作时间与工作周期的百分比值,用 ε 表示,即

$$\varepsilon = \frac{t}{T} \times 100\% = \frac{t}{t + t_0} \times 100\% \tag{2.1}$$

式中,T 为工作周期;t 为工作周期内的工作时间;t_0 为工作周期内的停歇时间。

2. 用电设备容量的确定

(1)连续工作制和短时工作制的设备容量 P_e,一般取设备的铭牌额定功率 P_N,当用电设备的额定值为视在功率 S_N 时,应换算为有功功率 P_N,即

$$P_e = P_N \tag{2.2}$$

(2)断续周期工作制设备的额定容量(铭牌功率)P_N 对应于标称负荷持续率 ε_N,如果实际运行的负荷持续率 $\varepsilon \neq \varepsilon_N$,则实际容量 P_e 应按同一周期等效发热条件进行换算,即

$$P_e = \sqrt{\frac{\varepsilon_N}{\varepsilon}} P_N \tag{2.3}$$

式中,ε_N 为标称负荷持续率(额定负荷持续率);P_N 为铭牌功率(额定功率);ε 为实际工作负荷持续率。

由于用电设备的组成比较复杂,除按照上述的工作制进行分类外,在测定有关数据时,按照加工特点,也可把用电设备分成不同类型的组,如金属切削机床、通风机、不同类型的电炉、电解电镀设备、照明等。这种用电设备组的划分方法,经长期应用证明,只要是同一类型的用电设备,即使在不同类型的工厂企业中(机械、冶金、化工等),由于其共性,测得数据的范围有近似之处。这种分类方法在国际上是通用的,具体数据会因为各国国情不同而有差异。

2.1.3 电力负荷曲线

用电设备在生产期间的投入运行有很大的随机性,但各种类型的工厂都有其自身的生产规律。从工厂整体来看,其用电也必然存在一定的规律性。因此就有可能利用已有的生产工厂用电设备的安装容量和实际用电的大量资料进行统计、整理及分析,求出有关系数,以便在设计同类型的工厂时参考利用。实践经验表明,相同性质的用电设备,其用电规律也大致相同,在工厂供配电设计中,用电设备组的计算负荷的确定,也可以利用现有的负荷曲线及其有关系数。

负荷曲线是表征电力负荷随时间变动情况的一种图形,它反映了用户用电的特征及规律。它将日常记录和积累的数据绘制在直角坐标系上,纵坐标表示负荷功率值(有功功率或无功功率),横坐标表示对应的时间(一般以小时为单位),每隔一定时间间隔绘制负荷变化曲线。负荷曲线所包围的面积,就是工厂在生产期间耗用的电能。

负荷曲线按负荷对象分为某台设备、某个车间或工厂的负荷曲线,可以表示某台设备的负荷变化的情况,也可以表示一个车间或一个工厂的负荷变动的情况。按负荷的功率性质分为有功负荷曲线和无功负荷曲线,按所表示的负荷变动时间分年、月、日或工作班组的负荷曲线。

1. 日负荷曲线

日负荷曲线表示在一昼夜的时间内负荷的变化情况,图 2.1 所示为一班制工厂的日有功

负荷曲线。

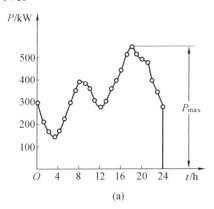
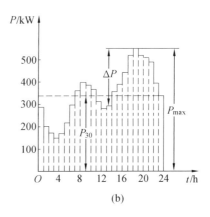

图 2.1 日有功负荷曲线

为便于计算,日负荷曲线通常绘制成梯形,如图 2.1(b)所示,图 2.1 中日负荷曲线与横坐标包围的面积就代表用户一日消耗的电能。横坐标也可以按照 0.5 h(30 min)间隔,以便于确定全年最大负荷 P_{max}(半小时最大负荷 P_{30}),另外也考虑到对于较小截面积的载流导体,0.5 h 已经能够使之接近稳定温升;对于较大截面积的导体发热,显然也有足够的时间。当然时间间隔越短,曲线越精确,也越能反映负荷的实际变化情况。

2. 年负荷曲线

年负荷曲线反映负荷全年(全年按 8 760 h 计算)的变化情况,如图 2.2 所示。

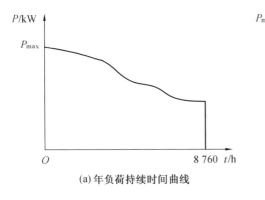
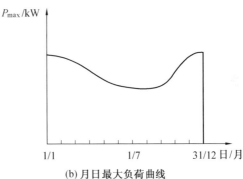

图 2.2 年负荷曲线

年负荷曲线可以根据全年日负荷曲线间接绘制,但通常根据典型的冬日和夏日负荷曲线来绘制。冬日和夏日在全年中占有的天数因地理位置和气温情况而有所不同。一般在北方,近似认为冬日 200 天,夏日 165 天;在南方,近似认为冬日 165 天,夏日 200 天。图 2.2 中年负荷曲线与横坐标包围的面积就代表用户全年消耗的电能。

年负荷曲线主要用来确定经济运行方式,即用来确定哪段时间宜多投入变压器台数而何时减少变压器台数,使供配电系统的能耗达到最小,以获得最大的经济效益。

负荷曲线可直观地反映出用户的用电特点和规律。同类型的工厂(或车间)的负荷曲线形状大致相同。这对从事工厂供电设计和运行的人员来说,是很有帮助的。

2.1.4　与负荷计算有关的物理量

1.全年最大负荷 P_{max}(P_{30})

全年最大负荷 P_{max} 是指全年中消耗负荷最大工作班(最大工作班是指一年中最大负荷月份内至少要出现 2～3 次的最大负荷工作班,而不是偶然出现的某一个工作班)所消耗电能最大的半小时平均功率,因此年最大负荷也称为半小时最大负荷 P_{30}(单位 kW)。

2.年最大负荷利用小时 T_{max}

年最大负荷利用小时又称年最大负荷使用时间 T_{max}(一般为小时),它是一个假想时间,在此时间内,电力负荷按年最大负荷 P_{max}(P_{30})持续运行所消耗的电能,恰好等于该电力负荷全年实际消耗的电能 W,即

$$T_{max} = \frac{W}{P_{max}} \tag{2.4}$$

年最大负荷利用小时 T_{max} 是标志工厂负荷是否均匀的一个重要指标。这一概念在计算电能损耗和电气设备选择中均要用到,表 2.1 给出了各类工厂的年最大负荷利用小时数,仅供参考。

表 2.1　各类工厂的年最大负荷利用小时数

工厂类别	年最大负荷利用小时数	
	有功	无功
汽轮机制造厂	4 960	5 240
重型机械制造厂	3 770	4 840
机床制造厂	4 345	4 750
重型机床制造厂	3 700	4 840
工具制造厂	4 140	4 960
仪器仪表制造厂	3 080	3 180
滚珠轴承制造厂	5 300	6 130
电机制造厂	2 800	—
电线电缆制造厂	3 500	—
电气开关制造厂	4 280	6 420
化工厂	6 200	7 000
起重运输设备厂	3 300	3 880
金属加工厂	4 355	5 880
氮肥厂	7 000～8 000	—

3.平均负荷 P_{av}

平均负荷 P_{av} 是指电力负荷在一段时间内消耗功率的平均值,即电力负荷在该时间 t 内消耗的电能 W_t 与时间 t 的比值,即

$$P_{av} = \frac{W_t}{t} \tag{2.5}$$

年平均负荷(一般情况下,一年按 8 760 h 计算) 为

$$P_{av} = \frac{W_t}{8\ 760} \tag{2.6}$$

图 2.3(a) 所示为年最大负荷和最大负荷利用小时,图 2.3(b) 为年平均负荷。从几何意义上来说,年平均负荷的横轴与纵轴所包围的面积等于年负荷曲线与两坐标轴包围的面积,即全年实际消耗的电能。

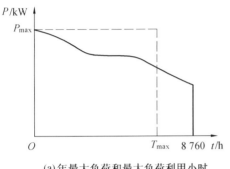

(a)年最大负荷和最大负荷利用小时　　　　　　(b)年平均负荷

图 2.3

4. 负荷系数 K_L

负荷系数 K_L 又称负荷率,是指平均负荷 P_{av} 与最大负荷 $P_{max}(P_{30})$ 之比,它表征了负荷曲线不平坦的程度,也就是负荷变动的程度,即

$$K_L = \frac{P_{av}}{P_{max}} \tag{2.7}$$

负荷系数又分为有功负荷系数 α 和无功负荷系数 β,分别为

$$\alpha = \frac{P_{av}}{P_{max}}, \quad \beta = \frac{Q_{av}}{Q_{max}} \tag{2.8}$$

一般工厂有功负荷系数取值范围为 $\alpha = 0.7 \sim 0.75$,无功负荷系数取值范围为 $\beta = 0.76 \sim 0.8$,负荷系数越接近 1,表明负荷变动越缓慢;反之,则表明负荷变动越剧烈。

对单个用电设备或用电设备组,负荷系数则是指其平均有功负荷 P_{av} 和它的额定容量 P_N 之比,它表征了该设备或设备组的容量是否被充分利用。

5. 尖峰负荷和低谷负荷

在一昼夜间用户出现的最大负荷,称为尖峰负荷;出现的最小负荷,称为低谷负荷。由于各行业用电特点的不同,出现尖峰负荷和低谷负荷的时间也不尽相同。

2.2　用电设备计算负荷的确定

计算负荷是供配电设计计算的基本依据,计算负荷确定得是否合理准确,直接影响到电气设备和导线电缆的选择是否经济合理。

工厂供电系统运行时的实际负荷并不等于所有用电设备额定功率之和,这是因为用电设备不可能全部同时运行,每台设备也不可能全部满负荷,各种用电设备的功率因数也不可能完

全相同。因此,工厂供电系统在设计过程中,必须找出这些用电设备的等效负荷。等效负荷是指这些用电设备在实际运行中所产生的最大热效应与等效负荷产生的热效应相等,产生的最大温升与等效负荷产生的最高温升相等。我们按照等效负荷,以满足用电设备发热的条件来选择用电设备,用以计算的负荷功率或负荷电流称为"计算负荷"。

求计算负荷的工作称为负荷计算,负荷计算就是求取有功计算负荷 P_{30}、无功计算负荷 Q_{30}、视在计算负荷 S_{30} 及计算电流 I_{30} 四个参数。

我国目前普遍采用的确定用电设备计算负荷的方法有需要系数法和二项式系数法。需要系数法是国际上普遍采用的确定计算负荷的基本算法,最为简单实用。二项式系数法的应用局限性较大,但在确定设备台数较少而容量差别悬殊的分支干线的计算负荷时,比需要系数法较为合理,计算也比较简单,所以本书主要介绍采用需要系数法和二项式法来确定计算负荷。

使用需要系数法和二项式系数法进行负荷计算时,都必须根据设备名称、类型、数量查表得到需要系数或二项式系数,然后分别按需要系数或二项式法的基本公式分别求有功计算负荷 P_{30}、无功计算负荷 Q_{30},再根据电路的相关知识求得视在计算负荷 S_{30} 及计算电流 I_{30}。

2.2.1　设备容量的确定

要进行负荷计算,无论使用需要系数法还是二项式系数法,首先都应确定设备容量 P_e,确定各种用电设备容量的方法如下:

(1)连续工作制和短时工作制的设备容量 P_e 等于其额定容量(铭牌容量)P_N 之和。

(2)断续周期工作制的设备容量 P_e 是将所有设备在不同负荷持续率 ε 下的额定容量(铭牌容量)P_N 换算到一个规定的负荷持续率 ε 下的容量之和,如式(2.3)所示。常用的断续周期工作制的用电设备主要有电焊机、吊车电动机和各种照明设备,换算方法如下。

①电焊机:要求统一换算到 $\varepsilon = 100\%$ 时的容量,按照式(2.3)的换算方法,有

$$P_e = \sqrt{\frac{\varepsilon_N}{\varepsilon}} P_N = \sqrt{\frac{\varepsilon_N}{\varepsilon_{100}}} P_N = \sqrt{\varepsilon_N} P_N \tag{2.9}$$

式中,P_N 为有功额定容量(有功铭牌容量);ε_{100} 为电焊机的标准负荷持续率,$\varepsilon_{100} = 1.0$。

②吊车电动机:要求统一换算到 $\varepsilon = 25\%$ 时的容量,按照式(2.3)的换算方法,有

$$P_e = \sqrt{\frac{\varepsilon_N}{\varepsilon}} P_N = \sqrt{\frac{\varepsilon_N}{\varepsilon_{25}}} P_N = 2\sqrt{\varepsilon_N} P_N \tag{2.10}$$

式中,P_N 为有功额定容量(有功铭牌容量);ε_{25} 为吊车电动机的标准负荷持续率,$\varepsilon_{25} = 25\%$。

③照明设备的设备容量。不用镇流器的照明设备(白炽灯、碘钨灯等)的设备容量为其额定容量,即

$$P_e = P_N \tag{2.11}$$

用镇流器的照明设备(荧光灯、高压汞灯和金属卤化物灯等)的设备容量要包括镇流器的功率损失。

荧光灯

$$P_e = 1.2 P_N \tag{2.12}$$

高压汞灯和金属卤化物灯

$$P_e = 1.1P_N \qquad (2.13)$$

照明设备的容量还可按照建筑物的单位面积来估算其容量,即

$$P_e = \frac{\omega S}{1\,000} \qquad (2.14)$$

式中,ω 为建筑物单位面积的照明容量,W/m^2;S 为建筑物的面积,m^2。

2.2.2 按需要系数法确定计算负荷

用电设备的输出容量与输入容量之间有一个平均效率 η_N;用电设备不一定满负荷运行,需要一个负荷系数 K_L;用电设备本身及配电线路有功率损耗,需要一个线路平均效率 η_{wL};用电设备组的所有设备不一定同时运行,需要一个同时系数 K_Σ。综合考虑以上因素,在确定计算负荷的过程中,引入一个需要系数 K_d,计算公式为

$$K_d = \frac{K_\Sigma K_L}{\eta_N \eta_{wL}} \qquad (2.15)$$

从式(2.15)可知,需要系数 K_d 是包含了上述几个影响计算负荷的因素综合而成的一个系数。实际上,需要系数不仅与用电设备组的工作性质、设备台数、设备效率、线路损耗等因素有关,而且与工人的技术熟练程度、生产组织等多种因素有关,需要系数 K_d 只能靠测量统计确定,并应尽可能通过实际测量分析确定,尽量接近实际。各用电设备组的需要系数见表2.2,照明场所的需要系数见表2.3,照明光源的功率因数及功率因数角正切值见表2.4,高压用电设备的需要系数、功率因数及功率因数角正切值见表2.5,供参考使用。

利用需要系数法确定计算负荷的基本公式为

$$P_{30} = K_d P_e \qquad (2.16)$$

式中,P_e 为设备的容量;K_d 为需要系数(可查表2.2得到)。

1. 利用需要系数法确定单组用电设备组的计算负荷

单组用电设备组指用电设备性质相同的一组设备,整组设备的需要系数 K_d 相同,利用需要系数法确定单台或单组用电设备组计算负荷的基本公式为

$$\begin{cases} P_{30} = K_d P_e \\ Q_{30} = P_{30}\tan\varphi \\ S_{30} = \sqrt{P_{30}^2 + Q_{30}^2} \\ I_{30} = \dfrac{S_{30}}{\sqrt{3}\,U_N} \end{cases} \qquad (2.17)$$

式中,K_d 为需要系数(查表得到);$\tan\varphi$ 为设备功率因数角的正切值(查表得到);P_e 为设备的容量;P_{30},Q_{30},S_{30},I_{30} 为有功计算负荷(kW,千瓦)、无功计算负荷(kvar,千乏)、视在计算负荷(kV·A,千伏安)、计算电流(A,安培)。

表2.2　用电设备组的需要系数、二项式系数、功率因数及功率因数角正切值

用电设备组	需要系数	二项式系数		最大容量设备台数 x	$\cos\varphi$	$\tan\varphi$
		b	c			
小批生产的金属冷加工机床	0.16～0.2	0.14	0.4	5	0.5	1.73
大批生产的金属冷加工机床	0.18～0.25	0.14	0.5	5	0.5	1.73
小批生产的金属热加工机床	0.25～0.3	0.24	0.4	5	0.6	1.33
大批生产的金属热加工机床	0.3～0.35	0.26	0.5	5	0.65	1.17
通风机、水泵、空压机及电动发电机组	0.7～0.8	0.65	0.25	5	0.8	0.75
非连锁的连续运输机械及铸造车间整砂机械	0.5～0.6	0.4	0.4	5	0.75	0.88
连锁的连续运输机械及铸造车间整砂机械	0.65～0.7	0.6	0.2	5	0.75	0.88
锅炉房和机械加工、机修、装配等车间的吊车（$\varepsilon=25\%$）	0.1～0.15	0.06	0.2	3	0.5	1.73
铸造车间的吊车（$\varepsilon=25\%$）	0.15～0.25	0.09	0.3	3	0.5	1.73
自动连续装料的电阻炉设备	0.75～0.8	0.7	0.3	2	0.95	0.33
非自动连续装料的电阻炉设备	0.65～0.7	0.7	0.3	2	0.95	0.33
实验室用的小型电热设备（电阻炉、干燥箱等）	0.7	0.7	0	—	1.0	0
工频感应电炉（未带无功补偿装置）	0.8	—	—	—	0.35	2.68
高频感应电炉（未带无功补偿装置）	0.8	—	—	—	0.6	1.33
电弧熔炉	0.9	—	—	—	0.87	0.57
点焊机、缝焊机	0.35	—	—	—	0.6	1.33
对焊机、铆钉加热机	0.35	—	—	—	0.7	1.02
自动弧焊变压器	0.5	—	—	—	0.4	2.29
单头手动弧焊变压器	0.35	—	—	—	0.35	2.68
多头手动弧焊变压器	0.4	—	—	—	0.35	2.68
单头弧焊电动发电机组	0.35	—	—	—	0.6	1.33
多头弧焊电动发电机组	0.7	—	—	—	0.75	0.88
生产厂房及办公室、阅览室、实验室照明	0.8－1	—	—	—	1.0	0
变配电所、仓库照明	0.5～0.7	—	—	—	1.0	0
宿舍（生活区）照明	0.6～0.8	—	—	—	1.0	0
室外照明、应急照明	1	—	—	—	1.0	0

表2.3　照明场所的需要系数

场所类别	需要系数	场所类别	需要系数
生产厂房（有天然采光）	0.8～0.9	宿舍区	0.6～0.8
生产厂房（无天然采光）	0.9～1.0	医院	0.5
办公楼	0.7～0.8	食堂	0.9～0.95
设计室	0.9～0.95	商店	0.9
科研楼	0.8～0.9	学校	0.6～0.7
仓库	0.5～0.7	展览馆	0.7～0.8
锅炉房	0.9	旅馆	0.6～0.7

表 2.4 照明光源的功率因数、功率因数角正切值

光源	$\cos \varphi$	$\tan \varphi$	光源	$\cos \varphi$	$\tan \varphi$
白炽灯、卤钨灯	1.0	0	高压钠灯	0.45	1.98
荧光灯(无补偿)	0.55	1.52	金属卤化物灯	0.4 ~ 0.61	2.29 ~ 1.29
荧光灯(有补偿)	0.9	0.48	镝灯	0.52	1.6
高压汞灯	0.45 ~ 0.65	1.98 ~ 1.16	氙灯	0.9	0.48

表 2.5 高压用电设备的需要系数、功率因数及功率因数角正切值

设备组	需要系数	$\cos \varphi$	$\tan \varphi$
电弧炉变压器	0.92	0.87	0.57
锅炉	0.9	0.87	0.57
转炉鼓风机	0.7	0.8	0.75
水压机	0.5	0.75	0.88
煤气站排风机	0.7	0.8	0.75
空压站压缩机	0.7	0.8	0.75
氧气压缩机	0.8	0.8	0.75
轧钢设备	0.8	0.8	0.75
试验电动机组	0.5	0.75	0.88
高压给水泵(感应电动机)	0.5	0.8	0.75
高压输水泵(同步电动机)	0.8	0.92	0.43
引风机、送风机	0.8 ~ 0.9	0.85	0.62
有色金属轧机	0.15 ~ 0.20	0.7	1.02

【例 2.1】 已知某化工厂机修车间拥有冷加工机床 14 台,采用 380 V 供电,其中 7.5 kW 4 台,4 kW 5 台,3 kW 2 台,11 kW 3 台,求该机床组的计算负荷?

解 冷加工机床设备组的总容量为

$$P_e / \text{kW} = \sum P_N = 7.5 \times 4 + 4 \times 5 + 3 \times 2 + 11 \times 3 = 89$$

查表 2.2 有:小批量生产的金属冷加工机床 $K_d = 0.16 \sim 0.2$,$\tan \varphi = 1.73$,$\cos \varphi = 0.5$。

由式(2.17)得

$$P_{30} / \text{kW} = K_d P_e = 0.2 \times 89 = 17.8$$

$$Q_{30} / \text{kvar} = P_{30} \tan \varphi = 17.8 \times 1.73 \approx 30.79$$

$$S_{30} / (\text{kV} \cdot \text{A}) = \sqrt{P_{30}^2 + Q_{30}^2} \approx \sqrt{17.8^2 + 30.79^2} \approx 35.56$$

$$I_{30} / \text{A} = \frac{S_{30}}{\sqrt{3} U_N} = \frac{35.56}{\sqrt{3} \times 0.38} \approx 54.03$$

【注意】 单台设备计算负荷的确定

当只有一台用电设备时,不能直接按需要系数来确定其计算负荷,这是因为影响需要系数

的几个因素除用电设备本身的效率,即用电设备的输出容量与输入容量之间的平均效率 η_N 外,其他均可能为 1,此时的需要系数只包含了用电设备本身的效率 η_N,因此根据式(2.15)和式(2.16)可得到单台设备计算负荷基本公式为

$$
\begin{cases}
P_{30} = \dfrac{P_e}{\eta_N} = \dfrac{P_n}{\eta_N} \\[2mm]
Q_{30} = P_{30}\tan\varphi \\[2mm]
S_{30} = \dfrac{P_{30}}{\cos\varphi} \\[2mm]
I_{30} = \dfrac{S_{30}}{\sqrt{3}\,U_N} = \dfrac{P_{30}}{\sqrt{3}\,U_N\cos\varphi}
\end{cases}
\tag{2.18}
$$

2. 利用需要系数法确定多组用电设备组的计算负荷

低压干线一般是给多组不同工作制的用电设备供电,如通风机组、机床组等,因此,可以将它们看做多组用电设备组来确定其计算负荷。

在确定多组用电设备组计算负荷时,应考虑各组用电设备的最大负荷不同时出现的因素,在确定计算负荷时,应根据具体情况对其有功负荷和无功负荷分别计入一个同时系数 $K_{\Sigma p}$ 和 $K_{\Sigma q}$。

一般情况下,对车间干线有

$$K_{\Sigma p} = 0.85 \sim 0.95$$
$$K_{\Sigma q} = 0.90 \sim 0.97$$

对低压母线分为两种情况:

(1)由用电设备组计算负荷直接相加来计算时有

$$K_{\Sigma p} = 0.80 \sim 0.90$$
$$K_{\Sigma q} = 0.85 \sim 0.95$$

(2)由车间干线计算负荷直接相加来计算时有

$$K_{\Sigma p} = 0.90 \sim 0.95$$
$$K_{\Sigma q} = 0.93 \sim 0.97$$

确定多组用电设备组计算负荷的基本公式为

$$
\begin{cases}
P_{30} = K_{\Sigma p} \sum P_{30.i} \\[2mm]
Q_{30} = K_{\Sigma q} \sum Q_{30.i}
\end{cases}
\tag{2.19}
$$

由于各组设备的功率因数 $\cos\varphi$ 不一定相同,因此多组用电设备组总的视在计算负荷和计算电流不能简单地用各组的视在计算负荷和计算电流之和来计算,多组用电设备组总的视在计算负荷和计算电流为

$$
\begin{cases}
S_{30} = \sqrt{P_{30}^2 + Q_{30}^2} \\[2mm]
I_{30} = \dfrac{S_{30}}{\sqrt{3}\,U_N}
\end{cases}
\tag{2.20}
$$

【注意】 确定多组用电设备组计算负荷时,为了简化和统一,各组的设备台数不论多少,各单组设备的需要系数均可与表2.2相同,而不必考虑设备台数对需要系数和功率因数的影响。

【例 2.2】 某车间 380 V 线路上,有 50 台冷加工机床电动机共 305 kW,生产用通风机 15 台共 45 kW,电阻炉 3 台共 6 kW,求该车间计算负荷。

解 (1)冷加工机床电动机:查表 2.2 有

$$K_{d.1} = 0.16 \sim 0.2, \quad \tan \varphi_1 = 1.73, \quad \cos \varphi_1 = 0.5$$

$$P_{30.1}/\text{kW} = K_{d.1} P_{e.1} = 0.2 \times 305 = 61$$

$$Q_{30.1}/\text{kvar} = P_{30.1} \tan \varphi_1 = 61 \times 1.73 \approx 105.5$$

(2)通风机:查表 2.2 有

$$K_{d.2} = 0.7 \sim 0.8, \quad \tan \varphi_2 = 0.75, \quad \cos \varphi_2 = 0.8$$

$$P_{30.2}/\text{kW} = K_{d.2} P_{e.2} = 0.8 \times 45 = 36$$

$$Q_{30.2}/\text{kvar} = P_{30.2} \tan \varphi_2 = 36 \times 0.75 = 27$$

(3)电阻炉:查表 2.2 有

$$K_{d.3} = 0.7, \quad \tan \varphi_3 = 0, \quad \cos \varphi_3 = 1.0$$

$$P_{30.3}/\text{kW} = K_{d.3} P_{e.3} = 0.7 \times 6 = 4.2$$

$$Q_{30.3}/\text{kvar} = P_{30.3} \tan \varphi_3 = 4.2 \times 0 = 0$$

(4)车间总计算负荷:取有功和无功同时系数

$$K_{\Sigma p} = 0.90, \quad K_{\Sigma q} = 0.90$$

$$P_{30}/\text{kW} = K_{\Sigma p} \sum P_{30.i} = 0.9 \times (61 + 36 + 4.2) = 91.08$$

$$Q_{30}/\text{kvar} = K_{\Sigma q} \sum Q_{30.i} = 0.9 \times (105.5 + 27 + 0) = 119.25$$

$$S_{30}/(\text{kV} \cdot \text{A}) = \sqrt{P_{30}^2 + Q_{30}^2} = \sqrt{91.08^2 + 119.25^2} \approx 150.05$$

$$I_{30}/\text{A} = \frac{S_{30}}{\sqrt{3} \, U_N} = \frac{150.05}{\sqrt{3} \times 0.38} \approx 228.2$$

在供配电设计计算说明书中,按一般工程设计说明书的要求,以上计算结果通常采用计算表格形式,简单明了,见表 2.6。

表 2.6 例 2.2 的电力负荷计算

序号	用电设备名称	台数/台	设备功率/kW	K_d	$\cos \varphi$	$\tan \varphi$	计算负荷			
							P_{30}/kW	Q_{30}/kvar	S_{30}/(kV·A)	I_{30}/A
1	电动机	50	305	0.2	0.5	1.73	61	105.5	—	—
2	通风机	15	45	0.8	0.8	0.75	36	27	—	—
3	电阻炉	3	6	0.7	1.0	0	4.2	0	—	—
总计		—	—	—	—	—	101.2	132.5	—	—
		$K_{\Sigma p} = 0.90, K_{\Sigma q} = 0.90$					91.08	119.25	150.05	228.2

注:设备功率单位为 kW。计算负荷的单位分别为:有功计算负荷,kW;无功计算负荷,kvar;视在计算负荷,kV·A;计算电流,A。

2.2.3 按二项式系数法确定计算负荷

1.基本公式

需要系数法普遍应用于求用户、全厂和大型车间变电所的计算负荷,而在确定设备台数较少并且设备容量差别较悬殊的分支干线的计算负荷时,通常采用二项式系数法来确定计算负荷。二项式系数法不仅考虑了用电设备组最大负荷时的平均功率,而且考虑了少数容量最大设备投入运行时对总计算负荷的额外影响,所以二项式系数法比较适用于设备台数较少而容量差别较大的低压干线和分支线的计算负荷的确定,二项式系数法有功计算负荷的基本公式为

$$P_{30} = bP_e + cP_x \tag{2.21}$$

式中,b,c 为二项式系数(查表2.2得到);P_e 为设备组的总容量,bP_e 为设备组的平均负荷;P_x 为 x 台容量最大的设备的总容量;cP_x 为用电设备组中 x 台容量最大的设备投入运行时增加的附加负荷。

【注意】 按二项式系数法确定计算负荷时,如果设备总台数少于表2.2规定的最大容量设备台数 x 的2倍(即 $n < 2x$)时,其最大容量设备台数 x 宜适当取小,一般取 $x = n/2$,且按"四舍五入"规则取整数。例如某机床电动机组只有7台时,则 $x = 7/2 \approx 4$。

2.单组用电设备组计算负荷的确定

利用式(2.21)确定有功计算负荷之后,其余的计算负荷 Q_{30}, S_{30}, I_{30} 的计算公式与需要系数法的确定方法一致,基本公式为

$$\begin{cases} Q_{30} = P_{30} \tan\varphi \\ S_{30} = \sqrt{P_{30}^2 + Q_{30}^2} \\ I_{30} = \dfrac{S_{30}}{\sqrt{3}\,U_N} \end{cases} \tag{2.22}$$

【例2.3】 已知某机修车间采用380 V供电,接有冷加工机床34台,其中1台11 kW,8台4.5 kW,15台2.5 kW,10台1.7 kW,试用二项式系数法确定车间的计算负荷。

解 根据题意,设备容量较大的为1台11 kW,8台4.5 kW冷加工机床,查表2.2有,冷加工机床

$$b = 0.14, \quad c = 0.4, \quad x = 5, \quad \cos\varphi = 0.5, \quad \tan\varphi = 1.73$$
$$P_e/\text{kW} = 11 \times 1 + 4.5 \times 8 + 2.5 \times 15 + 1.7 \times 10 = 101.5$$

由1台11 kW得其 $x = 1$,由8台4.5 kW得 $x = n/2 = 4$

$$P_x/\text{kW} = 11 \times 1 + 4.5 \times 4 = 29$$

则由式(2.21)得

$$P_{30}/\text{kW} = bP_e + cP_x = 0.14 \times 101.5 + 0.4 \times 29 = 25.81$$

由式(2.22)得

$$Q_{30}/\text{kvar} = P_{30}\tan\varphi = 25.81 \times 1.73 \approx 44.65$$
$$S_{30}/(\text{kV}\cdot\text{A}) = \sqrt{P_{30}^2 + Q_{30}^2} = \sqrt{25.81^2 + 44.65^2} \approx 51.57$$
$$I_{30}/\text{A} = \frac{S_{30}}{\sqrt{3}\,U_N} = \frac{51.57}{\sqrt{3} \times 0.38} \approx 78.35$$

3. 多组用电设备组计算负荷的确定

采用二项式系数法确定多组用电设备组的计算负荷时,也应考虑到各组用电设备组的最大负荷不一定同时出现的因素,但是这里不是计入一个同时系数,而是在各组用电设备组中取其中最大的一组的附加负荷,再加上各组的平均负荷,则利用二项式系数法确定多组用电设备组计算负荷的基本公式为

$$\begin{cases} P_{30} = \sum_{i=1}^{n}(bP_e)_i + (cP_x)_{max} \\ Q_{30} = \sum_{i=1}^{n}(bP_e\tan\varphi)_i + (cP_x)_{max}(\tan\varphi)_{max} \\ S_{30} = \sqrt{P_{30}^2 + Q_{30}^2} \\ I_{30} = \dfrac{S_{30}}{\sqrt{3}\,U_N} \end{cases} \quad (2.23)$$

式中,$(cP_x)_{max}$ 为各组附加负荷中最大的一组设备的附加负荷;$(\tan\varphi)_{max}$ 为最大附加负荷设备组对应的功率因数角的正切值。

【例2.4】　某车间 380 V 低压干线上,接有小批量生产冷加工机床电动机 7 kW 3 台,4.5 kW 8 台,2.8 kW 17 台,1.7 kW 10 台;专用通风机 2.8 kW 2 台;吊车电动机 $\varepsilon_N = 15\%$ 的 $P_N = 18$ kW,$\cos\varphi = 0.7$ 共 2 台(互为备用),试用二项式系数法确定车间的计算负荷。

解　(1) 冷加工机床组:表查 2.2 有

$$x = 5, \quad b = 0.14, \quad c = 0.4, \quad \tan\varphi = 1.73, \quad \cos\varphi = 0.5$$
$$P_e/kW = 7\times3 + 4.5\times8 + 2.8\times17 + 1.7\times10 = 121.6$$
$$P_x/kW = 7\times3 + 4.5\times2 = 30$$
$$P_{30.1}/kW = bP_e + cP_x = 0.14\times121.6 + 0.4\times30 \approx 29.02$$
$$Q_{30.1}/kvar = P_{30.1}\tan\varphi = 29.02\times1.73 \approx 50.2$$

(2) 吊车组:查表 2.2 有

$$\tan\varphi = 1.73, \cos\varphi = 0.5, n = 1$$

所以
$$c = 1, b = 0$$
$$P_e/kW = 2\sqrt{\varepsilon_N}P_N = 2\times\sqrt{15\%}\times18 \approx 13.9$$
$$P_{30.2}/kW = bP_e + cP_x = 0\times13.9 + 1\times13.9 = 13.9$$
$$Q_{30.2}/kvar = P_{30.2}\tan\varphi = 13.9\times1.73 \approx 24.05$$

(3) 通风机:查表 2.2 有

$$\tan\varphi = 0.75, \cos\varphi = 0.8, n = 1$$

所以
$$c = 0, b = 1$$
$$P_{30.3}/kW = bP_e + cP_x = 1\times5.6 + 0\times5.6 = 5.6$$
$$Q_{30.3}/kvar = P_{30.3}\tan\varphi = 5.6\times0.75 = 4.2$$

比较各用电设备组的 cP_x 可知,吊车组的 cP_x 最大,根据式(2.23)则车间的计算负荷为

$$P_{30}/kW = \sum_{i=1}^{n}(bP_e)_i + (cP_x)_{max} = (17.02 + 0 + 5.6) + 13.9 = 36.52$$

$$Q_{30}/\text{kvar} = \sum_{i=1}^{n} (bP_e\tan\varphi)_i + (cP_x)_{max}(\tan\varphi)_{max} =$$

$$(0.14 \times 121.6 \times 1.73 + 0 + 1 \times 5.6 \times 0.75) + 13.9 \times 1.73 \approx 57.7$$

$$S_{30}/(\text{kV}\cdot\text{A}) = \sqrt{P_{30}^2 + Q_{30}^2} = \sqrt{36.52^2 + 57.7^2} \approx 68.29$$

$$I_{30}/\text{A} = \frac{S_{30}}{\sqrt{3}\,U_N} = \frac{68.29}{\sqrt{3}\times0.38} \approx 103.8$$

计算负荷表见表 2.7。

表 2.7　例 2.4 的电力负荷计算

序号	用电设备名称	台数		二项式系数		$\cos\varphi$	$\tan\varphi$	计算负荷			
		n	x	b	c			P_{30}/kW	Q_{30}/kvar	$S_{30}/(\text{kV}\cdot\text{A})$	I_{30}/A
1	冷加工机床组	38	5	0.14	0.4	0.5	1.73	29.02	50.2	—	—
2	吊车组	1	1	0	1	0.5	1.73	13.9	24.05	—	—
3	通风机	2	2	1	0	0.8	0.75	5.6	4.2	—	—
	总计	41	8	—	—	—	—	36.52	57.7	68.29	103.8

2.2.4　单相用电设备计算负荷的确定

在工厂企业中,除广泛使用三相用电设备外,还有单相用电设备,如电炉、电灯、电焊机等。为使三相线路导线截面和供电设备选择经济合理,单相用电设备应尽可能均衡地分配在三相线路上,避免某一相的计算负荷过大或过小。对于接有较多单相用电设备的线路,通常应将单相负荷换算为等效三相负荷,再与三相负荷相加,得出三相线路总的计算负荷。

(1)单相用电设备接于相电压。等效三相设备容量应取为最大负荷相所接单相用电设备容量的 3 倍,即

$$P_e = 3P_{max(A,B,C)} \tag{2.24}$$

等效三相计算负荷可按照前述需要系数法或二项式系数法来确定。

(2)单相用电设备接于线电压。容量为 $P_{e.\varphi}$ 的单相用电设备接于线电压时,等效三相设备容量为

$$P_e = \sqrt{3}P_{e.\varphi} \tag{2.25}$$

等效三相计算负荷可按照前述需要系数法或二项式系数法来确定。

(3)单相用电设备分别接于相电压和线电压。首先应将接于线电压的单相设备换算为接于相电压的设备容量,然后分别计算各相的设备容量的计算负荷。总的等效三相有功计算负荷应等于其最大有功负荷相有功计算负荷的 3 倍,即

$$P_{30} = 3P_{30.i} \tag{2.26}$$

无功计算负荷应等于其最大有功负荷相无功计算负荷的 3 倍,即

$$Q_{30} = 3Q_{30.i} \tag{2.27}$$

视在计算负荷和计算电流分别为

$$\begin{cases} S_{30} = \sqrt{P_{30}^2 + Q_{30}^2} \\ I_{30} = \dfrac{S_{30}}{\sqrt{3}\,U_N} \end{cases} \tag{2.28}$$

将接于线电压的单相设备容量换算为接于相电压的设备容量,可按照下列公式进行换算

$$\begin{cases} P_A = p_{AB\text{-}A}P_{AB} + p_{CA\text{-}A}P_{CA} \\ Q_A = q_{AB\text{-}A}P_{AB} + q_{CA\text{-}A}P_{CA} \\ P_B = p_{BC\text{-}B}P_{BC} + p_{AB\text{-}B}P_{AB} \\ Q_B = q_{BC\text{-}B}P_{BC} + q_{AB\text{-}B}P_{AB} \\ P_C = p_{CA\text{-}C}P_{CA} + p_{BC\text{-}C}P_{BC} \\ Q_C = q_{CA\text{-}C}P_{CA} + q_{BC\text{-}C}P_{BC} \end{cases} \tag{2.29}$$

式中,P_A,P_B,P_C 为换算后的 A,B,C 相的有功设备容量;Q_A,Q_B,Q_C 为换算后的 A,B,C 相的无功设备容量;P_{AB},P_{BC},P_{CA} 分别为接于 AB,BC,CA 线间的有功设备的容量;p_x,q_x 为有功和无功系数(根据用电设备的功率因数查表 2.8 得到)。

表 2.8　线间负荷换算为相负荷的功率换算系数表(供参考)

功率换算系数			功　率　因　数							
			0.35	0.4	0.5	0.6	0.65	0.7	0.8	0.9	1.0
$p_{AB\text{-}A}$	$p_{BC\text{-}B}$	$p_{CA\text{-}C}$	1.27	1.17	1.0	0.89	0.84	0.8	0.72	0.64	0.5
$p_{AB\text{-}B}$	$p_{BC\text{-}C}$	$p_{CA\text{-}A}$	-0.27	-0.17	0	0.11	0.16	0.2	0.28	0.36	0.5
$q_{AB\text{-}A}$	$q_{BC\text{-}B}$	$q_{CA\text{-}C}$	1.05	0.86	0.58	0.38	0.3	0.22	0.09	-0.05	-0.29
$q_{AB\text{-}B}$	$q_{BC\text{-}C}$	$q_{CA\text{-}A}$	1.63	1.44	1.16	0.96	0.88	0.8	0.67	0.53	0.29

【例2.5】　如图 2.4 所示三相四线制线路上,接有 220 V 单相电热干燥箱 4 台,380 V 单相对焊机 4 台,其中 2 台 14 kW($\varepsilon = 100\%$)接 AB 间,1 台 20 kW($\varepsilon = 100\%$)接 BC 间,1 台 30 kW($\varepsilon = 60\%$)接 CA 间,求整个线路的计算负荷。

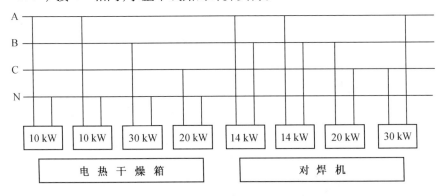

图 2.4　例 2.5 三相四线制线路上设备示意图

解　(1)电热干燥箱接于单相:查表 2.2 有电热干燥箱 $K_d = 0.7$,$\cos\varphi = 1$,$\tan\varphi = 0$,无功计算负荷为 0,只需求每相有功计算负荷

A 相:
$$P_{30.A.1}/kW = K_d P_{e.A} = 0.7 \times 2 \times 10 = 14$$

B 相：$\quad P_{30.B.1}/kW = K_d P_{e.B} = 0.7 \times 1 \times 30 = 21$

C 相：$\quad P_{30.C.1}/kW = K_d P_{e.C} = 0.7 \times 1 \times 20 = 14$

（2）对焊机接于线电压，需按照式（2.29）换算各相的容量

30 kW（$\varepsilon = 60\%$）接 CA 相间，根据式（2.9）换算为 $\varepsilon = 100\%$ 的容量

$$P_{e.CA}/kW = \sqrt{\varepsilon_N} P_N = \sqrt{0.6} \times 30 \approx 23$$

查表 2.2 有对焊机 $K_d = 0.35$，$\cos\varphi = 0.7$，$\tan\varphi = 1.02$，又根据 $\cos\varphi = 0.7$ 查表 2.8 得功率换算系数分别为 0.8，0.2，0.22，0.8，则按照式（2.29）计算的各相等效有功和无功容量为

A 相：
$$P_A/kW = 0.8 \times 2 \times 14 + 0.2 \times 23 = 27$$
$$Q_A/kvar = 0.22 \times 2 \times 14 + 0.8 \times 23 = 24.6$$

B 相：
$$P_B/kW = 0.8 \times 20 + 0.2 \times 2 \times 14 = 21.6$$
$$Q_B/kvar = 0.22 \times 20 + 0.8 \times 2 \times 14 = 26.8$$

C 相：
$$P_C/kW = 0.8 \times 23 + 0.2 \times 20 = 22.4$$
$$Q_C/kvar = 0.22 \times 23 + 0.8 \times 20 \approx 21.1$$

利用需要系数法按照式（2.17）计算的各相等效有功和无功计算负荷为

A 相：
$$P_{30.A.2}/kW = K_d P_{e.A} = 0.35 \times 27 = 9.45$$
$$Q_{30.A.2}/kvar = P_{30.A.2}\tan\varphi = 9.45 \times 1.02 \approx 9.64$$

B 相：
$$P_{30.B.2}/kW = K_d P_{e.B} = 0.35 \times 21.6 = 7.56$$
$$Q_{30.B.2}/kvar = P_{30.B.2}\tan\varphi = 7.56 \times 1.02 \approx 7.71$$

C 相：
$$P_{30.C.2}/kW = K_d P_{e.C} = 0.35 \times 22.4 = 7.84$$
$$Q_{30.C.2}/kvar = P_{30.C.2}\tan\varphi = 7.84 \times 1.02 \approx 8$$

（3）A、B、C 各相总的有功和无功计算负荷为

A 相：
$$P_{30.A}/kW = P_{30.A.1} + P_{30.A.2} = 14 + 9.45 = 23.45$$
$$Q_{30.A}/kvar = Q_{30.A.2} = 9.63$$

B 相：
$$P_{30.B}/kW = P_{30.B.1} + P_{30.B.2} = 21 + 7.56 \approx 28.6$$
$$Q_{30.B}/kvar = Q_{30.B.2} = 7.71$$

C 相：
$$P_{30.C}/kW = P_{30.C.1} + P_{30.C.2} = 14 + 7.84 \approx 21.8$$
$$Q_{30.C}/kvar = Q_{30.C.2} = 8$$

（4）总的等效三相计算负荷。

由（3）A，B，C 各相总的有功计算负荷可以看出，B 相的有功计算负荷最大，则采用 B 相来计算总的等效三相计算负荷，有

$$P_{30}/kW = 3P_{30.B} = 3 \times 28.6 = 85.8$$
$$Q_{30}/kvar = 3Q_{30.B} = 3 \times 7.71 = 23.13$$
$$S_{30}/(kV \cdot A) = \sqrt{P_{30}^2 + Q_{30}^2} = \sqrt{85.8^2 + 23.13^2} \approx 88.57$$
$$I_{30}/A = \frac{S_{30}}{\sqrt{3} U_N} = \frac{88.57}{\sqrt{3} \times 0.38} \approx 134.57$$

计算负荷表参照表 2.6，此处省略。

2.3 供电系统的功率损耗与电能损耗

在2.2节主要介绍了用需要系数法和二项式系数法确定低压干线或低压母线上的计算负荷。为了合理选择工厂变电所各种主要电气设备的规格和型号,必须确定工厂总的计算负荷,这就不但需要考虑工厂用电设备的计算负荷,还必须考虑工厂供电系统的功率损耗和电能损耗。

2.3.1 工厂供电系统的功率损耗

工厂供电系统的功率损耗,主要包括工厂供电系统中的变压器和供电线路的功率损耗。变压器和供电线路是供电系统中常年运行的设备,所产生的功率损耗相当可观,在确定工厂总的计算负荷时,必须给予足够的重视。

1. 线路的功率损耗

因为供电线路具有电阻和电抗,所以供电线路的功率损耗包括有功功率损耗和无功功率损耗两部分。

(1) 有功功率损耗。有功功率损耗是电流流过供电线路的电阻引起的,其基本公式为

$$\Delta P_{WL} = 3I_{30}^2 R_{WL} \times 10^{-3} \qquad (2.30)$$

式中,I_{30} 为供电线路的计算电流;R_{WL} 为供电线路每相的电阻(查表2.9得到)。

(2) 无功功率损耗。无功功率损耗是电流流过供电线路的电抗引起的,其基本公式为

$$\Delta Q_{WL} = 3I_{30}^2 X_{WL} \times 10^{-3} \qquad (2.31)$$

式中,I_{30} 为供电线路的计算电流;X_{WL} 为供电线路每相的电抗(查表2.9得到)。

表 2.9 LJ 型钢芯铝绞线的电阻和电抗(供参考)

型号	LJ – 16	LJ – 25	LJ – 35	LJ – 50	LJ – 70	LJ – 95	LJ – 120	LJ – 150	LJ – 185	LJ – 240
电阻	1.98	1.28	0.92	0.64	0.46	0.34	0.27	0.21	0.17	0.132
线间几何均距	电抗									
0.6	0.358	0.344	0.334	0.323	0.312	0.303	0.295	0.287	0.281	0.273
0.8	0.377	0.362	0.352	0.341	0.330	0.321	0.313	0.305	0.299	0.291
1.0	0.390	0.376	0.366	0.355	0.344	0.335	0.327	0.319	0.313	0.305
1.25	0.404	0.390	0.380	0.369	0.358	0.349	0.341	0.333	0.327	0.319
1.6	0.416	0.402	0.390	0.380	0.369	0.360	0.358	0.345	0.339	0.330
2.0	0.434	0.420	0.410	0.398	0.387	0.378	0.371	0.363	0.356	0.348

注:电阻的单位为 Ω/km,线间几何均距单位为 m,电抗单位为 Ω/km。

【例2.6】 一条35 kV的高压供电线路,采用钢芯铝绞线LJ – 70材料,线路长度为12 km,导线的几何均距为2.0 m,线路上总的视在计算负荷为 $S_{30} = 4\,917$ kV·A,求此高压线路的有功功率损耗和无功功率损耗。

解 (1) 有功功率损耗:查表2.9有 LJ – 70 的 $R_{WL} = 0.46$ Ω/km,根据式(2.30)得

$$\Delta P_{WL}/kW = 3I_{30}^2 R_{WL} \times 10^{-3} = 3 \times \frac{S_{30}^2}{U_N^2} \times R_{WL} \times 10^{-3} =$$

$$3 \times \frac{4\,917^2}{35^2} \times 0.46 \times 12 \times 10^{-3} \approx 327$$

（2）无功功率损耗：查表2.9有 LJ – 70 的 $X_{WL} = 0.387\ \Omega/km$，根据式（2.31）得

$$\Delta Q_{WL}/kvar = 3I_{30}^2 X_{WL} \times 10^{-3} = 3 \times \frac{S_{30}^2}{U_N^2} \times X_{WL} \times 10^{-3} =$$

$$3 \times \frac{4\,917^2}{35^2} \times 0.387 \times 12 \times 10^{-3} \approx 275$$

2. 变压器的功率损耗

变压器具有电阻和电抗,变压器的功率损耗同样包括有功功率损耗和无功功率损耗两部分。

（1）有功功率损耗。变压器的有功功率损耗分为两部分。

① 铁损 ΔP_{Fe}。铁损是变压器主磁通在变压器铁芯中产生的有功损耗。

变压器空载时的损耗为空载损耗（ΔP_0）,由铁损和一次绕组中的有功损耗组成,由于空载电流很小,则一次绕组中的有功损耗可以忽略不计,所以空载损耗可以认为就是铁损,则铁损又称为空载损耗。

② 铜损 ΔP_{Cu}。铜损是变压器负荷电流在一次、二次绕组的电阻中产生的有功损耗,变压器的负载损耗 ΔP_k 可以认为就是额定电流下的铜损 ΔP_{Cu}。

变压器的有功功率损耗由铁损和铜损两部分组成,基本公式为

$$\Delta P_T = \Delta P_{Fe} + \Delta P_{Cu} = \Delta P_0 + \beta^2 \Delta P_k \tag{2.32}$$

式中,β 为变压器的负荷率 ,$\beta = S_{30}/S_N$,其中 S_{30},S_N 分别为变压器的视在计算负荷和额定视在容量。

（2）无功功率损耗。

① 用来产生磁通的励磁电流的一部分无功功率损耗 ΔQ_0,此无功功率只与一次绕组电压有关,与负荷无关,即

$$\Delta Q_0 = \frac{I_0\%}{100}S_N \tag{2.33}$$

式中,$I_0\%$ 为变压器空载电流占额定一次电流的百分值。

② 在变压器一次、二次绕组电抗上的无功功率损耗 ΔQ_k 为

$$\Delta Q_k = \frac{U_k\%}{100}S_N \tag{2.34}$$

式中,$U_k\%$ 为变压器阻抗电压占额定一次电压的百分值。

变压器的无功功率损耗由 ΔQ_0,ΔQ_k 两部分组成,基本公式为

$$\Delta Q_T = \Delta Q_0 + \beta^2 \Delta Q_k = \left(\frac{I_0\%}{100} + \beta^2 \frac{U_k\%}{100}\right) S_N \tag{2.35}$$

【注意】 ΔP_0,ΔP_k,$I_0\%$,$U_k\%$ 需要在变压器的产品目录中查找。表2.10,2.11,2.12列出部分变压器参数。

表 2.10　SC8 低损 10 kV 电力变压器的技术参数(仅供参考)

型号	P_0/W		$P_k(75\ ℃)/W$	$U_k/\%$	$I_0/\%$	电压组合 /kV	
	标准	节能				高压	低压
SC8 – 630/10	1 620	1 360	6 380	6	1.2		
SC8 – 800/10	1 860	1 560	7 610	6	1.2		
SC8 – 1000/10	2 160	1 810	8 990	6	1.0		
SC8 – 1250/10	2 640	2 200	10 700	6	1.0		
SC8 – 1600/10	3 100	2 600	12 800	6	1.0		
SC8 – 2000/10	3 750	3 150	15 600	6	0.8		
SC8 – 2500/10	4 350	3 650	18 600	6	0.8		
SC8 – 3150/10	5 250	4 410	21 400	7	0.7		
SC8 – 4000/10	6 000	5 040	25 800	7	0.7		
SC8 – 5000/10	7 300	6 130	29 300	7	0.6		
SC8 – 6300/10	9 000	7 560	34 500	7	0.6		
SC8 – 8000/10	10 100	8 480	38 400	8	0.6		
SC8 – 10000/10	12 000	10 100	43 000	8	0.6		
SC8 – 30/10	240	200	620		2.8		
SC8 – 50/10	300	250	890		2.4		
SC8 – 80/10	370	310	1 270		2.0		
SC8 – 100/10	400	330	1 480		2.0		
SC8 – 125/10	480	400	1 750		1.6		
SC8 – 160/10	550	460	1 990	4	1.6		
SC8 – 200/10	650	530	2 430		1.6		
SC8 – 250/10	750	620	2 710		1.6		
SC8 – 315/10	920	750	3 320		1.4	3.15	3
SC8 – 400/10	1 000	820	3 750		1.4	6.3	3.15
SC8 – 500/10	1 180	940	4 720		1.4	10	6
SC8 – 630/10	1 500	1 200	5 760		1.2	10.5	6.3
SC8 – 630/10	1 350	1 080	6 030		1.2	11	
SC8 – 800/11	1 650	1 240	7 140		1.2		
SC8 – 1000/11	1 800	1 440	8 350		1.0		
SC8 – 1250/11	2 200	1 760	9 950	6	1.0		
SC8 – 1600/12	2 600	2 080	12 000		1.0		
SC8 – 2000/12	3 100	2 480	14 800		0.8		
SC8 – 2500/12	3 700	2 960	17 600		0.8		

表 2.11　SC8 低损 35 kV 电力变压器的技术参数（仅供参考）

型号	P_0/W		$P_k(75\ ℃)$/W	U_k/%	I_0/%	电压组合 /kV	
	标准	节能				高压	低压
SC8 - 50/35	530	450	1090		2.6		
SC8 - 80/35	620	520	1 920		2.2		
SC8 - 100/35	660	550	2 500		2.2		
SC8 - 125/35	770	640	2 650		1.8		
SC8 - 160/35	860	710	2 900		1.8		
SC8 - 200/35	960	790	3 200		1.8		
SC8 - 250/35	1 100	900	3 800		1.8		
SC8 - 315/35	1 250	1 030	4 250		1.6		
SC8 - 400/35	1 550	1 270	4 800		1.6	35 38.5	0.4
SC8 - 500/35	1 850	1 480	5 800		1.6		
SC8 - 630/35	2 300	1 840	7 200	6	1.4		
SC8 - 800/35	2 700	2 160	8 560		1.4		
SC8 - 1000/35	3 000	2 400	10 500		1.4		
SC8 - 1250/35	3 500	2 800	12 200		1.2		
SC8 - 1600/35	4 000	3 200	15 000		1.2		
SC8 - 2000/35	4 700	3 760	16 600		1.0		
SC8 - 2500/35	5 200	4 160	19 200		1.0		
SC8 - 800/35	2 750	2 310	8 600		1.5		
SC8 - 1000/35	3 300	2 770	10 700		1.5		
SC8 - 1250/35	3 800	3 200	12 900		1.3		
SC8 - 1600/35	4 500	3 780	15 300		1.3		
SC8 - 2000/35	5 000	4 200	17 600	7	1.1		
SC8 - 2500/35	5 800	4 870	20 600		1.1		11 10.5
SC8 - 3150/35	7 000	5 880	24 000		0.9	35 38.5	6.6
SC8 - 4000/35	8 100	6 800	28 000	8	0.9	36	6.3
SC8 - 5000/35	9 600	8 060	32 000		0.7	30	3.3
SC8 - 6300/35	11 500	9 660	37 000		0.7		3.15
SC8 - 8000/35	13 000	10 900	42 000		0.6		
SC8 - 10000/35	15 000	12 600	47 000		0.6		
SC8 - 12500/35	19 000	16 000	49 000	9	0.6		
SC8 - 16000/35	23 000	20 000	55 000		0.5		
SC8 - 20000/35	27 000	23 000	64 000		0.5		

表 2.12　10 kV 级 SL 系列电力变压器的技术参数(仅供参考)

| 型号 | 额定容量/(kV·A) | 额定电压/kV | | 阻抗电压 U_k/% | 损耗/W | | 空载电流 I_0/% | 轨距/mm |
		高压	低压		空载 P_0	短路 P_k		
SL－50/10	50				380	1 260	9	400
SL－63/10	63				450	1 500	8	400
SL－80/10	80	6;6.3;10	0.4	4	530	1 800	8	400
SL－100/10	100				620	2 250	7.5	550
SL－125/10	125				740	2 700	7.5	550
SL－160/10	160				870	3 300	7	550
SL－200/10	200				1 000	3 600	7	550
SL－250/10	250	6;6.3;10	0.4	4	1 200	4 600	6.5	550
SL－315/10	315				1 450	5 600	6.5	550
SL－400/10	400				1 750	6 700	6.5	660
SL－500/10	500	6;6.3;10	0.4	4	2 050	8 200	6	660
SL－630/10	630			4.5	2 450	10 000		
SL－630/10	630	10	6.3	4.5	2 450	10 000	6	600
SL－800/10	800	6;6.3;10	0.4	4.5	3 100	12 000	5.5	820
		10	6.3	5.5				
SL－1000/10	1 000	6;6.3;10	1.4	4.5	3 700	14 500	5	820
		10	6.3	5.5				
SL－1250/10	1 250	6;6.3;10	0.4	4.5	4 350	17 500	5	820
		10	6.3	5.5				
SL－1600/10	1 600	6;6.3;10	0.4	4.5	5 300	20 500	4.5	820
		10	6.3	5.5				
SL－125/10	125				370	2 450	4	
SL－160/10	160				460	2 850	3.5	
SL－200/10	200	6;6.3;10	0.4	4	540	3 400	3.5	550
SL－250/10	250				640	4 000	3.2	
SL－315/10	315				760	4 800	3.2	
SL－400/10	400	6;6.3;10	0.4	4	920	5 800	3.2	660
SL－500/10	500				1 080	6 900		
SL－630/10	630	6;6.3;10	0.4	4.5	1 300	8 100	3	660
		10	6.3					
SL－800/10	800	6;6.3;10	0.4	4.5	1 540	9 900	2.5	820
		10	6.3	5.5				
SL－1000/10	1 000	6;6.3;10	0.4	4.5	1 800	11 600	2.5	820
		10	6.3	5.5				
SL－1250/10	1 250	6;6.3;10	0.4	4.5	2 200	1 380	2.5	820
		10	6.3	5.5				
SL－1600/10	1 600	6;6.3;10	0.4	4.5	2 650	16 500	2.5	820
		10	6.3	5.5				

工厂供电

表 2.13 35 kV 级 SL 系列电力变压器的技术参数(仅供参考)

型号	额定容量 /(kV·A)	额定电压 /kV		阻抗电压 U_k/%	损耗 /W		空载电流 I_0/%
		高压	低压		空载 P_0	短路 P_k	
SL - 50/35	50				215	1 150	6.0
SL - 100/35	100				370	2 000	4.2
SL - 125/35	125	35	0.4	6.5	430	2 450	4.0
SL - 160/35	160				520	2 850	3.5
SL - 200/35	200				615	3 400	3.5
SL - 250/35	250				730	4 000	3.2
SL - 315/35	315				860	4 800	3.2
SL - 400/35	400	35	0.4	6.5	1 050	5 800	3.2
SL - 505/35	500				1 250	6 900	3.2
SL - 630/35	630				1 450	8 100	3.0
SL7 - 800/35	800	35	0.4 6.3;10.5	6.5	1 730	9 900	2.5
SL7 - 1000/35	1 000	35	0.4 6.3;10.5	6.5	2 050	11 600	2.5
SL7 - 1250/35	1 250	35	0.4 6.3;10.5	6.5	2 400	13 800	2.5
SL7 - 1630/35	1 630	35	0.4 6.3;10.5	6.5	2 900	1 650	2.5
SL7 - 2000/35	2 000			6.5	3 400	19 800	2.5
SL7 - 2500/35	2 500			6.5	4 000	23 000	2.2
SL7 - 3150/35	3 150	35	6.3;10.5	7	4 750	27 000	2.2
SL7 - 4000/35	4 000			7	5 650	32 500	2.2
SL7 - 5000/35	5 000			7	6 750	36 700	2.0
SL7 - 6300/35	6 300			7.5	8 200	41 000	2.0
SL7 - 8000/35	8 000		6.3;10.5	7.5	9 800	50 000	
SL7 - 10000/35	10 000	35	10.5;11	7.5	11 500	59 000	1.0
SL7 - 12500/35	12 500			8	13 500	70 000	
SL7 - 500/35	500		0.4		2 400	8 700	6.5
SL7 - 630/35	630		0.4		2 800	10 400	6.6
SL7 - 630/35	630	35	10;10.5	6.5	2 800	10 400	6.5
SL7 - 800/35	800		0.4		3 600	12 200	6.0
SL7 - 800/35	800		6.3;10.5		3 600	12 200	6.0
SL7 - 1000/35	1 000		0.4		4 200	14 500	5.5
SL7 - 1000/35	1 000		6.3;10.5		4 200	14 500	5.5
SL7 - 1250/35	1 250	35	0.4	6.5	4 800	17 500	5.5
SL7 - 1250/35	1 250		6.3;10.5		4 800	17 500	5.5
SL7 - 1600/35	1 600		0.4		5 800	20 500	5.0
SL7 - 1600/35	1 600			6.5	5 800	20 500	5.0
SL7 - 2000/35	2 000			6.5	6 800	24 500	5.0
SL7 - 2500/35	2 500			6.5	8 000	28 500	5.0
SL7 - 3150/35	3 150	35	6.3;10.5	7	9 400	33 500	4.5
SL7 - 4000/35	4 000			7	11 300	39 500	4.5
SL7 - 5000/35	5 000			7	13 500	47 500	4.5
SL7 - 6300/35	6 300			7.5	15 900	56 000	4.0

【例 2.7】　某车间变电所采用的变压器为 SJL1 – 1000/10 型,电压 10/0.4 kV,其技术指标为:空载损耗 $\Delta P_0 = 2.0$ kW,短路损耗 $\Delta P_k = 13.7$ kW,短路电压百分值 $U_k\% = 4.5$,空载电流百分值 $I_0\% = 1.7$,该车间的视在计算负荷 $S_0 = 800$ kV·A,求该变压器的有功损耗和无功损耗。

解　根据题意有:变压器的负荷率 $\beta = S_{30}/S_N = 800/1\,000 = 0.8$

(1) 变压器的有功损耗

根据式(2.32) 有

$$\Delta P_T/\text{kW} = \Delta P_0 + \beta^2 \Delta P_k = 2.0 + 0.8^2 \times 13.7 \approx 10.8$$

(2) 变压器的无功损耗

根据式(2.35) 有

$$\Delta Q_T/\text{kvar} = \Delta Q_0 + \beta^2 \Delta Q_k = \left(\frac{I_0\%}{100} + \beta^2 \frac{U_k\%}{100}\right) S_N =$$
$$\left(\frac{1.7}{100} + 0.8^2 \times \frac{4.5}{100}\right) \times 1\,000 = 45.8$$

2.3.2　工厂供电系统的电能损耗

在供配电系统中,因负荷随时间不断变化,其电能损耗计算相对较困难,通常利用最大负荷损耗时间 τ 近似计算线路和变压器有功电能损耗。

最大损耗时间 τ 是指当线路或变压器以最大负荷电流 I_{30} 流过 τ 小时后产生的电能损耗恰与全年流过实际变化电流时的电能损耗相等时的时间。最大损耗时间 τ 是一个假想时间,与年最大负荷利用小时及负荷的功率因数有关,如图 2.5 所示。

(1) 电力线路的电能损耗

$$W_{WL} = \Delta P_{WL}\tau \qquad (2.36)$$

式中,ΔP_{WL} 为电力线路有功功率损耗, 如式 (2.30) 所示。

(2) 电力变压器的电能损耗

电力变压器的电能损耗由铁损和铜损所引起的两部分电能损耗组成,即

$$W = W_{Fe} + W_{Cu} \approx \Delta P_0 \times 8\,760 + \beta^2 \Delta P_k \tau$$
$$(2.37)$$

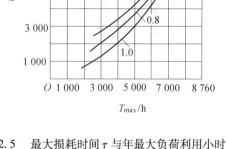

图2.5　最大损耗时间 τ 与年最大负荷利用小时 T_{max} 及负荷的功率因数 $\cos \varphi$ 的关系曲线

式中,$\Delta P_0, \Delta P_k$ 需要在变压器的产品目录中查找;β 为变压器的负荷率,$\beta = S_{30}/S_N$。

2.3.3　工厂年耗电量的计算

工厂的年耗电量可用工厂的年产量和单位产品耗电量进行估算,用工厂的年产量 A 乘以单位产品的耗电量 W_A,即可得到工厂的年耗电量,即

$$W = AW_A \qquad (2.38)$$

式中，W_A 可由实测统计或查找有关的设计手册得到。

工厂年耗电量的比较精确的计算可由工厂的总有功和无功计算负荷计算。

年有功耗电量

$$W_P = \alpha P_{30} T \tag{2.39}$$

年无功耗电量

$$W_Q = \beta Q_{30} T \tag{2.40}$$

式中，α 为年平均有功负荷系数，一般取 $0.7 \sim 0.75$；β 为年平均无功负荷系数，一般取 $0.76 \sim 0.82$；T 为年实际工作小时数，h。

2.3.4　尖峰电流

尖峰电流是指持续 $1 \sim 2$ s 的短时最大负荷电流，它用来计算电压波动、选择熔断器和低压断路器及整定继电保护装置等。计算尖峰电流的目的是，用它来计算电压波动、选择熔断器和自动开关、整定继电保护装置、校验电动机自启动条件等。

（1）单台设备尖峰电流的确定

对于只接单台用电设备的线路，其尖峰电流等于设备的启动电流，即

$$I_{pk} = I_{st} = K_{st} I_N \tag{2.41}$$

式中，I_N 为用电设备的额定电流；I_{st} 为用电设备的启动电流；K_{st} 为用电设备的启动电流倍数，在设备的铭牌上有标注。

（2）多台设备尖峰电流的确定

接有多台设备的线路的尖峰电流，可以按下式确定，即

$$I_{pk} = I_{30} + (I_{st} - I_N)_{max} \tag{2.42}$$

式中，I_{30} 为全部设备运行时线路上的计算电流，$I_{30} = K_\Sigma I_N$，其中，K_Σ 为同时系数，按台数的多少可以取为 $0.7 \sim 1$；$(I_{st} - I_N)_{max}$ 为用电设备中 $I_{st} - I_N$ 最大的设备的 $I_{st} - I_N$ 值。

2.3.5　功率补偿

工厂中的许多用电设备都是感性负载，在运行过程中，除了消耗有功功率外，还需要从供配电系统吸收大量的无功功率用于在电源和负荷之间交换，导致功率因数降低，所以一般工厂的自然功率因数都比较低。功率因数过低对供电系统是很不利的，它使供电设备（如变压器、输电线路等）电能损耗增加，供电电网的电压损失加大，同时也降低了供电设备的供电能力。另外，根据我国制定的按功率因数调整收费的办法要求，高压供电的工业用户和高压供电装有带负荷调整装置的电力用户，功率因数应达到 0.9 以上，其他用户功率因数应在 0.85 以上，当功率因数低于 0.7 时，电力部门可以不予以供电，因此合理调整用电设备的运行方式、提高自然功率因数对节约电能、提高经济效益具有重要的意义。

1. 功率因数

功率因数是指供电系统中无功功率消耗量在系统总容量中占的比例，是供电系统的一项重要的技术指标，反映了供电系统的供电能力。

（1）瞬时功率因数。工厂的功率因数随着负荷的性质、大小的变化和电压波动而不断变化着。功率因数的瞬时值为瞬时功率因数。瞬时功率因数由功率因数表直接读出，也可以用

瞬间测取的有功功率表、电流表、电压表的读数计算得到。瞬时功率因数只是用来了解和分析工厂用电设备在生产过程中无功功率的变化情况。

（2）平均功率因数。平均功率因数是指在规定的时间内（如一个月）功率因数的平均值。平均功率因数是电力部门每月向企业收取电费时作为调整收费标准的依据。

$$\cos \varphi = \frac{W_P}{\sqrt{W_P^2 + W_Q^2}} \tag{2.43}$$

式中，W_P 为规定的时间内消耗的有功电能，一般从有功电度表中读数；W_Q 为规定的时间内消耗的无功电能，一般从无功电度表中读数。

（3）最大负荷时功率因数。依据计算负荷 P_{30} 所确定的功率因数，称为最大负荷时的功率因数，其公式为

$$\cos \varphi = \frac{P_{30}}{S_{30}} \tag{2.44}$$

凡未装载任何补偿设备时的功率因数称为自然功率因数；装设人工补偿后的功率因数称为补偿后功率因数。

2. 提高功率因数的途径

提高功率因数通常有两个途径，即提高自然功率因数和人工补偿无功功率因数，一般优先采用提高自然功率因数，即提高电动机、变压器等设备的负荷率，或是降低用电设备消耗的无功功率。但自然功率因数的提高往往有限，一般还需采用人工补偿装置来提高功率因数。

用人工补偿装置来提高功率因数的方法主要有并联电力电容器组、采用同步调相机、采用可控硅静止无功功率补偿器和采用进相机。同步调相机是运行于电动机状态，但不带机械负载，只向电力系统提供无功功率的同步电动机，也称为同步补偿机。并联电容器是并联于电网中，主要用来补偿感性无功功率以改善功率因数的电容器，与同步调相机相比，具有无旋转部件、安装简单、运行维护方便、有功损耗小、组装灵活、扩容方便等优点，工厂一般采用并联电力电容器组较多。但是并联电容器损坏后不便修复，并且从电网中切除后有危险的参与电压，可通过放电来消除，现在有一种金属化膜低压并联电容器具有被击穿后能"自愈"的性能，即击穿电流使击穿点周围金属层蒸发，介质迅速恢复绝缘性能，称为自愈式电容器。

无功功率补偿的并联电容器，可装设在车间的低压母线上，也可装设在工厂的高压母线上，高压并联电容器组宜采用单星型或双星型，以减少一相电容器组击穿时造成的危害。低压并联电容器绝大多数是做成三相的，而且内部已经是三角形连接，因此击穿后的后果相对不是很严重，当在三相不平衡系统中需要分相补偿时，低压并联电容器应是单星型连接的。在实际应用中，电容器尽可能接在高压侧，这是因为补偿所需的电容器容量大小与电压的平方成正比。工厂或车间装设了无功补偿并联电容器后，能使装设地点前的供电系统减少相应的无功损耗。

图 2.6 表示出功率因数的提高与无功功率和视在功率的关系。若有功功率 P_{30} 不变，装无功补偿装置后无功功率补偿的容量为

$$Q_C = Q_{30} - Q'_{30} = P_{30}(\tan \varphi - \tan \varphi') \tag{2.45}$$

式中，$\tan \varphi$ 为补偿前的功率因数角的正切值；$\tan \varphi'$ 为补偿后的功率因数角的正切值。

3. 无功功率补偿后工厂计算负荷的确定

装设了无功补偿装置后,在确定补偿装置装设点前的计算负荷时,要扣除无功功率补偿的容量。补偿后的计算负荷计算公式为

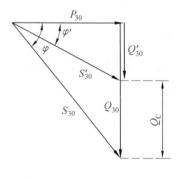

$$\begin{cases} P'_{30} = P_{30} \\ Q'_{30} = Q_{30} - Q_C \\ S'_{30} = \sqrt{P'^2_{30} + Q'^2_{30}} \\ I'_{30} = \dfrac{S'_{30}}{\sqrt{3}\,U_N} \end{cases} \tag{2.46}$$

图 2.6　功率因数的提高

2.4　全厂计算负荷的确定

1. 需要系数法

计算全厂的总计算负荷为

$$P_{30} = K_d P_{e\Sigma} \tag{2.47}$$

式中,K_d 为工厂需要系数,查表 2.14 得到;$P_{e\Sigma}$ 为工厂用电设备的总容量。

然后根据式(2.17)计算无功计算负荷、视在计算负荷和计算电流。

表 2.14　部分工厂的全厂需要系数和功率因数(供参考)

工厂	需要系数	功率因数
汽轮机制造厂	0.38	0.88
锅炉制造厂	0.27	0.73
柴油机制造厂	0.32	0.74
重型机械制造厂	0.35	0.79
重型机床制造厂	0.32	0.71
机床制造厂	0.2	0.65
石油机制造厂	0.45	0.78
量具刃具制造厂	0.26	0.60
工具制造厂	0.34	0.65
电机制造厂	0.33	0.65
电器开关制造厂	0.35	0.75
电缆电线制造厂	0.35	0.73
仪器仪表制造厂	0.37	0.81
滚珠轴承制造厂	0.28	0.70

2. 按年产量确定

利用工厂的年耗电量(由式(2.38)可以得到)和工厂年最大负荷利用小时可以确定工厂

的有功计算负荷,即

$$P_{30} = \frac{W}{T_{\max}}$$ (2.48)

然后根据式(2.17)计算无功计算负荷、视在计算负荷和计算电流。

3. 逐级计算法

应从用电末端逐级向上推至电源进线端来确定全厂的计算负荷,计算步骤如下:

(1)确定用电设备组的设备容量;

(2)确定用电设备组的计算负荷;

(3)确定车间低压干线或车间变电所低压母线的计算负荷(应注意如接有设备组较多时,考虑各设备组的最大负荷不同时出现时引入的同时系数;装有无功功率补偿用的电容器组时,确定无功计算负荷时应减去无功功率补偿容量);

(4)确定车间变电所高压侧的计算负荷(等于变电所低压侧进线的计算负荷与变压器的功率损耗之和);

(5)若没有总变电所,则可根据以上步骤确定总变压器低压侧的计算负荷;

(6)确定工厂总计算负荷(等于总变压器低压侧进线的计算负荷与变压器的功率损耗和高压母线功率损耗之和)。

第3章 工厂供电系统及电力线路

工厂供电系统示意图如图 3.1 所示,它通常是由工厂外部送电线路、工厂总降压变电所、工厂内部高低压线路、车间变电所以及低压配电线路、用电设备等组成。

(1)工厂外部送电线路:工厂外部送电线路是工厂与供电系统相联络的高压进线,其作用是从供电系统接受电能,向工厂的总降压变电所供电。其电压在 6 ~ 110 kV 之间,具体数值视工厂所在地区的供电系统的电压而定,一般多为 35 ~ 110 kV。

(2)工厂内部高压配电线路:工厂内部高压配电线路的作用是从总降压变电所以 6 ~ 10 kV电压向各车间变电所或高压用电设备供电。

(3)低压配电线路:低压配电线路的作用是从车间变电所以 380/220 V 的电压向车间各用电设备供电。

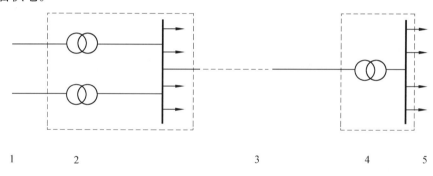

图 3.1　工厂供电系统示意图

1—工厂外部送电线路;2—工厂总降压变电所;3—工厂内部高压配电线路;4—车间变电所;5—低压配电线路、用电设备

当然,不是所有的工厂供电系统都包含上述所有部分,例如,是否需建总降压变电所,取决于工厂和电源间的距离、工厂的总负荷及其在各车间的分布、厂区内的配电方式和本地区电网的供电条件等。既然工厂供电系统有诸多部分,那么工厂供电系统的供电方式也有多种组合的可能,不同的组合方案必然会影响到投资费用和运行费用,也会影响到系统运行的性能等。因此,有必要对不同的方案进行比较。

本章将从一个完整的工厂供电系统设计的角度讨论以下问题:

(1)工厂供电系统方案的选择;

(2)工厂供电系统电压的选择;

(3)工厂内变(配)电所位置和数量的确定以及变压器容量和台数的确定;

(4)变(配)电所的接线方式;

(5)工厂内部配电方式;

(6)导线和电缆截面的选择及敷设方式。

3.1　工厂供电系统方案的选择

3.1.1　工厂供电方案的基本原则和要求

供电方案是电力供应的具体实施计划。供电方案包括供电电源位置、出线方式、供电线路敷设、供电回路数、走径、跨越、用户进线方式、受电装置容量、主接线、继电保护方式、计量方式、运行方式、调度通信等内容。

供电方案要满足供电安全、可靠、经济、运行灵活、管理方便的要求,并留有发展裕度。供电方案根据确定的供电方式提出,一般可提出若干方案,经过优化,选择最佳的作为确定方案。在确定供电方案时,要考虑使用户受电端有合格的电能质量和适合用户需求的供电可靠性;能满足用户近期或远期对电力的需求;具有最佳的综合经济效益;能满足自动装置和保护的需要,且结构简单、操作方便、运行灵活;符合电网建设、改造和发展规划的要求;技术装备先进,符合技术规范、标准的要求。

经过最优方案选择,需要得到以下结果:

(1)最合理的全厂及车间供电系统;

(2)工厂总降压变电所及车间变电所中最合理的变压器容量、数量及工作状态;

(3)确定供电系统电气设备的种类及数量;

(4)确定最佳供电电压及供电线路的结构;

(5)根据投资、有色金属消耗量、电能损耗及年运行费,确定供电线路导线、母线及电缆的截面;

(6)根据需要和可能,确定自备电源的容量和最佳运行方式。

确定最优方案,需要进行大量的分析计算工作。计算机的应用,可以大大减轻工作量,简化复杂繁琐的计算过程。应用计算机进行方案比较时,主要需要确定计算对象的数学模型、设计方法及编制程序。

影响工厂供电系统设计方案的因素很多,如:距离电源的远近,工厂的规模,大型用电设备的种类和数量及其工作情况,负荷的大小和等级,可靠性和备用容量要求,供电电压的高低,系统检修和维护的要求等。为寻求技术上先进、经济上合理、运行上灵活、供电上可靠的最佳方案,一般需要对多种供电方案进行优化。由于影响供电方案的诸多因素中,只有一部分可进行定量分析,有相当一部分只能凭借以往的实践经验进行定性分析。因而,供电方案的优化,通常是在定性分析的基础上,采用计算费用法进行分析比较,在定性分析因素可比的条件下,选用年费用最低的方案。

3.1.2　工厂供电方案的选择

在进行方案比较时,应按照负荷性质、用电容量、工程特点和地区供电条件,统筹兼顾,合理确定设计方案。技术经济比较,一般包括技术指标、经济指标和有色金属消耗量三个方面。

1.技术指标

技术指标包括可靠性、电能质量、运行及维护修理的方便及灵活程度、自动化程度、占地面

积、新型设备的利用等。

2. 经济指标

经济指标包括初期建设投资和年运行费用。为简化计算,可排除极不合理的方案。通过比较,选出两种或三种技术指标接近的方案,对其进一步作经济效益上的比较,必要时,需要对影响方案经济性较大的项目多次取值计算,以得出较多的数据。

工厂供电方案的经济性比较可以从以下方面进行:

(1)基建投资 Z。基建投资一般采用供配电系统中各主要设备从订货到安装完成所需的全部工程费用的综合投资指标表示,包括电气、土建及其他因方案不同而引起的一切费用。计算时,各方案相同部分可不予以考虑,只计算不同部分的投资,因此 Z 是相对数值,计算公式为

$$Z = Z_b + Z_1 \tag{3.1}$$

式中,Z_b 为变电所综合投资,包括变压器、开关设备、配电装置等综合投资,万元;Z_1 为线路综合投资,万元。

(2)年运行费 F。年运行费指设备投入运行后维持正常运行每年所付出的费用。包括以下几项:

① 年电能损耗费 F_A。包括各变压器年电能损耗费和线路年电能损耗费,等于年电能损耗(电度)乘以每度电的电价,按下式计算,即

$$F_A / (万元 \cdot 年^{-1}) = \beta \left(\sum \Delta W_b + \sum \Delta W_x \right) \times 10^{-4} \tag{3.2}$$

式中,β 为电度电价,元／度,按当地电业局规定电价计算;$\sum \Delta W_b$ 为全厂供配电系统变压器的年电能损耗总和,$kW \cdot h$;$\sum \Delta W_x$ 为全厂 1 kV 以上配电线路年电能损耗总和,$kW \cdot h$。

② 年折旧费用 F_z。国家为了积累更新设备的资金,每年提存的折旧费等于基建总投资乘以年折旧率 C_1(见表 3.1),即 $F_z = ZC_1$,单位为万元。

表 3.1 供配电系统部分设备的年折旧率和维修率

固定资产分类	折旧年限／年	净残值占原值比例/%	每年基本折旧率/%	每年平均大修理费率/%
变电设备	25	5	3.80	1.50
配电设备	20	4	4.80	0.50
电缆、木杆线路	30	4	2.40	1.00
铁塔、水泥杆	40	4	2.40	0.50
金属和钢筋混凝土结构	50	5	1.90	0.80
电缆线路	40	2.4	1.0	3.4

③ 年维护检修费 F_w。每年维护和检修所需费用,等于基建总投资乘以年维修费率 C_2(见表 3.1),$F_w = ZC_2$,单位为万元。

④ 年基本电价费 F_J。大多数工厂按大宗工业用电计算电费,按下式计算:

$$F_J = 12 \times 基本电价 \times 总降压变电所主变压器总容量(或用电负荷的设备容量;或最大需用负荷) \times 10^{-4}(万元)$$

其中基本电价根据与供电部门签订协议计算。

⑤ 年管理费用。如人员工资等,这一项所占比例极小,可忽略不计。整个供电系统的年运行费 F 为

$$F = F_z + F_w + F_A + F_J \tag{3.3}$$

在算出基建投资和年运行费以后,如果得到两个可行方案,其初期投资分别为 Z_1,Z_2,且有 $Z_1 > Z_2$,其年运行费用为 F_1 和 F_2。若 $F_1 > F_2$,则方案二更优,应采用第二方案。若 $F_1 < F_2$,则需要计算回收期 T 来比较这两个方案,也就是说第一方案多用的投资可以由年运行费的节省来偿还,如果回收投资的年限不长,则是合算的。因为在收回投资以后的年度里,第一方案有更好的经济性。国家根据基本建设的总任务和各项经济政策,通过有关的文件规定出不同建设项目的标准回收期 T_B,通常要求经济收益快的,取 $T_B = 3 \sim 5$ 年,经济收益慢的,取 $T_B = 5 \sim 7$ 年。于是,对所讨论的两个方案进行经济比较的结果及选择情况为

$$T = \frac{Z_1 - Z_2}{F_2 - F_1} \tag{3.4}$$

若 $T < T_B$,应采用方案一;若 $T \geq T_B$,应采用方案二。

如果经过初步计算,有三个或者三个以上的方案时,则可以通过比较各方案的最小年投资 F_x 来判断方案的优劣。设有 N 个方案,则有

$$\begin{cases} F_{Z1} = \dfrac{Z_1}{T_B} + F_1 \\ F_{Z2} = \dfrac{Z_2}{T_B} + F_2 \\ \qquad \vdots \\ F_{Zn} = \dfrac{Z_n}{T_B} + F_n \end{cases} \tag{3.5}$$

式中,F_{Zn},F_n,Z_n 分别为 N 方案的年最小投资、年运行费用和基建投资。年最小投资方案就是经济性最优方案,因此应采用 F_Z 最小的方案。

应当指出,如果投资条件不同,还应考虑货币的时间价值,此时需要对货币价值进行折算,即将电力建设的投资费及年运行费归算至统一可比条件下,再代入式(3.5)进行计算。

3. 有色金属消耗量的比较

有色金属消耗包括变压和线路两部分,并有铜、铝等不同种类。为便于比较,通常将各种有色金属的质量折算为铜的质量。每吨铝相当于 0.5 t 铜,每吨铅相当于 0.4 t 铜,以此来比较各方案中总的有色金属消耗量。估算线路有色金属消耗量的公式为

$$W_x / \mathrm{t} = 3 \times W_0 L \times 10^{-3} \tag{3.6}$$

式中,W_0 为线路所用材料的单位长度质量,kg/km;L 为线路的长度,km。

变压器的有色金属消耗量一般按自身质量的 21%(铜芯)或 14%(铝芯)计算。

3.2　工厂电压的选择

工厂供电系统的电压选择包括由电力系统接收的高压供电电压,工厂厂区内高压配电电压和工厂低压电压的选择。电压的选择应根据用电容量、用电设备特性、供电距离、供电线路的回路数、当地公共电网现状及其发展规划以及经济合理等因素确定。

3.2.1 供电电压的选择

供电电压指由电力系统接收的、需要经过变压才能在工厂厂区进行配电的电压。我国目前所用的供电电压是 35 ~ 110 kV。

用户需要的功率大,供电电压应相应提高,这是一般规律。提高供电电压,可以减少电能损耗,提高电压质量,节约有色金属,但也使得线路及设备的投资费用增加。

(1)供电电压的选择与负荷大小和距离电源的远近。某一供电电压,必然有它所对应的最合理供电容量和供电距离。不同电压推荐的输送容量和输送距离见表 3.2。

表 3.2 线路的输送容量及输送距离

额定电压 /kV	输送方式	输送功率 /kW	输送距离 /km
0.22	架空线	小于 50	0.15
0.22	电缆	小于 100	0.2
0.38	架空线	100	0.25
0.38	电缆	175	0.35
3	架空线	100 ~ 1 000	3 ~ 1
6	架空线	2 000	3 ~ 10
6	电缆	3 000	小于 8
10	架空线	3 000	——
10	电缆	3 000	——
35	架空线	2 000 ~ 10 000	——
60	架空线	3 500 ~ 30 000	——
110	架空线	10 000 ~ 50 000	——
220	架空线	100 000 ~ 500 000	——

(2)供电电压还与下列因素有关(见表 3.3):

① 输电电路回路数和电力网结构;

② 导线分裂根数和截面;

表 3.3 各级电压线路的送电能力

标称电压 /kV	线路种类	送电容量 /MW	供电距离 /km	标称电压 /kV	线路种类	送电容量 /MW	供电距离 /km
6	架空线	0.1 ~ 1.2	15 ~ 4	10	电缆	5	6 以下
6	电缆	3	3 以下	35	架空线	2 ~ 8	50 ~ 20
10	架空线	0.2 ~ 2	20 ~ 6	35	电缆	15	20 以下

表中数字的计算依据:

① 架空线及 6 ~ 10 kV 电缆线芯截面最大为 240 mm², 35 kV 电缆线芯截面最大为 400 mm², 电压损失 ≤ 5%。

② 导线的实际工作温度 θ:架空线为 55 ℃, 6 ~ 10 kV 电缆为 90 ℃, 35 kV 电缆为 80 ℃。

③ 导线间的几何均距 D_j:10(6) kV 为 1.25 m, 35 kV 为 3 m。

④ 功率因数均为 0.85。

③ 工厂的生产班次和负荷曲线的均衡程度;

④ 折旧等费用在设计时占投资额的比例;

⑤ 国家规定的还本年限;

⑥ 是否有大型用电设备(如炼钢、轧钢及大型整流设备)等。

根据上述条件,选择供电电压显然不能用一个简单的公式完整概括,但有一点是肯定的,即在设计时尽量减少配变电级数,简化接线,从而节约电能和投资,提高电能质量。

除此之外,还应注意地区原有电压对工厂供电电压选择的限制作用。

3.2.2　工厂厂区高压配电电压的选择

工厂厂区高压配电电压的高低取决于供电电压、用电设备的电压以及配电范围、负荷大小和分布情况。供电电压为 35 kV 及以上的用电单位配电电压应采用 10 kV,因为从经济性考虑,选择 10 kV 更为经济。

(1)感应电动机的额定电压越低其效率越高且价格也较低。同容量感应电动机用于 380 V 时,较用于 3 kV 时效率约高 1%;同容量感应电动机用于 3 kV 时,较用于 6 kV 时效率约高 1%;但 6、10 kV 效率和价格大致相同。

(2)同容量的变压器在 6、10 kV 时,效率和价格相同;35 kV 变压器较 6、10 kV 的变压器贵 20% ~30%。

(3)传输相同的功率(500 kV·A 以上),10 kV 线路比 6 kV 线路节省有色金属 40%。这两种电压的线路设计中,除投资占较小部分的绝缘子有所不同外,其他相差无几。因此,投资费用会随全部线路导线截面的减少而减小。如果用电缆送电,额定电压越高,价格越高,但 6、10 kV 差别很小;从输送功率看,它与电压成正比,故用电缆在厂区内配电时,10 kV 比 6 kV 的费用要便宜得多。

(4)在传输相同功率的条件下,10 kV 线路可以减少配电线路的回数,从而使变(配)电所及电网的接线简化。

(5)额定电压为 6、10 kV 的开关设备,其价格主要根据其切断容量及流过短路电流时的稳定性程度而定。

(6)如果导线的电流密度相同,则 10 kV 比 6 kV 线路功率损失少约 40%,电压损耗也少约 40%。

可见,工厂内选用 10 kV 高压配电的优点较多。但并不是所有情况下都采用 10 kV 的电压,如工厂供电电源的电压就是 6 kV,或工厂使用的 6 kV 电动机多且分散,可采用 6 kV 的配电电压。从现有电机额定功率、电压和转速系列来看,10 kV 电压的电动机的最低额定功率为 2 000 kW,考虑到 200 kW 以上电动机一般可选用 6 kV 和 3 kV 两种,假设用 10 kV 电压,则必须再选 10/3 kV 变压器来解决这种电动机的供电。如果这种电动机数量多而且分散设置,采用 10 kV 配电电压是否经济就需要经过技术经济分析才能决定。因 3 kV 作为配电电压不经济,所以不推荐使用,当企业有 3 kV 电动机时,应配用 10/3 kV 专用变压器。

为了简化供电系统,减少投资费用和电能损耗,有些国家采用供电和厂区配电电压合一的高压深入负荷中心的供电方式。我国近年来在油田等行业,不断推广和使用 35 kV 直配电网供电的方式。所谓 35 kV 直配电网,是一种以 35 kV 高压深入到负荷中心,电压由 35 kV 变为

0.4 kV,直接供低压用电设备使用的供电方式。与 6 kV 供电线路相比,其差别如图 3.2 所示。

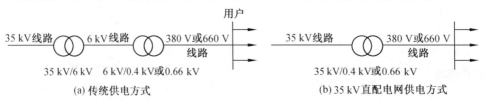

图 3.2　传统供电方式与直配电网供电方式比较图

与传统供电方式相比,35 kV 直配电供电方式具有如下特点:

(1)在供电过程中,减少了一个变电环节,直供用户,可节省工程投资,缩短建设周期。

(2)简化了电网结构,可避免网络环节多、线路设备多、维护工作量大等问题。

(3)提高了供电电压等级,扩大了供电半径,减少了线路损耗和变电设备损耗。经计算,以相同的导线截面,相同的供电距离,输送相同的容量,35 kV 线路有功功率损失为 6 kV 线路的 1/34。

(4)提高了供电电压质量,绝缘等级加强,可大大降低雷击跳闸率,保证线路安全可靠运行。

(5)由于采用 35 kV 线路深入负荷中心,使低压线路大大缩短,380 V 线路可采用埋地电缆接至负荷中心,避免架线设杆占地。

此外,直配电网供电方式,也比较有利于工厂的扩建。过去,在建总降压变电所时,变压器容量的选择总要考虑工厂发展的需要留有一定的裕量,但装设后,设备长期得不到充分利用,而采用高压线深入负荷中心供电方式,只要从供电线路上引向新的负荷点,建立新的低压变电所就可以了。

然而,能否采用高压线深入负荷中心的方式,要根据厂区的环境条件是否满足 35 kV 架空线路深入负荷中心的"安全走廊"要求而定,否则不宜采用。即该供电方式会受到工厂建筑面积的限制和建筑物在厂区布置的影响,若想采用这种供电方式,在工厂决定总体布置时,就应全面研究其可行性。

3.2.3　工厂低压配电电压的选择

国家规定的 50 Hz 低压设备的额定电压和系统标称电压见表 3.4。除了特殊规定,按照国家标准,车间及其他建筑物的配电电压只能采用 380/220 V。对于矿山或油田等特殊场合,由于负荷分散,供电距离长,为了保证电压质量,动力用电可采用 380/660 V 或 660/1 140 V。

近年来,随着生产规模的扩大,建筑面积的增加,工艺装备容量及数量的变化,工业、农业、商业和城市都有提高 1 000 V 以下配电电压等级的要求。从国外情况来看,500 V 以上电压一直在使用。除 230/400 V 外,同时采用 400/690 V 配电的有德国、芬兰、波兰、罗马尼亚、法国,采用 690 V 的有保加利亚、挪威,采用 347/600 V 的有加拿大,前苏联也在 20 世纪 60 年代初把 660 V 电压列入国家标准。

表 3.4　50 Hz 低压设备的额定电压和系统标称电压

名称	电压/V
三相受电设备的额定电压和标称电压	36,42,100⁺,127*,220/380,380/660,1 140**
三相供电设备的额定电压	36,42,133*,230/400,400/690,1 200**
单相用电设备的额定电压	6,12,24,36,48,100⁺,127,220,380
单相供电设备的额定电压	6,12,24,36,48,100⁺,130,230,400

注:①电气设备和电子设备分为受电设备和供电设备两大类。
②受电设备的额定电压也是系统的标称电压。
③表中斜线之上的为相电压,斜线之下的为线电压。
④带"+"符号者只用于电压互感器、继电器等控制系统的电压;
带"*"符号者只限于矿井下、热工仪表和机床控制系统的电压;
带"**"符号者只限于煤矿井下及特殊场合使用的电压。

据研究,采用 660 V 供电,有如下经济技术效益:
(1)减少低压电网投资约 60 ~ 80 元/kW;
(2)减少电网损耗 1.4% ~ 4%;
(3)节约有色金属 40% ~ 50%;
(4)低压电网输送能力增加至原来的 3 倍;
(5)大部分中等容量为 6 kV 的电动机可由 660 V 电动机代替。660 V 电动机比 6 kV 电动机的运行可靠性提高 1 倍。

提高配电电压还可以增加配电半径和车间变电所的单位容量,简化配电系统,从而节省变电所的基建投资。目前,国家已通过相关规范来推广 660 V 电压的使用,如 2008 年通过的《GB 50070—200X 矿山电力设计规范》要求"凡新设计的选煤厂及矿井地面生产系统均应采用 660 V 供电"。从技术角度看,由于 660 V 是 380 V 的 $\sqrt{3}$ 倍,只要把接成三角形绕组的变压器和电机改换成星形接法,便可以在 380 ~ 660 V 电压的系统中应用,为技术改造提供了条件。但电压的改变必须得到电器制造业的配合,大规模推广使用还需要一定的时日,短期内还不可能代替 220/380 V 的常用电压。

综上所述,按照工厂的级别,供电电压的选择分以下三种情况:
(1)对于一般没有高压用电设备的小型工厂,设备容量在 100 kW 以下,输送距离在 600 m 以内,可选用 220/380 V 电压供电。
(2)对于中小型工厂,设备容量在 100 ~ 2 000 kW,输送距离在 4 ~ 20 km 以内的,可采用 6 ~ 10 kV 电压供电。
(3)对于中大型工厂,设备容量在 2 000 kW 以上,输送距离在 20 ~ 150 km 以内的,可采用 35 ~ 110 kV 电压供电。

3.3　工厂变配电所

3.3.1　变配电所的类型

工厂变配电所是各级电压的变电所和配电所的总称,担负着接收、变换和分配电能的任

务,其中,只担负接收和分配电能任务而不进行电压变换的称为配电所。按其在供电系统中的地位和作用分为工厂总降压变电所和车间变(配)电所。一般中小型工厂不设总降压变电所。

工厂的车间变电所的类型按主变压器的安装位置来分,主要有车间附设变电所、车间内变电所、露天变电所、独立变电所、箱式变电所等几种类型。

1. 车间附设变电所

车间附设变电所的变压器室的一面墙或几面墙与车间的墙共用,变压器室的大门朝车间外开。如果按变压器室位于车间的墙内还是墙外,还可进一步分为内附式(如图 3.3 中的 1, 2)和外附式(如图 3.3 中的 3,4)。

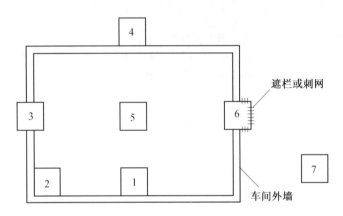

图 3.3 车间变电所的类型

1,2—内附式;3,4—外附式;5—车间内式;6—露天(半露天)式;7—独立式

2. 车间内变电所

车间内变电所的变压器室位于车间内的单独房间内,变压器室的大门朝车间内开,如图 3.3 中的 5 。

3. 露天变电所

露天变电所的变压器装在室外抬高的地面上,如图 3.3 中的 6。如果变压器的上方设有顶板或挑檐的,则称为半露天变电所。

4. 独立变电所

独立变电所的整个变电所在与车间建筑物有一定距离的单独建筑物内,如图 3.3 中的 7 。

此外,还有杆上变电台、地下变电所、移动变电所、成套变电所等。

以上所述的车间附设变电所、车间内变电所、独立变电所及地下变电所,统称室内型变电所;而露天、半露天变电所和杆上变电台,统称室外型变电所。

在负荷大而集中、设备布置比较稳定的大型生产厂房内,可以考虑采用车间内变电所的形式。这种变电所位于车间的负荷中心,可以降低电能损耗和有色金属消耗量,并能减小线路的电压损耗,容易保证电压质量,因此这种变电所的技术经济指标比较好。但是这种变电所建在厂房内部,要占一定生产面积,所以对一些生产面积比较紧凑和生产流程要经常调整的车间不太适合;而且变压器室门朝车间内开,对生产的安全也有一定威胁。

对生产面积较紧凑和生产流程要经常调整的车间,宜采用附设变电所的形式。至于是采用内附式还是外附式,要依具体情况而定。内附式要占一定的生产面积,但它离负荷中心比外附式近,从建筑艺术来看,内附式一般比外附式好。外附式不占或少占生产面积,而且变压器装设在车间的墙外,比较起来更安全一些。因此内附式和外附式,各有所长。这两种形式在机械类工厂中比较普遍。

露天和半露天变电所的形式比较简单经济,通风条件好,因此只要周围环境条件正常即可以采用。这种形式的变电所在小厂中较为常见。但这种形式的安全可靠性较差,在靠近易燃、易爆的厂房附近及大气中含有损伤电气设备的腐蚀性物质的场所,不能采用。

独立变电所的形式,建筑费用较高,因此除非各车间的负荷相当小而分散,或在需远离易燃、易爆和有腐蚀性物质的场所可以采用外,其他情况都不宜采用。

杆上变电台的形式最为简单经济。一般用于容量在 315 kV·A 及以下的变压器,而且多用于生活区供电。

地下变电所由于其全部装置设在地面以下,因此散热条件较差,湿度较大,建筑费用很高,但相当安全,且不碍观瞻。这种变电所在国外比较多见,而目前在国内较少。

工厂的高压配电所,尽可能与邻近的车间变电所合建,以节约建筑费用,其形式都是室内式的。

变配电所形式选择一般遵循以下规律:

(1)在选择 35 kV 总变电所的形式时,应考虑所在地区的地理情况和环境条件,因地制宜。技术经济合理时,应优先选用占地少的室内式。

(2)配电所一般为独立式建筑物,也可与所带 10(6) kV 一起附设于负荷较大的厂房或建筑物。

(3)10(6) kV 变电所的形式应根据用电负荷的状况和周围环境综合考虑确定:

①负荷较大的车间和厂房,宜设附设变电所或半露天变电所。

②负荷较大的多跨厂房,负荷中心在厂房中部且环境许可时,宜设车间内变电所或组合式成套变电站。

③高层或大型民用建筑物内,宜设室内变电所或组合式成套变电站。

④负荷小且分散的工业企业和大中城市的居民区,宜设独立变电所,有条件时也可设附设式变电所或户外箱式变电站。

3.3.2　变电所的主要电气设备

变电所中的电气设备通常分为一次设备和二次设备两大类。一次设备是指直接生产、输送和分配电能的设备。变压器、高压断路器、隔离开关、负荷开关、电抗器、并联补偿电力电容器、电力电缆、送电线路以及母线等设备属于一次设备。对一次设备的工作状态进行监视、测量、控制和保护的辅助电气设备称为二次设备,如避雷器以及继电保护装置、制动装置、远动装置计量仪表。

电流互感器、电压互感器一般归为一次设备,但随着电气设备电子化的发展,二次侧使用的情况也很常见。

电力变压器是变电所的核心设备,通过它将一种电压的交流电能转换成另一种电压的交流电能,以满足输电或用电的需要。变压器的容量需经过负荷计算来确定。

高压断路器是变电所的重要电力控制设备,用于 1 kV 以上的高压电路中。它具有灭弧特性,当系统正常运行时,它能切断和接通线路及各种电气设备的空载和负载电流,起到控制作用;当系统发生故障时,它和继电保护配合,能迅速切断故障电流,以防止扩大事故范围,保证无故障部分正常运行,起到保护作用。因此,高压断路器工作的好坏,对维护电力系统的安全、经济和可靠运行起着重要作用。

隔离开关是与高压断路器配合使用的设备。它无灭弧能力,只能在没有负荷电流的情况下分、合电路。其主要功能是起隔离电压的作用,以确保变电所电气设备检修时与电源系统隔离,使检修工作能够安全进行。在使用时必须遵循"先合后分"的操作顺序,即在断路器断开后才允许拉开隔离开关,而合闸时,隔离开关应先闭合,然后再将断路器接通。它本身的工作原理及结构比较简单,但由于使用量大,工作可靠性要求高,对变电所、电厂的设计、建立和安全运行的影响均较大。

负荷开关的构造与隔离开关相似,是介于隔离开关和高压断路器之间的开关设备,只是加装了简单的灭弧装置。它有一定的断流能力,可以带负荷操作,但不能直接断开短路电流,如果需要,要依靠与它串接的高压熔断器来实现。因此,通常情况下负荷开关应与高压断路器配合使用。按照使用电压可分为高压负荷开关和低压负荷开关。

母线是用来汇集、分配和传送电能的,大都采用矩形或圆形截面的裸导线或绞线。母线故障是电气设备中最严重的故障之一,因此对母线的正确选择和应用极为关键。

电流互感器和电压互感器是电能变换器件,主要在高电压和大电流测量及各种继电保护中使用。前者用以将大电流变换成小电流(通常为 5 A 或者 1 A),后者用以将高电压变换成低电压(通常为 100 V)。

3.3.3 变电所位置和数量的确定

正确选择工厂总降压变电所和车间变(配)电所的位置和数量,对工厂供电系统的合理布局及提高供电质量有很大关系。因此,必须根据工厂负荷类型、负荷大小和分布特点以及工厂内部环境特征等因素进行全面考虑。

在进行变配电所位置选择时,应综合考虑下列要求:

(1)接近负荷中心,这样可以减少配电线路的长度与导线截面,从而降低有色金属消耗量和年电能损耗费用;

(2)接近电源侧;

(3)进出线方便;

(4)运输条件好,便于变压器及电气设备的搬运;

(5)不应设在有剧烈振动或高温的场所,保证变电所的安全运行;

(6)不宜设在多尘或有腐蚀性气体的场所,如无法远离,不应设在污染源的主导风向的下风侧,以防止因空气污染引起电气设备绝缘水平降低;

(7)不应设在厕所、浴室或其他经常积水场所的正下方(指相邻楼层的正下方)或与其相邻,不应设在地势低洼和可能积水的场所,以防止电缆沟内出现积水;

(8)不应设在有爆炸危险的区域或有火灾危险区域的正上方或正下方;

(9)应有扩建和发展的余地。

如果大型工厂的车间和生产厂房比较集中,应尽量建立一个总降压变电所,既节省投资又便于运行维护。如果工厂规模较大,而且存在两个或两个以上的集中大负荷用电部门,彼此间又相距较远时,可考虑设立两个或两个以上的总降压变电所,这样可以保证一级负荷的供电可靠性。

对于新建的大型工厂,在全面规划下,经过方案比较,可以设立多个总降压变电所,但应结合工程分期建设。

如果工厂只设立一个总降压变电所时,则必须从电源系统及变电所的主接线方案等方面保证对一级负荷供电设备的备用电源问题的解决。

车间变(配)电所的数量应根据车间负荷大小、负荷级别及相邻车间的距离等因素加以全面考虑。对具有一级负荷且用电量较大的车间,可单独设立一个或两个车间变(配)电所。如果设立一个变电所时,必须与相邻车间变电所有联络线路或考虑双电源供电。负荷不大相距较近的几个车间可以设立几个公共车间变电所,但需对其中一、二级负荷采取保证供电可靠性的技术措施。

工厂变配电所位置和数量的选择除了考虑上述原则外,还需要结合本章 3.1 节方案选择的相关知识进行技术经济比较来作出最终的决定。

3.3.4　变电所变压器容量和台数的选择

1. 变压器台数的选择原则

(1)确定车间变电所变压器台数的原则。

①对于一般的生产车间尽量装设一台变压器。

②如果车间的一、二级负荷所占比重较大,必须两个电源供电时,则应装设两台变压器。每台变压器均能承担对全部一、二级负荷的供电任务。如果与相邻车间有联络线时,当车间变电站出现故障时,其一、二级负荷可通过联络线保证继续供电,则也可以只选用一台变压器。

③当车间负荷昼夜变化或季节变化较大时,或由独立(公用)车间变电站向几个负荷曲线相差悬殊的车间供电时,如选用一台变压器在技术经济上显然是不合理的,则也装设两台变压器。

④特殊场所可选用多台变压器,如井下变电所因受运输条件等限制,可选用多台小容量变压器(井下使用的变压器,其额定容量不超过 315 kV·A)。

装设两台及以上变压器的变电所,当其中任何一台变压器断开时,其余变压器的容量应满足一级负荷及二级负荷的用电,并宜满足工厂主要生产用电。

(2)确定工厂总降压变电所变压器台数的原则。

①当工厂的绝大部分负荷属于三级负荷,其少量一、二级负荷可由邻近工厂取得低压(6 ~ 10 kV)备用电源时,可以装设一台变压器。

②有一、二级负荷的变电所宜装设两台变压器,当在技术经济上比较合理时,可以装设两台以上的变压器。多台变压器之间互为备用,当一台出现故障或检修时,其余变压器可以承担对全部一、二级负荷供电,且不小于全部负荷的 60% 。

③特殊情况下也可装设两台以上的变压器,如分期建设的大型工厂,其变电所和变压器台数可以分期建设,从而使变压器台数增多;又如对引起电网电压严重波动的设备(电弧炉等)可装设专用变压器,从而使变压器台数增多。

④应适当考虑未来 5 ~ 10 年负荷发展的需要,至少留有 15% ~ 25% 的裕量。

变电所中的变压器对投资的影响很大,变压器台数多消耗材料也多,并使系统接线复杂,增加维护管理的难度。

在供电设计时,总降压变电所装设两台变压器,不间断供电是有保证的,对于两台变压器来说,相互之间是备用的关系,其备用方式有以下两种:

①明备用。两台变压器均按100%的负荷选择,其中一台工作,另一台作为备用。

②暗备用。两台变压器均按最大负荷的70%选择。正常运行时,两台变压器同时参加工作,每台变压器承担50%的最大负荷,此时负载率 β 不超过下面数值,即

$$\beta = \left(\frac{50}{70}\right)\% \approx 71\% \tag{3.7}$$

基本上满足经济运行的要求。在故障情况下,不用考虑变压器的过负荷能力就能担负对全部一、二级负荷供电的任务,这是一种比较经济合理的备用方式。

2. 变压器容量的选择

(1)变压器的过负荷能力。

变压器的额定容量是指在规定的环境温度条件下,室外安装时,在规定的使用年限内所能连续输出的最大视在功率(kV·A)。根据国家标准,国产电力变压器安装使用的环境温度指:最高气温为+40 ℃,最热月平均气温为+30 ℃,最高年平均气温为+20 ℃,最低气温对室外变压器为−25 ℃,对室内变压器为−5 ℃。电力变压器在上述规定的环境温度下以额定容量运行其使用寿命一般为20 a。变压器的使用寿命取决于其绝缘老化速度,即与使用的环境温度变化和它的负荷大小紧密相关。试验表明,对于自然循环油冷变压器,如果变压器绕组最热点的温度一直维持在95 ℃,则变压器可连续运行20 a;如果其绕组温度升高到120 ℃时,则变压器只能运行2.2 a;如果其绕组温度升高到145 ℃时,则变压器的寿命只有3个月。

实际上变压器在运行时负荷的变化很大,不可能一直固定在额定值运行,在大多数情况下,变压器低于额定容量运行,而有时在短时间间隔内,又会超出额定容量运行。因此,有必要给出一个短时容许负荷,它会高于变压器的额定容量,把这种变压器超过额定负荷运行的能力称为变压器的过负荷能力。

变压器具有过负荷能力,其原因是:

①负荷的昼夜不均衡和季节不均衡,使得变压器在实际运行当中要具有一定的过负荷能力。

②变压器的工作温度可能会比环境温度低,则从既减轻绕组绝缘老化程度又保证变压器使用年限来考虑,变压器的实际容量与额定容量比可以适当提高。

③在选择变压器容量时,考虑到故障过负荷时的供电可靠性要求,通常会留有一定的裕度,因此,在正常工作时,变压器往往达不到额定值。

过负荷的直接结果是绕组和变压器油的温度升高,影响变压器的寿命。根据参考文献可以得出以下结论:绕组温度每增加6 ℃,老化加倍,即预期寿命缩短一半,即热老化定律。所以,要严格限制变压器超限过负荷。

变压器过负荷能力以变压器负荷曲线的填充系数 α 和最大负荷的持续时间(h)为依据。α 可表示为

$$\alpha = \frac{S_{pj}}{S_{max}} = \frac{I_{pj}}{I_{max}} = \frac{\sum It}{I_{max} \times 24} \tag{3.8}$$

式中,S_{pj} 为实际容量平均值;I_{pj} 为实际电流平均值;It 为实际运行负荷曲线的安培小时数,即负荷曲线下所包围的面积;$I_{max} \times 24$ 为按最大负荷工作24 h 的安培小时数。

根据填充系数决定的自然循环油冷双绕组变压器过负荷能力见表 3.5。由表中数据可知：当填充系数为 0.5、最小负荷持续时间 $t = 6$ h 时，变压器过负荷能力为 20% 额定值；同样，当填充系数为 0.5，$t = 4$ h 时为 24%。可见，在 4～6 h 内完全可能将故障变压器更换掉或压缩次要负荷。

表 3.5　油浸自冷式电力变压器允许过负荷百分率　　　　　　　%

日负荷曲线填充系数	最大负荷运行时间/h					
	2	4	6	8	10	12
0.50	28	24	20	16	12	7
0.60	23	20	17	14	10	6
0.70	17.5	15	12.5	10	7.5	5
0.75	14	12	10	8	6	4
0.8	11.5	10	8.5	7	5.5	3
0.85	8	7	6	4.5	3	—
0.9	4	3	2	—	—	—

此外还规定，如果在夏季（6,7,8 三个月）的平均日负荷曲线中的最大负荷 S_m 低于变压器的实际容量 S_T 时，则每低 1%，可在冬季（12,1,2 三个月）过负荷 1%，但此项过负荷不得超过 15%。以上两部分过负荷可以同时考虑，对于室内变压器，过负荷不得超过 20%；对于室外变压器，过负荷不得超过 30%。此时，变压器的绝缘老化程度相当于绝缘自然老化率的 80%，余量 20% 是为了满足故障过负荷用。表 3.6 是油浸式变压器在故障时允许的过负荷百分数及时间。

表 3.6　油浸式变压器事故过负荷运行的允许时间

过负荷值/%	30	45	60	75	100	200
允许时间/min	120	80	45	20	10	1.5

（2）变压器容量的选择。

以前选择变压器容量时，着眼点多放在变压器过负荷能力的应用上，即对于有两台变压器的变电所来说，当一台变压器退出工作时，另一台变压器在考虑了环境影响和变压器的正常过负荷能力后，能承担起对全部一、二级负荷供电，因此变压器的容量就可以选得小些，但这样选择后，变压器的电能损耗往往增大，达不到经济运行的目的。但如果把变压器容量选择过大，就会形成"大马拉小车"的现象。这不仅增加了设备投资，而且还会使变压器长期处于空载状态，使无功损失增加。如果变压器容量选择过小，将会使变压器长期处于过负荷状态，易烧毁变压器。因此，正确选择变压器容量是电网降损节能的重要措施之一。

变压器容量本着"小容量，密布点"的原则，配电变压器应尽量位于负荷中心，供电半径不超过 0.5 km。配电变压器的负载率在 0.5～0.6 之间效率最高，此时变压器的容量称为经济容量。如果负载比较稳定，连续生产的情况可按经济容量选择变压器容量。

对于仅向排灌等动力负载供电的专用变压器，一般可按异步电动机铭牌功率的 1.2 倍选用变压器容量。一般电动机的启动电流是额定电流的 4～7 倍，变压器应能承受住这种冲击，直接启动的电动机中最大的一台的变压器容量,一般不应超过变压器容量的30%。应当指出的是,排灌专用变压器一般不应接入其他负荷,以便在非排灌期及时停运,变压器容量减少电能损失。

对于供电照明、农副业产品加工等综合用电变压器容量的选择,要考虑用电设备的同时功率,可按实际可能出现的最大负荷的1.25倍选用变压器容量。

根据农村电网用户分散、负荷密度小、负荷季节性和间隙性强等特点,可采用调容量变压器。调容量变压器是一种可以根据负荷大小进行无负荷调整容量的变压器,它适宜于负荷季节性变化明显的地点使用。

变压器容量对于变电所或用电负荷较大的工矿企业,一般采用母子变压器供电方式,其中一台(母变压器)按最大负荷配置,另一台(子变压器)按低负荷状态选择,就可以大大提高配电变压器利用率,降低配电变压器的空载损耗。针对农村中某些配变电站一年中除了少量高峰用电负荷外,长时间处于低负荷运行状态的实际情况,对有条件的用户,变压器容量也可采用母子变压器并列运行的供电方式。在负荷变化较大时,根据电能损耗最低的原则,投入不同容量的变压器。

3.4 变电所的主接线

3.4.1 变电所主接线的概念及要求

在选择完变压器的台数和容量后,就可以确定变电所的接线了。变电所的接线通过接线图反映。接线图是指表示电气设备的元件与其相互间的连接顺序的图,按其功能分为两类:主接线图和二次接线图。

主接线图表示变配电所的电能输送和分配路线的电路图,即变压器、高压断路器、隔离开关、母线、电流互感器及电压互感器等电气设备以及导线组成的电路。

二次接线图是表示用来控制、指示、测量和保护一次电路及其设备运行的电路图。其中有测量用的电流互感器和电压互感器、各种仪表、继电器及控制电路的元件等,在二次接线图中应附有主电路的设备或元件。

一般二次接线图通过电流互感器和电压互感器与主接线图相联系。

由于系统电压和负荷等级不同,变电所的主接线也有多种形式,确定主接线方案是工厂供电设计中的重要部分之一。对主接线有如下要求:

(1)安全。要符合国家标准和有关技术规程的要求,能充分保证人身和设备的安全。这就要求正确选择电气设备及监视系统和保护系统,并考虑各种保障人身安全的技术措施。

(2)可靠。要满足各级电力负荷特别是其中一、二级负荷对供电可靠性的要求。

(3)灵活。能适应各种不同的运行方式,便于检修,切换操作简便。如负荷不均衡时,能自由切换需用的变压器;没有多余的设备,使配电装置的布置清晰明了,操作次数尽量要少,以避免运行人员误操作。

(4)经济。在满足以上要求的前提下,尽量使主接线简单,投资少,运行费用低,并节约电能和有色金属消耗量。

此外,还应具有发展的可能,事先应根据工厂的发展及负荷增长的可能情况,在主接线方案的拟订上加以考虑,留有余地,以便将来向新的接线方式过渡,从而节省基建投资。

3.4.2　总降压变电所的主接线图

本书中所介绍的总降压变电所是基于 35～110 kV 电源进线的。下面介绍几种常用的主接线形式。

1. 线路-变压器组式主接线

变电所只有一路电源进线、一台变压器时,通常采用线路-变压器组式主接线,如图 3.4 所示。它的主要特点是变压器高压侧无母线,低压侧通过开关接成单母线接线,向各配出线供电。

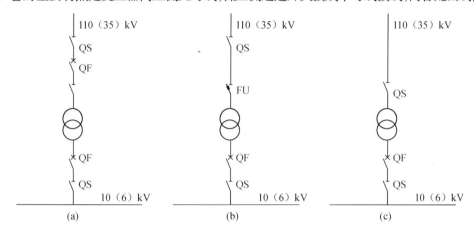

图 3.4　线路-变压器组式主接线

图 3.4(a)接线:当有操作或继电保护等要求时,变压器一次侧装设断路器。

图 3.4(b)接线:对于系统短路容量较小且不太重要的小型变电所,当高压熔断器参数能满足要求时,可采用变压器一次侧装设高压熔断器的接线。但在设计上仍应考虑到扩建或改建的可能性。

图 3.4(c)接线:只适用于用电单位。

这种接线最简单,设备及占地最少,投资少。缺点是不够灵活可靠,线路故障或检修时,变压器停运,线路停止供电。任一元件故障或检修,均需整个配电装置停电。适用于对二级负荷供电、一回电源线路和一台变压器的小型变电所。

2. 单母线主接线

单母线主接线是由线路、变压器回路和一组(汇流)母线组成的电气主接线。单母线接线的每一回路都通过一台断路器和一组母线隔离开关接到这组母线上,如图 3.5 所示。这种接线方式的优点是简单清晰,设备较少,操作方便和占地少。但因为所有线路和变压器回路都接在一组母线上,所以当母线或母线隔离开关进行检修或发生故障,或线路、变压器继电保护装置动作而断路器拒绝动作时,都会使整个配电装置停止运行,运行可靠性和灵活性不高,仅适用于线路数量较少、母线短和对二、三级负荷供电的变(配)电所。

3. 单母线分段主接线

为了提高上述单母线主接线的供电可靠性,使线路在故障或检修时重要负荷不至于停电,对于有两个以上电源进线或馈出线较多时,可采用单母线分段主接线。将电源线和馈出线通过开关分别连接到两段母线上,两段母线通过断路器或隔离开关连接,实际上是一条母线用开关分成两段,故称为单母线分段主接线。图 3.6 所示为一、二次侧均采用单母线分段的主接线图。当一段母线上发生故障、母线隔离开关发生故障或线路断路器拒绝动作时,分段断路器将自动断开故障母线段,或断开连接有拒绝动作断路器的母线段,使无故障母线段能继续运行。此外,还可以在不影响一段母线正常运行的情况下,对另一段母线或其母线隔离开关进行停电检修。

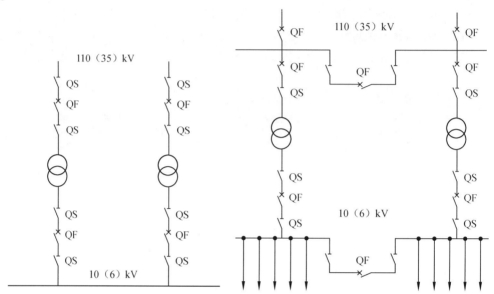

图 3.5 单母线主接线   图 3.6 单母线分段主接线

单母线分段主接线具有与单母线主接线相同的简单、方便和占地少的优点,而且提高了供电的可靠性。除了发生分段断路器故障外,其他设备发生故障时都不会使整个配电装置停电。对于重要负荷,可从两段母线上分别引出线路向该负荷供电。单母线分段接线的缺点是:当一段母线或一组母线隔离开关发生永久性故障并需要较长时间检修时,连接在该段母线上的线路和该段母线将较长时间停电。这种接线多用于具有两回电源线路,一、二回路馈出线路和两台变压器的变电所,在大中型企业中采用较多。

4. 桥式主接线

有两台变压器和两路电源进线时,一般还可以采用桥式主接线。桥式主接线分为内桥式和外桥式两种。

(1)内桥式主接线。如图 3.7 所示,变压器一次侧的高压断路器 QF4 跨接在两回电源进线之间,犹如桥一样将两回进线连接在一起,由于 QF4 处于线路的高压断路器 QF11 和 QF21 内侧,靠近变压器,所以称为内桥式接线。正常运行时,QF4 处于开断状态,两台变压器并联运行。

当有故障发生或线路检修时,可以通过 QF11 或 QF21 切除故障进线,然后通过投入 QF4 (其两侧的隔离开关 QS 先合)使两台变压器都能尽快地正常运行。

这种内桥式主接线提高了变电所运行的灵活性,增强了供电可靠性,适用于电源进线长、故障和停电检修机会多且变压器不需经常切换的总降压变电所。

(2)外桥式主接线。如图 3.8 所示,该接线方式中,变压器一次侧的高压断路器 QF4 也跨接在两回电源进线之间,但处于线路的高压断路器 QF11 和 QF21 外侧,靠近电源方向,因此称

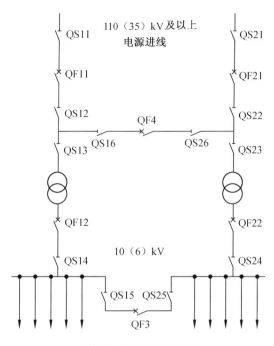

图 3.7　内桥式主接线

为外桥式接线。正常运行时,联络桥的高压断路器 QF4 处于开断状态。故障或检修需要切除变压器时,可断开高压断路器 QF11 或 QF21,再关合 QF4 使两条进线都继续运行。这种接线方式适用于电源进线较短故障机会少,变压器需要经常投切的总降压变电所。

采用桥式主接线高压断路器数量少、占地少,四个回路只需要三台断路器,可以节省投资。但变压器的切除和投入较复杂,需要动作两台断路器,使一回线路的暂时停运,且变压器侧断

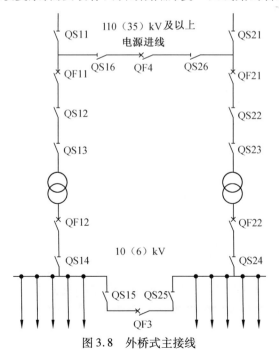

图 3.8　外桥式主接线

路器检修时,变压器需较长时间停运。

5. 双母线主接线

上述几种主接线都有一个共同的缺点,就是母线本身发生故障或检修时,将使该母线停电。为了克服这一缺点,可以采用双母线主接线,如图3.9所示。在这种接线中,每个电源进线和出线都通过一个断路器和两个隔离开关连接到两条母线上,一条母线工作,一条母线备用。其中,连接到正常工作母线上的隔离开关正常运行时处于接通状态,接于备用母线上的隔离开关则处于断开状态。与单母线相比,双母线接线具有以下优点:第一,供电可靠、检修方便;第二,当一组母线故障时,只要将故障母线上的回路倒换到另一组母线,就可迅速恢复供电;第三,调度灵活或便于扩建。但该接线所用设备多(特别是隔离开关),配电装置复杂,经济性差,在运行中隔离开关作为操作电器,容易发生误操作,且对实现自动化不便;尤其当母线系统故障时,需要短时切除较多电源和线路,这对重要的大型电厂和变电所是不允许的。改进的办法是将工作母线分段以提高供电可靠性,也可以采用双母线带旁路母线的接线方式。

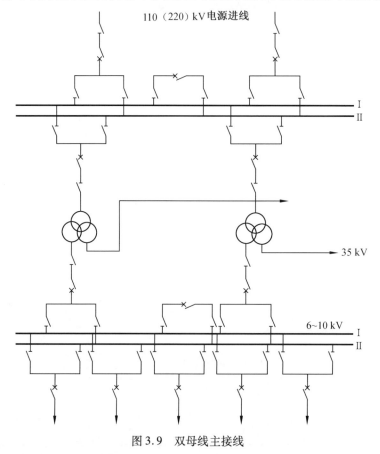

图3.9 双母线主接线

3.4.3 车间变电所的主接线图

车间变电所及小型工厂的变电所,是将6~10 kV高压配电电压降为一般用电设备所用低压(220/380 V)的终端变电所。它们的主接线方式由车间的负荷性质及生产工艺要求决定。主接线相当简单,一般采用单母线、单母线分段或线路-变压器组主接线三种方式。常用接线方式见表3.7。

表 3.7　10(6) kV 变电所常用主接线

设备名称	主接线简图	简要说明
带高压室的变电所		电源引自用电单位总配变电所,避雷器可以装在室外进线处
		电源引自电力系统装设专用的计量柜,若电力部门同意时,进线断路器也可以不装 进线上的避雷器如安装在开关柜内时,则宜加隔离开关
单母线		电源引自电力系统,一路工作,一路备用。一般用于二级负荷配电 需要装设计量装置时,两回电源线路的专用计量柜均装设在电源线路的送电端
分段单母线(隔离开关受电)		适用于电源引自本企业的总配变电所,放射式接线,供二、三线负荷用电

续表 3.7

设备名称	路接线简图	简要说明
分段单母线(断路器受电)	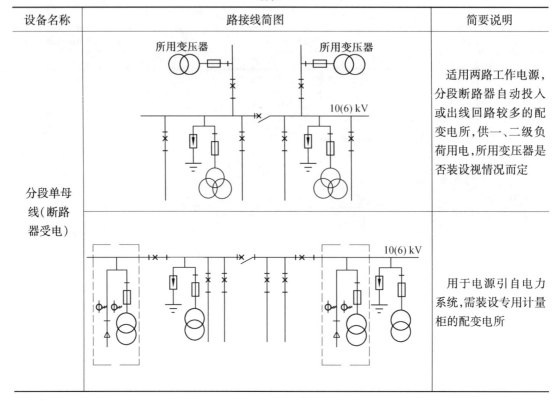	适用两路工作电源,分段断路器自动投入或出线回路较多的配变电所,供一、二级负荷用电,所用变压器是否装设视情况而定
		用于电源引自电力系统,需装设专用计量柜的配变电所

3.5　工厂供电线路

电力供电是电力系统的重要组成部分,负担着输送和分配电能的重要任务。

工厂供电线路按电压高低分,有高压线路(即 1 kV 以上)的线路和低压线路(即 1 kV 及以下的线路)。按结构形式分,有架空线路、电缆线路和车间(室内)线路等。

3.5.1　对工厂供电线路的基本要求

在进行工厂供电线路设计时,要遵循以下基本原则:

(1)供电可靠。根据工厂负荷等级及供电要求来决定,既要保证重要负荷的不间断供电,又不会造成浪费。

(2)操作简便、运行安全灵活。供电线路要便于施工,保证在发生事故时便于工作人员操作、检查和修理,并保证运行维护时安全可靠。

(3)经济合理、技术先进。在满足生产要求的前提下,应尽量使设计的线路安装、维护和运行时的花费最少。同时,应积极慎重地采用新技术、新材料、新设备、新工艺和新结构。

除此之外,供电线路设计还要符合发展规划,能适应各车间的投产顺序和分期建设的需要。

3.5.2 工厂高压供电线路的接线方式

工厂高压供电线路的接线方式,原则上有三种基本形式:放射式、树干式和环式接线。

1. 放射式接线

放射式线路一般可分为单回路放射式线路(见图3.10)、双回路放射式线路(见图3.11)和有公共备用干线的放射式线路(见图3.12)三种。

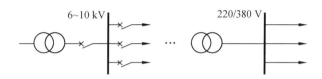

图 3.10 单回路放射式线路

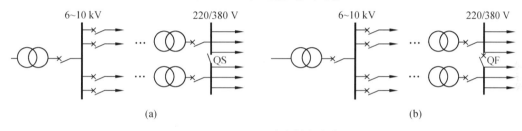

(a)   (b)

图 3.11 双回路放射式线路

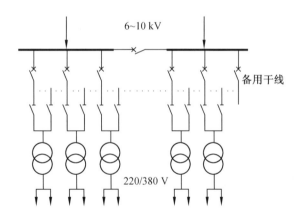

图 3.12 有公共备用干线的放射式线路

单回路放射式接线,是由工厂总降压变电所6~10 kV母线上引出的每一条回路直接向一个车间变电所供电,沿线不接其他负荷,各车间变电所之间也没有联系。这种接线线路敷设简单,维护方便,便于装设自动装置,但是由于总降压变电所的配出线较多,采用的高压开关设备用得较多,投资费用较高。而且这种放射式线路发生故障或检修时,该线路所有负荷都要停电,因此供电可靠性较差。这种接线方式主要用来对三级负荷和一部分次要的二级负荷供电。

要提高其供电的可靠性,可采用双回路放射式接线,如图3.11所示,各车间变电所低压侧之间通过断路器或隔离开关联系起来。由图中可见,当任一线路发生故障或检修时,另一条线路可继续供电。图3.11(a)所示的回路主要用于对容量较大,一般大于2 000 kV·A的二、三级负荷供电。图3.11(b)所示的回路主要用于对大容量,一般大于2 000 kV·A的一级负荷

供电,该接线方式中,由于母线用断路器分段,可以实现自动切换,所以这种线路的供电可靠性较高。

要进一步提高供电可靠性,还可以采用来自两个电源的两路高压进线,其中一条作为工作母线,另一条(图3.12虚线所示)作为备用母线(备用干线),用电设备一端经隔离开关和断路器接到工作母线,另一端用同样方式接到备用干线上。当工作母线发生故障或检修时,可以切换到备用干线继续工作。该接线方式供电可靠性较高,可以对各类负荷供电,但接线较为繁琐,线路所用设备多也增加了投资费用。

2. 树干式接线

图3.13所示是高压树干式接线方式。所谓树干式接线,就是由总降压变电所引出的每路高压配电干线,沿各车间厂房敷设,从干线上直接接触分支线引入车间变电所。与放射式接线相比,具有如下优点:高压配电装置数量少,投资相应减少,出线简单,且干线的数目少,可减少线路的有色金属消耗量。其缺点是供电可靠性差,当高压配电干线上任何地方发生故障或检修时,接于该

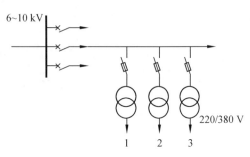

图3.13 树干式接线

干线上的所有变电所都要停电,影响面比较大,且在实现自动化方面,适应性较差。这种接线方式分支不宜过多,一般限制在五个以内,每台变压器的容量不超过315 kV·A。

为了提高供电可靠性,可采用串联型树干式接线、双干线供电的接线方式如图3.14(a)、3.14(b)所示。图3.14(a)中,若车间变电所3附近的线路上的 N 点发生故障时,线路始端断路器 QF 跳闸。维修电工在找到故障点后,只要拉断隔离开关 QS2,则1号和2号车间变电所仍可继续供电,从而缩小了停电范围。

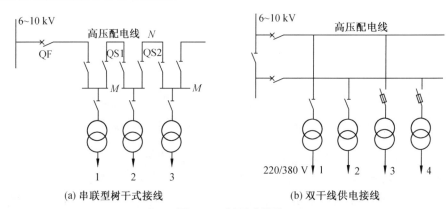

(a) 串联型树干式接线　　　　　　(b) 双干线供电接线

图3.14 树干式线路

3. 环式接线

环式接线如图3.15所示,它实际上是两端供电的树干式接线,只要把两路串联型树干式接线连接起来就构成环式接线。这种线路的突出优点是运行灵活,供电可靠性高。当干线上任何地方发生故障时,只要找出故障点,拉开其两侧的隔离开关,把故障段切除即可恢复供电。这种接线方式在现代化的城市电网中应用很广。

环式线路平常可以开环运行,也可以闭环运行。在闭环运行时,继电保护整定比较复杂,

因此一般采取开环运行方式,即环路中有一处的开关是断开的。开断点选择什么位置需要通过分析计算来确定,一般要求在正常运行时,两侧回路干线负担的容量尽可能相近。

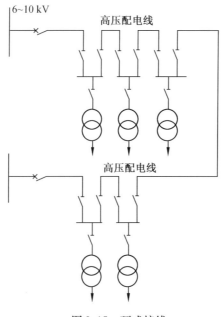

图 3.15 环式接线

3.5.3 工厂低压配电线路

工厂的低压配电线路见表 3.8。在设计时可以根据需要选择不同的接线方式,也可以综合具体情况,组合使用各种接线。

表 3.8 常用低压电力线路接线方式及有关说明

名称	接线图	简要说明
放射式	220/380 V	配电线故障互不影响,供电可靠性高,配电设备集中,检修方便,但系统灵活性较差,消耗有色金属较多,一般用于容量大、负荷集中或重要的用电设备或在有腐蚀性介质或爆炸危险的环境中
树干式	220/380 V 220/380 V	配电设备及有色金属消耗较少,系统灵活性好,但干线故障时影响范围大。一般用于用电设备布置比较均匀、容量不大又无特殊要求的场合

续表3.8

名称	接线图	简要说明
变压器干线式	220/380 V　　　　　　220/380 V	除了具有树干式接线的优点外,接线更简单,能大量减少低压配电设备。为了提高母干线的供电可靠性,应适当减少接出的分支回路数,一般不超过10个。频繁启动、容量较大的冲击负荷,以及对电压质量要求严格的用电设备,不宜用此方式
链式		特点与树干式相似,适用于距配电屏较远而彼此相距又较近的不重要的小容量用电设备。链式的设备一般不超过5台,总容量不超过10 kW

3.6　工厂电力线路的结构和敷设

工厂的高低压配电线路最常用的就是架空线和电缆两种结构。架空线如图3.16所示,其导线和避雷线架设在露天的线路杆塔上。电缆一般直接埋设在地下,也可敷设在沟道中。架空线建设费用比电缆要低得多,且施工、维护及检修方便,但架空线需要占一定的空间,它的对地高度及对邻近建筑物距离都根据电压的高低有明确的规定,而且易受洪水、大风和大雪等自然灾害的影响,另外,线路维护管理不善,也易发生人畜触电事故。

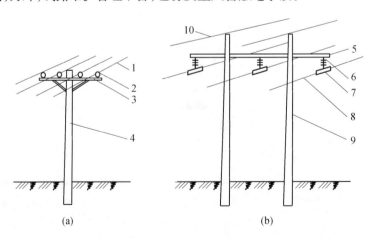

图3.16　架空线的结构

1—低压导线;2—针式绝缘子;3—横担;4—低压电杆;5—横担;6—绝缘子串;

7—线夹;8—高压导线;9—高压电杆;10—避雷线

因此,无论是输电线路还是配电线路,绝大多数都采用架空线。在工厂厂区厂房密集、人员较多、运输频繁等情况下才采用电缆线路。此外,考虑厂区美观要求时,也需采用电缆线路。

3.6.1　架空线的结构和敷设

1.基本概念

为保证输电线路带电导线与地面之间保持一定距离,必须用杆塔支撑导线。相邻杆塔中心线之间的水平距离 L 称为档距,E 称为埋深。架空导线最低点与悬挂点间的垂直距离称为弧垂,如导线在杆塔上的悬挂点分别为 1 和 2,且 1、2 等高,则从 1 和 2 到档距中导线最低点的垂直距离 D 称为弧垂。如果 1、2 不等高,则对 1 点的弧垂为 D_1,对 2 点的弧垂为 D_2,如图 3.17 所示。

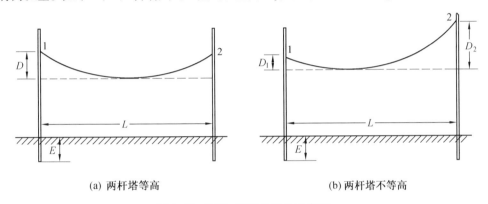

(a) 两杆塔等高　　　　　　　　　　　(b) 两杆塔不等高

图 3.17　弧垂、档距的概念示意图

2.架空线的结构

架空线由导线、避雷线、绝缘子、金具、杆塔、横担和拉线等主要部件组成。下面分别介绍它们的结构和作用。

(1)导线和避雷线。

导线用来传导电流,担任传送电能的任务,避雷线用来将雷电流引入大地,以保护电力线路免遭直击雷的破坏。架空线的导线和避雷线是在露天条件下运行的,不仅要承受导线自重、风压、冰雹及温度变化等因素引起的机械载荷,还要遭受空气中各种有害气体的化学侵蚀,运行条件相当恶劣。因此,导线和避雷线除了要有良好的导电性能外,还必须具有较高的机械强度和耐腐蚀能力。

目前常用的导线材料有铜、铝、钢、铝合金等(物理性能见表 3.9),避雷线通常用钢线,某些情况下也用铝包钢线。

表 3.9　导线材料的物理性能

材料	20 ℃的电阻率 /$(\Omega \cdot m)$	比重 /$(g \cdot cm^{-2})$	抗拉强度 /$(kg \cdot mm^{-2})$	抗化学腐蚀能力及其他
铜	$0.018\,2\times10^{-6}$	8.9	39	表面易形成氧化膜,抗腐蚀能力强
铝	0.029×10^{-6}	2.7	16	抗一般化学侵蚀性能好,但易受酸、碱、盐的腐蚀
钢	0.103×10^{-6}	7.85	120	在空气中易生锈,镀锌后不易生锈
铝合金	$0.033\,9\times10^{-6}$	2.7	30	抗化学腐蚀性能好,受震动时易损坏

其中铜的电导率高、机械强度高,抗氧化抗腐蚀能力强,是比较理想的导线材料,但由于铜的蕴藏量相对较少,且用途广泛,价格昂贵,故一般不采用铜导线。铝的电导率次于铜,密度小,也有一定的抗氧化抗腐蚀能力,且价格比较低,故广泛应用于架空线中。但由于铝的机械强度低,允许应力小,因而导线不能张得太紧,所以弧垂大,需要增加杆塔高度或缩短档距,从而增加了线路投资。采用钢芯铝绞线或钢芯铝合金绞线,可以提高导线的机械强度。钢线作为芯线承受导线的大部分机械载荷,外层由多股铝线绞成,承受绝大部分电载荷。按照铝线和钢线截面积 S_L 和 S_G 的比值不同,分成三种类型:

LGJ——普通钢芯铝绞线,$S_L/S_G = 5.3 \sim 6.1$;

LGJQ——轻型钢芯铝线,$S_L/S_G = 8.0 \sim 8.1$;

LGJJ——加强型钢芯铝线,$S_L/S_G = 4.3 \sim 4.4$。

如 LGJ-200/55,代表普通钢芯铝绞线,数字 200 代表主要载流部分(即铝线)的截面积为 200 mm²,数字 55 代表钢线的截面积(字符含义见表 3.10)。

表 3.10　架空导线型号中字符的含义

类别 (主要以导体区分)	特　征	
	结构、形状	性能
T 铜线	J 绞制	F 防腐
L 铝线	JJ 加强型	R 柔软
G 钢线	Q 轻型	Y 硬

10 kV 以下、档距不超过 125 m 的架空线通常采用铝绞线,机械强度较高和 35 kV 及以上的架空线多采用钢芯铝绞线,除特殊情况外,一般不用铜绞线。

(2)杆塔、横担和拉线。

①杆塔用来支撑导线和避雷线,使导线与导线、导线与大地之间保持一定的安全距离。按所用材料,杆塔分为木杆、钢筋混凝土杆和铁塔三种。

a.木杆重量轻,制造安装方便,价格便宜,绝缘性能好,但要消耗大量木材,且木杆易腐、易燃、寿命短,目前已不多用。

b.钢筋混凝土杆大多采用离心浇注而成,有等径杆和锥形杆两种。高度一般有 8 m,9 m,10 m,12 m,15 m,梢径有 150 mm,170 mm,190 mm 等几种。钢筋混凝土杆因其经久耐用、维护简单、节约钢材等优点,在工厂供电系统中获得广泛应用。

c.铁塔用角钢等钢材铆接或螺栓连接而成,具有机械强度高、使用寿命长等特点,一般用于大跨越、超高压输电线路中。

②横担安装在电杆的上部,主要作用是固定绝缘子以架设导线,使导线之间保持一定距离。横担有铁横担、木横担、瓷横担等。工厂中普遍采用的是用角钢支撑的铁横担和瓷横担。选择横担的长度与导线的线间距离、导线与电杆之间的距离、导线在电杆上的排列方式等有关。

③拉线是加固电杆的一种有效措施,能抵抗风力,平衡电杆各方面的拉力,防止电杆倾斜。常用的拉线有普通拉线、人字拉线、水平拉线、自身拉线等,如图 3.18 所示。一般电杆都装有拉线。

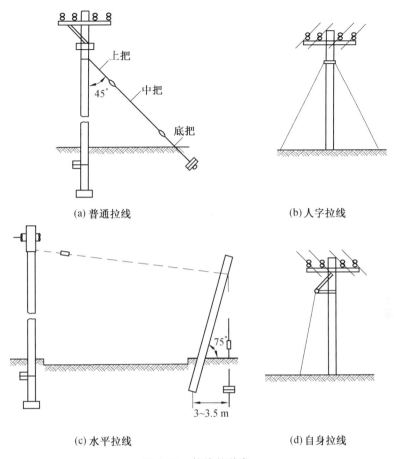

(a) 普通拉线　　　　　　　　　　(b) 人字拉线

(c) 水平拉线　　　　　　　　　　(d) 自身拉线

图 3.18　拉线的种类

（3）绝缘子和金具。

　　绝缘子用来支持、固定导线,保持导线对横担之间及导线对电杆之间的距离。绝缘子应有良好的电气绝缘性能和机械强度,同时对化学侵蚀有足够的抵抗能力并能适应周围大气温度、湿度的变化。按结构不同分为针式绝缘子、瓷横担绝缘子和悬式绝缘子等,如图 3.19 所示。35 kV及以下线路中一般使用针式绝缘子,35 kV 以上线路中使用悬式绝缘子。

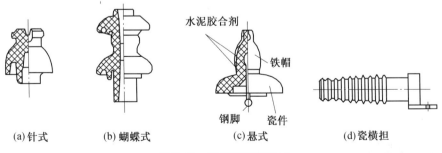

(a) 针式　　　(b) 蝴蝶式　　　(c) 悬式　　　(d) 瓷横担

图 3.19　高压线路绝缘子

　　瓷横担绝缘子可以同时起到绝缘子和横担的作用,采用这种绝缘子可节省木材、钢材,有效降低电杆高度,一般可节约线路投资 30% ~40%,因此,也获得了较好的应用。

金具用以连接导线,是安装横担和绝缘子以及拉线和杆上的其他电力设施的金属辅助元件,如图 3.20 所示。在线路上的金具一般受到较大的拉力,有些金具则要保证电气接触良好,常用的金具有:接续金具、连接金具、线夹、拉线金具等。

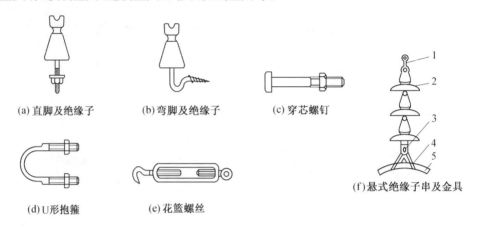

(a) 直脚及绝缘子　　(b) 弯脚及绝缘子　　(c) 穿芯螺钉

(d)U形抱箍　　(e) 花篮螺丝　　(f)悬式绝缘子串及金具

图 3.20　线路用金具

1—球头挂环;2—绝缘子;3—碗头拮板;4—悬垂线夹;5—导线

3．架空线的敷设

(1)架空线敷设的一般要求。架空线的敷设包括电杆组装和导线架设,在敷设过程中一般有以下要求:

①架空线应沿道路平行敷设,宜避免通过各种起重机频繁活动地区和露天堆场。

②应尽可能减少与其他设施的交叉和跨越建筑物。

③接近有爆炸物、易燃物和可燃气体的厂房、场库等设施时要符合有关设计规范。

④架空线与建筑、树木或跨越街道等物体的距离要符合相关要求,参见附表2。

⑤架空线路径要选择距离最短、施工方便、运输安全、便于维护的路径。

(2)导线架设。三相四线制低压架空线的导线在电杆上一般采用水平排列。导线间的最小距离见表3.11。电杆上的零线,应靠近电杆,如线路沿建筑物架设时,应靠近建筑物。

表 3.11　低压架空线路导线间的最小距离　　　　　　　　　　　　　　m

档距	40 以下	50	60	70
最小距离	0.3	0.4	0.45	0.5

三相三线制线路的导线,可三角形排列,如图 3.21(b)、(c)所示,也可水平排列,如图3.21(f)所示。

多回路导线同杆架设时,可三角、水平混合排列,如图3.21(d)所示,也可垂直排列,如图3.21(e)所示。如用户内部的架空线上有多种类别的线路时,这些线路在电杆上由上而下的排列顺序是:高压电力线路、低压电力线路、路灯照明线路、通信和广播线路。

3.6.2　电缆线路的结构和敷设

电缆和架空线相比,具有以下优点:

(1)占地面积小,做地下敷设不占地面空间,不受路面建筑物的影响,也不要求在路面架

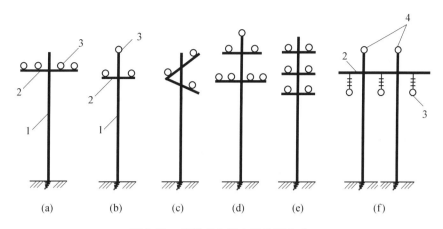

图 3.21　导线在电杆上的排列方式

1—电杆；2—横担；3—导线；4—避雷线

设杆塔和导线，易于向城市供电而使市容整齐美观。

（2）对人身比较安全。

（3）供电可靠，不受外界的影响，不会产生如雷击、风害、挂冰、风筝和鸟害等，造成如架空线的短路和接地等故障。

（4）做地下敷设，比较隐蔽，宜于战备。

（5）运行比较简单方便，维护工作量少。

（6）电缆的电容较大，有利于提高电力系统的功率因数。

因此，在城市供电系统和在现代化工厂中，电缆线路得到越来越广泛的应用。

1. 电缆的结构

电缆主要由三个部分组成：导体、绝缘屏蔽层和保护层。以图 3.22 所示的同轴电缆为例，其各部分的作用如下：

导体即电缆线芯，采用多股圆铝线或铜线紧压绞合而成，多股线能增加电缆的柔性，便于弯曲，这对存放及施工都是必要的。电缆表面光滑，避免引起电场集中，防止外导体屏蔽层的半导电材料进入导体，极大地阻止了水分沿纵向进入导体内部的可能性。

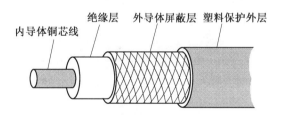

内导体铜芯线　绝缘层　外导体屏蔽层　塑料保护外层

图 3.22　同轴电缆的结构

绝缘屏蔽层的作用是使导体与导体之间、导体与保护层之间保持绝缘。通常包括内外屏蔽层、铜屏蔽层及主绝缘。由于在制造过程中，导体和绝缘体的表面不可能制造得足够光滑来均匀导体和绝缘体表面的电场强度，因此在导体和绝缘体表面都各有一层半导屏蔽层来实现这一目的，这是内外屏蔽层存在的原因。半导屏蔽层的存在减少了局部放电的可能性，也可有效抑制水电树枝的生长；半导屏蔽层的热阻可使线芯上的高温不能直接冲击绝缘层。另外，外屏蔽层与金属护套等电位,避免在绝缘层与护套之间发生局部放电。主绝缘所用材料是交联聚乙烯,电缆绝缘主要靠该层。铜屏蔽层的存在是因为没有金属护套的挤包绝缘电缆,除半导屏蔽层外,还要增加用铜带或铜丝绕包的金属屏蔽层。铜屏蔽带在安装时两端接地,使电缆的外半导屏蔽层始终处于零电位,从而保证了电场分布为径向均匀分布;在正常运行时铜屏蔽层导通电缆的对地电容电流,当系统发生短路或接地时,作为短路或接地电流的通道,同时也起到屏蔽电场的作用,以阻止电缆轴向沿面放电。

保护层用来保护绝缘层,使其在运输、敷设及运行过程中不受机械损伤,防止水分浸入,绝缘油流出,所以,要求它有一定的密封性和机械强度。

2. 电缆的敷设

电缆敷设路径的选择要考虑以下要求:

①为了确保电缆的安全运行,电缆线路应尽量避开具有电腐蚀、化学腐蚀、机械振动或外力干扰的区域。

②电缆线路周围不应有热力管道或设施,以免降低电缆的额定载流量和使用寿命。

③应使电缆线路不易受虫害(蜂、蚁、鼠等)。

④便于维护。

⑤选择尽可能短的路径,避开场地规划者的施工用地或建筑用地。

⑥在工厂新区敷设电缆时,应考虑到电缆线路附近的发展、规划,尽量避免电缆线路因建设需要而迁移。

电缆的敷设方式一般有以下几种:

(1)地下直埋。这种敷设方式如图 3.23 所示,需要注意以下几点:

①电缆直接埋地敷设时,沿同一路径敷设的电缆数不宜超过 8 根。

②电缆在屋外直接敷设时,在车行道和人行道下不应小于 0.8 m,穿越农田时不应小于1 m。敷设时,应在电缆上面、下面各均匀铺设 100 mm 厚的软土或细沙层,再盖混凝土板、石板或砖等保护,保护板应超出电缆两侧各 50 mm。在寒冷地区,电缆应敷设在冻土层以下。

③禁止将电缆放在其他管道上面或下面平行敷设。

④电缆在壕沟内做波状敷设,预留 1.5% 的长度,以免电缆冷却缩短受到拉力。

⑤土壤中含有对电缆有腐蚀性物质(如酸、碱、石灰、矿渣等)时不宜直接埋地敷设,如必须敷设时,采用塑料护套电缆或防腐电缆。

⑥电缆通过下列各地段应穿管保护,穿管的内径不应小于电缆外径的 1.5 倍:电缆通过建筑物和构筑物的基础、散水坡、楼板和穿过墙体等处;电缆通过铁路、道路和可能受到机械损伤等地段;电缆引出地面 2 m 至地下 2 m 处的一段和人容易接触使电缆可能受到机械损伤的地方。

(2)电缆沟。电缆沟的结构应考虑到防火和防水(见图 3.24)。电缆沟从厂区进入厂房处及隧道连接处应设置防火隔板。为了排水,电缆沟的排水坡度不得小于 0.5%,而且不能排向厂房内侧。电缆沟较长时应考虑分段排水,每隔 50 m 左右设置一个集水井。

同一电缆沟中需敷设多层电缆时,高压电缆位于最底层,低压电缆位于最上层。电力电缆应放在控制电缆的上层,但 1 kV 及以下的电力电缆和控制电缆可以并列敷设。

(3)电缆隧道。当出现电缆数量太多(一般为 40 根)时,应考虑在电缆隧道内敷设,如图3.25 所示。隧道内净高不低于 1.9 m,局部或与管道交叉处净高不宜低于 1.4 m。

隧道内应有照明,电压不超过 24 V,否则需采取安全措施。

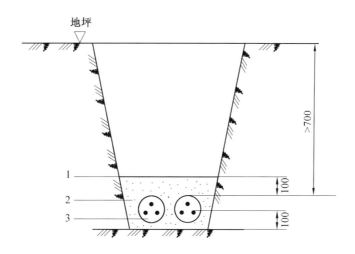

图 3.23　电缆直接埋地敷设
1—保护板(红砖或水泥板);2—沙子;3—电缆

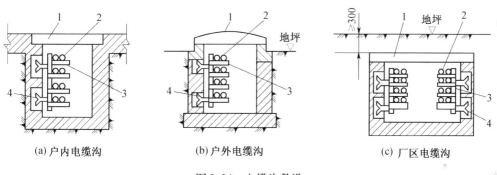

(a) 户内电缆沟　　　(b) 户外电缆沟　　　(c) 厂区电缆沟

图 3.24　电缆沟敷设
1—盖板;2—电缆;3—电缆支架;4—预埋铁件

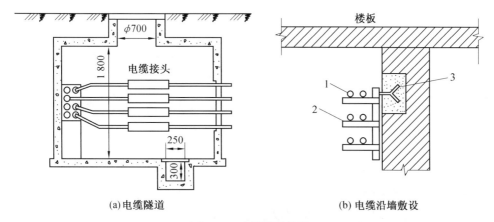

(a)电缆隧道　　　　　　　(b) 电缆沿墙敷设

图 3.25　电缆隧道敷设
1—电缆;2—支架;3—预埋铁件

电缆隧道也应考虑防水措施,同电缆沟的方法。

电缆的散热对电缆的允许载流能力有很大影响,所以应考虑电缆的散热问题。尽量采用

自然通风散热,当隧道内的电缆电力损失超过 150~200 W/m 时,也可采用机械通风。

此外,电缆的敷设方式还有室内的墙壁或天棚上、桥梁或架构上、水泥排管内或水下敷设等。

电缆敷设除了要考虑防水措施外,还要采取防火、防爆和防腐措施。必要时也可采用特殊功能的电缆,如阻燃电缆、耐高温电缆、水冷电缆等。

3.6.3 车间布线

车间配电线路的敷设方式需要根据车间的环境特点、分类、建筑物的结构、安装上的要求及安全、经济、美观等条件来确定。对车间电力线路敷设的安全要求有:

①离地面 3.5 m 以下的电力线路必须采用绝缘导线,离地面 3.5 m 以上才允许采用裸导线。

②离地面 2 m 以下的导线必须加机械保护,常用的机械保护方法是穿钢管,少数有穿硬塑料管的。

③要求导线有足够的机械强度。一般是按机械强度要求绝缘导线芯线的允许最小截面积考虑的。

1. 裸导线布线

车间内的配电裸导线大多数采取硬母线的结构,其截面形状有圆形、管形和矩形等;其材料有铜、铝和钢等。车间中以采用 LMY 型硬铝母线最为普遍,它适用于干燥、无腐蚀性气体的厂房内。车间内裸导线进行架空敷设的一般要求有:

(1)生产过程及在搬运和装卸货物时,不能触及。

(2)无遮护距地面的高度不能低于 3.5 m,采用防护等级不低于 IP2X 级的网状遮拦时不低于 2.5 m。

(3)不能设置在工业设备或需经常维护的管道底下。

(4)车间内或室内敷设裸导线时,导线之间至房屋的各部分管道、工艺设备的最小允许距离应满足表 3.12 的要求。

(5)起重行车上方的裸导线至起重行车平台铺板的净距不小于 2.3 m。

表 3.12　裸导线的线间及裸导线至建筑物表面的最小净距

固定点间距 L/m	最小净距/mm	固定点间距 L/m	最小净距/mm
$L \leq 2$	50	$4 < L \leq 6$	150
$2 < L \leq 4$	100	$L > 6$	200

2. 绝缘导线的布线

绝缘导线按其外皮的绝缘材料分为橡皮绝缘和塑料绝缘两种。塑料绝缘导线绝缘性能良好,价格较低,而且可节约大量橡胶和棉纱,在室内明敷或穿管敷设中可取代橡皮绝缘导线,但塑料绝缘在低温时要变硬变脆,高温时又易软化,因此,塑料绝缘导线不宜在室外使用。

绝缘导线的敷设方式分明敷和暗敷两大类。明敷是导线敷设于墙壁、桁架或天花板等处的表面。暗敷是导线敷设于墙壁里面、地坪内或楼板内等处。具体地讲,布线方式有:

(1)明敷布线。截面积不大于 6 mm²,布线固定点间距不大于 300 mm,在建筑物顶棚内严禁采用绝缘导线直敷或明敷布线。明敷布线时绝缘导线到地面的距离:屋内水平敷设时为

2.5 m,垂直敷设时为 1.8 m,屋外均为 2.7 m。该布线方式用于干燥无腐蚀的环境。

（2）穿管布线。穿管布线时,其电压等级不低于交流 750 V。明敷于潮湿环境或直接埋于素土内的金属管布线,应采用焊接钢管;明敷或暗敷于干燥环境的金属管布线,可采用厚度不小于 1.5 mm 的电线钢管或厚度不大于 1.6 mm 的镀锌电线管;有酸碱盐腐蚀介质的环境,应采用阻燃塑料管敷设,但在受机械操作的场所不宜采用明敷;除特殊情况,不同回路、不同电压、不同电流种类的导线,不得穿入同一管内。

（3）钢索布线。屋内场所采用镀锌钢绞线,屋外布线以及敷设在潮湿或有酸碱盐腐蚀的场所,应采取塑料护套钢索,钢索上绝缘导线至地面的距离屋内为 2.5 m,屋外为 2.7 m。钢索布线用绝缘导线明敷时,应采用鼓形绝缘子固定在钢索上。用护套绝缘导线、电缆、金属管或硬质塑料管布线时,可直接固定在钢索上。

（4）线槽布线。用于干燥和不易受机械损伤的场所,槽内导线总截面积不超过线槽截面积的 20%,载流导线不超过 30 根。

（5）母线槽布线。用于干燥、无腐蚀性气体、无热冷急剧变化的屋内,在穿越楼板及墙壁处应采取防火封堵措施。

（6）竖井布线。适用于多层和高层建筑物内垂直配电干线的敷设,竖井的位置和数量应根据供电环境、建筑物的沉降缝设置和防火分区等因素加以考虑,不应与电梯、管道公用,避免贴近烟囱、热力管道及其他散热量大或潮湿的设施。

还应注意,在进行敷设时,电气线路和各种屋内外设施间、其他管道之间要满足相关距离的要求,具体值参见附表 3。

3.7　导线和电缆截面的选择

为了保证供电系统安全、可靠、优质、经济地运行,必须合理地选择导线和电缆的截面。

导线、电缆的型号应根据它们所处的电压等级和使用场所来选择,具体有下面几个条件:

（1）发热条件。导线和电缆包括母线在通过正常最大允许连续负荷电流下,导线发热不超过线芯所允许的温度。当导线的电流超过允许电流时,绝缘线和电缆将因发热而使绝缘加速老化,严重时将烧毁导线或电缆,不能保证安全供电。另一方面,为了避免浪费有色金属,应充分利用导线和电缆的负载能力。因此,必须按导线或电缆的发热条件（允许载流量）选择其截面。

（2）电压损失条件。导线和电缆在通过正常最大负荷电流时产生的电压损失,应低于最大允许值。电流通过导线时,除产生电能损耗外,由于线路本身的电阻和电抗,也会产生电压损失。电压损失超过一定范围会影响用电设备正常工作,因此,必须根据线路允许的电压损失来选择或校验导线和电缆的截面。对于工厂内较短的高压线路,可不进行电压损耗校验。

（3）经济电流密度。导线和电缆截面的大小,直接影响电力线路的初投资及其电能损耗的大小。截面选得小些,可节约有色金属和减少电网投资,但线路中的电能损失增大。反之,截面选得大些,线路中的电能损耗虽减少,但有色金属耗用量和电网投资都随之增大。所以这里有个经济运行问题,即按经济电流密度选择导线和电缆的截面,使线路的年运行费用最小。

但对工厂内的很短的 10 kV 及以下的高压线路和母线,可不按经济电流密度选择。

(4)机械强度。在正常的工作状态下,导线应有足够的机械强度,以防断线,保证安全可靠运行。导线的截面不应小于最小允许截面,最小截面值见表3.13。

表 3.13 导线最小截面值 mm²

导线种类	35 kV 线路	3.10 kV 线路		3 kV 以下线路
		居民区	非居民区	
铝绞线及铝合金线	35	35	25	16
钢芯铝绞线	35	25	16	16
铜线	—	16	16	10(直径 3.2 mm)

原则上讲,选择导线和电缆截面时,上述条件都应满足。但由于工厂的电力线路大多不长,电压等级不很高,往往可以按照某一条件进行选择,按照其他条件进行校验。如低压动力线,因其负荷电流较大,所以一般先按发热条件来选择截面,再校验其电压损耗和机械强度。低压照明线,因其对电压水平要求较高,所以一般先按允许电压损耗条件来选择截面,然后校验其发热条件和机械强度。而高压线路则往往先按经济电流密度来选择截面,再校验其他条件(见表3.14)。按以上经验选择,通常较容易满足要求,较少返工。

表 3.14 电力线路截面的选择和校验项目

电力线路的类型		允许载流量	允许电压损失	经济电流密度	机械强度
35 kV 及以上电源进线		△	△	★	△
无调压设备的 6~10 kV 较长线路		△	★	—	△
6~10 kV 较短线路		★	△	—	△
低压线路	照明线路	△	★	—	△
	动力线路	★	△	—	△

注:△——校验的项目,★——选择的依据。

3.7.1 按发热条件选择导线和电缆截面

为保证导线和电缆的实际工作温度不超过允许值,导线和电缆按发热条件的允许长期工作电流(载流量)不应小于线路的工作电流。

当有持续电流 I 通过电阻为 $R(\Omega)$ 的导体时,将在其中产生功率损耗

$$P/W = I^2R \tag{3.9}$$

此功率损耗变成热能,其中一部分热量被导体本身吸收,使导体温度升高,而另一部分热量则由于导体与周围介质间的温度差而散入空气中,热平衡式为

$$I^2Rdt - KA\theta dt = mcd\theta \tag{3.10}$$

式中,I^2Rdt 为导体在 dt 时间内产生的热量,J;$KA\theta dt$ 为导体表面散发出的热量,J;$mcd\theta$ 为导体温度升高 $d\theta$ 之后在物体内部所需的热量,J;m 为导体的质量,kg;c 为导体的比热容,即物体温升为 1 ℃时,每单位质量所需的热量,J/(kg·℃);A 为导体的散热表面积,m²;K 为散热系数,

即当物体的温差为 1 ℃ 时,每秒内单位面积上所散出的热量,W/(m² · ℃);θ 为导体的温升,即导体高出周围介质的温度,℃;$\mathrm{d}\theta$ 为导体在 $\mathrm{d}t$ 时间内的温升,℃。

解方程(3.9),得到导体的温升为

$$\theta = \frac{I^2 R}{KA}\left(1 - e^{-\frac{t}{mc/KA}}\right) = \theta_s\left(1 - e^{-\frac{t}{T}}\right) \tag{3.11}$$

式中,T 为导体的散热时间常数,$T = \dfrac{mc}{KA}$,s;θ_s 为导体的稳定温升,$\theta_s = \dfrac{I^2 R}{KA}$,℃。

此时,导体本身不再吸收热量,所产生的热量全部散入空气中。

导体的温升曲线如图 3.26 中 1 所示。如果自稳定温升停止加热(即停止电流流过),导线逐渐冷却,则有

$$KA\theta \mathrm{d}t + mc\mathrm{d}\theta = 0 \tag{3.12}$$

温度下降曲线为

$$\theta = \theta_s e^{-\frac{t}{T}} \tag{3.13}$$

如图 3.26 中 2 所示。

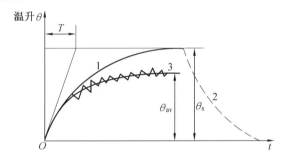

图 3.26　导线和电缆的温升曲线

对于反复短时工作制的负荷,导体的实际温升将按图 3.26 中折线变化,此时,平均稳定温升将低于长期工作制的温升 θ_s。这是因为导体的温升在电流中断时有所下降的缘故。

反之,若导体的稳定温升 θ_s 已知,也可以根据式(3.14)来求其允许通过的电流 I_a。在稳定温升时,其热平衡式为

$$I_a^2 R = KA\theta_s = KA(\theta_n - \theta_a) \tag{3.14}$$

式中,θ_n 为导体允许长期工作的温度,℃;θ_a 为敷设处的环境温度,℃。

由式(3.14)有

$$I_a^2 = \frac{KA(\theta_n - \theta_a)}{R} \tag{3.15}$$

而 $A = \pi Dl$

$$R = \rho\frac{l}{S} = \rho\frac{l}{\frac{\pi D^2}{4}} = \frac{\rho 4l}{\pi D^2} \tag{3.16}$$

式中,D 为导线的直径,mm;l 为导线的长度,km;ρ 为导线的电阻率。

将 A,R 代入式(3.15),简化后得

$$I_a = \sqrt{\frac{\pi^2 KD^3(\theta_n - \theta_a)}{4\rho}} \tag{3.17}$$

如已知导线的材料(ρ)、线径(D)、敷设处的环境温度(θ_a),和导线(或电缆)的最高允许温度θ_n,则根据公式便可求出导线(或电缆)的最大允许持续电流I_a。

导体的载流量和导体的材料、敷设处的环境温度、敷设方式和土壤热阻系数有关,在实际设计时为了方便,可以查表获得相关导线允许载流量,见表3.15。

表3.15 1~3 kV 油纸、聚氯乙烯绝缘电缆直埋敷设时允许载流量 A

绝缘类型	不滴流纸			聚氯乙烯					
护套	有钢铠护套			无钢铠护套			有钢铠护套		
导体最高工作温度/℃	80			70					
电缆芯数	单芯	二芯	三芯或四芯	单芯	二芯	三芯或四芯	单芯	二芯	三芯或四芯
电缆导体截面/mm² 4	—	34	29	47	36	31	—	34	30
6	—	45	28	58	45	38	—	43	37
10	—	58	50	81	62	53	77	59	50
16	—	76	66	110	83	70	105	79	68
25	143	105	88	138	105	90	134	100	87
35	172	126	105	172	136	110	162	131	105
50	198	146	126	203	157	134	194	152	129
70	247	182	154	244	184	157	235	180	152
95	300	219	186	295	226	189	281	217	180
120	344	251	211	332	254	212	319	249	207
150	389	284	240	374	287	242	365	273	237
185	441	—	275	424	—	273	410	—	264
240	512	—	320	502	—	319	483	—	310
300	584	—	356	561	—	347	543	—	347
400	676	—	—	639	—	—	625	—	—
500	776	—	—	729	—	—	715	—	—
630	904	—	—	846	—	—	819	—	—
800	1 032	—	—	981	—	—	963	—	—
土壤热阻系数/(K·m·W⁻¹)	1.5			1.2					
环境温度/℃	25								

注:适用于铝芯电缆,铜芯电缆的允许持续载流量可乘以1.29。

通常表格所列的载流量,空气中敷设是以环境温度30 ℃为基准,埋地敷设是以环境温度0 ℃为基准。在不同的环境温度下,导线、电缆的允许载流量需乘以相应的校正系数,如为了使用方便,在表3.15中通常编入几种常用的环境温度下的载流量数据。一般空气中敷设的有

25 ℃,30 ℃,35 ℃,40 ℃四种,在土壤中直埋或穿管埋设时有 20 ℃,25 ℃和 30 ℃三种。

当敷设处的环境温度不同于上述数据时,载流量应乘以校正系数 K_t,其计算公式为

$$K_t = \sqrt{\frac{\theta_n - \theta_a}{\theta_n - \theta_c}} \tag{3.18}$$

式中,θ_c 为已知载流量数据的对应温度,℃。

当有多根电缆并列埋地敷设时,因为互热作用,其允许载流量又要降低一些。校正系数与导线和电缆的敷设方式有关,国家标准将导线和电缆的敷设方式分为 A1,A2,B1,B2,C,D,E,F,G 九大类,其余敷设方式的载流量可换算得到。

当电缆直接埋地或穿管埋地敷设时,除土壤温度外,允许载流量还受土壤热阻系数的影响。土壤热阻是指土壤与电缆表面截面的热阻,它和截面大小、土壤性质、土壤密度、含水量及电缆表面温度等因素有关。在计算时,需要乘以相应修正系数。不同类型土壤热阻系数和载流量修正系数见表 3.16 与表 3.17。

表 3.16　不同类型土壤热阻系数 p_τ

不同土壤热阻系数 p_τ/(K·m·W^{-1})				
0.8	1.2	1.6	2.0	3.0
潮湿土壤,沿海、湖、河畔地带。雨量多的地区,如华东、华南地区等湿度为7%~9%的沙土或湿度为12%~14%的沙泥土	普通土壤,如东北大平原夹杂质的黑土或黄土、华北大平原的黄土、黄黏土、沙土等湿度大于9%的沙土或湿度大于14%的沙泥土	较干燥土壤,如高原地区,雨量较少的山区、丘陵、干燥地带湿度为8%~14%的沙泥土	干燥土壤,如高原地区,雨量少的山区、丘陵、干燥地带湿度为4%~7%的沙土或湿度为4%~8%的沙泥土	非常干燥湿度小于4%的沙土或湿度小于1%的黏土

（土壤情况行）

表 3.17　不同土壤热阻系数的载流量修正系数

土壤热阻系数/(K·m·W^{-1})		1.00	1.20	1.50	2.00	2.50	3.00
载流量修正系数	电缆穿管埋地	1.18	1.15	1.10	1.05	1.00	0.96
	电缆直接埋地	1.30	1.23	1.16	1.06	1.00	0.93

在实际计算选择时,应满足

$$I_a \geqslant I_{30}$$

式中,I_a 为导线允许长期工作电流;I_{30} 为计算电流,对降压变压器高压侧的导线,应取为变压器额定一次电流 $I_{1N.T}$。对电容器的引入线,由于电容器充电时有较大的涌流,因此按规定,对高压电容器,I_{30} 应取为电容器额定电流 $I_{N.C}$ 的 1.35 倍;对低压电容器,I_{30} 应取为 $I_{N.C}$ 的 1.5 倍(见表 3.18)。

以上导线、电缆的允许载流量是在长期工作制时的。在短时工作制和反复短时工作制时,同一电流作用下,反复短时负荷的最高温升(图 3.26 中曲线 3)较长期持续负荷的稳定温升(图 3.26 中曲线 1)要低,因此为了充分利用导线的负荷能力,在重复短时负荷下,对相同截面

的导线电缆,允许电流可以提高,究竟提高多少可以通过计算或试验确定,但比较麻烦。一般工程上采用如下方法:

(1)反复短时负荷。如果一个工作周期 $T \leqslant 10$ min,且工作时间 $t_g \leqslant 4$ min 时,导线和电缆的允许电流按下列情况确定:

①对于截面在 6 mm² 及以下的铜线和截面在 10 mm² 及以下的铝线,因其发热时间常数较小,温升较快,故其允许电流按长期负荷计算;

②对于截面大于 6 mm² 的铜线和截面大于 10 mm² 的铝线,则导线和电缆的允许电流为长期负荷的允许电流乘以系数 $0.875/\sqrt{\varepsilon\%}$,$\varepsilon\%$ 为用电设备的暂载率。

(2)短时负荷。若工作时间 $t_g \leqslant 4$ min,并且在停歇时间内导线或电缆能冷却到周围环境温度时,导线或电缆的允许电流按反复短时负荷时确定,且 t_g 超过 4 min 或停歇时间不足以使导线或电缆冷却到周围环境温度时,允许电流按长期负荷确定。

必须注意,按发热条件选择的导线和电缆截面,还应该校验它与其保护装置(熔断器或低压断路器、过流脱扣器)是否配合得当,而不允许发生导线或电缆已经过热或起燃而保护装置不动作的情况,否则,应改选保护装置,或者适当加大导线或电缆的芯线截面。

表 3.18　保护装置动作电流与导线、电缆允许电流的倍数关系

回路名称	导线、电缆种类及敷设方式	电流倍数		符号说明
		熔断器	自动开关	
动力支线		$\dfrac{I_{FU}}{I_Y} < 2.5$		I_{FU}—熔断器的额定电流,A;
动力干线 动力支线	裸线、穿线管及电缆明敷单芯绝缘线	$\dfrac{I_{FU}}{I_Y} < 1.5$	$\dfrac{I_{gzd}}{I_Y} < 2.5$	I_Y—导线、电缆的允许电流,A;
		$\dfrac{I_{FU}}{I_Y} < 1.5$	$\dfrac{I_{szd}}{I_Y} < 2.5$	I_{gzd}—长延时脱扣器整定电流,A;
照明线路		$\dfrac{I_{FU}}{I_Y} < 1.0$		I_{szd}—瞬时脱扣器整定电流,A。

3.7.2　按经济电流选择导线和电缆截面

按经济电流选择导线和电缆截面的方法是经济选型。所谓经济电流是寿命期内、投资和导体损耗费用之和最小的适用截面(区间)所对应的工作电流(范围)。

按允许载流量选择线芯截面时,只计算初始投资;按经济电流选择时,除计算初始投资外,还要考虑经济寿命期内导体损耗费用,二者之和应最小。当减少线芯截面时,初始投资减少,但线路损耗费用增大,反之增大线芯截面时,线路损耗减少,但初始投资增加,某一截面区间内,两者之和(总费用 TOC)最少,即为经济截面。导线截面与总年运行费用的关系曲线如图 3.27 所示。其中曲线 2 为电能损耗费用,当截面增大时,损耗费用减少;曲线 1 为初始费用,它包括电缆附件与敷设费用之和,当截面增加时,投资费用随之增大。曲线 3 代表总费用,是曲线 1,2 的叠加。曲线 3 的最低点就是总费用最少的经济截面 S_{ec}。

下面按 IEC - 287 - 3.2/1995 标准,论述导体经济电流和经济截面选择的原理和方法。

1.总费用最小法则(TOC)

总费用计算公式为

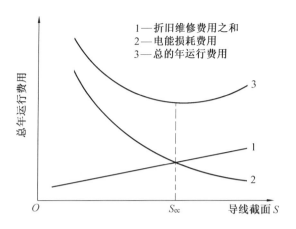

图 3.27　总年运行费用与导线截面的关系

$$CT = CI + CJ \tag{3.19}$$

式中,CT 为总费用;CI 为电缆主材、附件费用及施工费用之和;CJ 为损耗费用,与负载(电流)大小、年最大负荷利用小时、电价、电缆电阻(截面)、使用寿命等因素有关,可以表示为

$$CJ = I_{max}^2 R_L F \tag{3.20}$$

$$F = N_p N_c (T_{max} P + E) \frac{\psi}{1 + i/100} \tag{3.21}$$

$$\psi = \sum_{n=1}^{N} r^{n-1} = \frac{1 - r^N}{1 - r} \tag{3.22}$$

$$r = \frac{(1 + a/100)^2 (1 + b/100)}{1 + i/100} \tag{3.23}$$

$$R_L = \rho \frac{L}{S_{ec}} \tag{3.24}$$

$$J = \frac{I_{max}}{S_{ec}} \tag{3.25}$$

式中,I_{max} 为第一年的最大负载电流,A;R_L 为计算各种因素(如集肤效应、临近效应、护层电流、温度、长度等)后的实际交流电阻值,Ω;F 为综合系数;N_c,N_p 分别为回路数和导体的数量;T_{max} 为年最大负荷利用小时(当 $\cos \varphi = 0.9$ 时,单班制约为 1 000 h,两班制约为 2 400 h,三班制约为 4 500 h),见表 3.19;P 为电价,取设计单位所在地实际电价值;E 为附加发电成本,取252 元/(kW·h),是由于线路损耗而导致额外供电容量的成本;a 为负荷增长率(可忽略,考虑负荷增长,通常应选择较大截面的电缆,但由于采用经济选型时,电缆截面一般较大,故可忽略这一因素);b 为能源增长成本,一般为 2%;i 为贴现率,即损耗是投产后直至电缆经济寿命终了之间逐年产生的费用,都必须根据银行利率等因素折算到当前的"现值",$i = 10\%$;N 为经济寿命,根据国家电力公司动力经济研究中心建议,$N = 30$ 年;L 为电缆长度,km;R_L 为 CI 对应截面电缆单位长度的交流电阻,Ω/km。

　　按照上述公式,可以求得经济截面和经济电流密度的值。

表 3.19 不同行业的年最大负荷利用小时 T_{max}

行业名称	T_{max}/h	行业名称	T_{max}/h	行业名称	T_{max}/h
铝电解	8 200	铁合金工业	7 700	农业灌溉	2 800
有色金属电解	7 500	机械制造工业	5 000	一般仓库	2 000
有色金属采选	5 800	建材工业	6 500	农业企业	3 500
有色金属冶炼	6 800	纺织工业	6 000	农村照明	1 900
黑色金属冶炼	6 500	食品工业	4 500		
煤炭工业	6 000	电气化铁道	6 000		
石油工业	7 000	冷藏库	4 000		
化学工业	7 300	城市生活用电	2 500		

2. 经济电流范围

在一定的敷设条件下,每一线芯截面都有一个经济电流范围,其上、下限的计算公式为

$$I_{ec1} = \{CI - CI_1/[FL(R_1 - R_L)]\}^{0.5} \tag{3.26}$$

$$I_{ec2} = \{CI_2 - CI/[FL(R_L - R_2)]\}^{0.5} \tag{3.27}$$

式中,CI_1 为比 CI 小一级截面电缆的总投资,元;CI_2 为比 CI 大一级截面电缆的总投资,元;I_{ec1} 为经济电流范围上限值;I_{ec2} 为经济电流范围下限值;R_1 为 CI_1 对应截面电缆单位长度的交流电阻,Ω/km;R_2 为 CI_2 对应截面电缆单位长度的交流电阻,Ω/km。

3. 经济电流范围表

根据上述方法,编制了常用的各种不同类别电缆的经济电流范围表,在选用时可以参考有关手册。以 6 ~ 10 kV 交联聚乙烯绝缘电缆为例,其经济电流范围见表 3.20。

表 3.20 6 ~ 10 kV 交联聚乙烯绝缘电缆的经济电流范围

线芯材料	截面/mm²	低电价区(西北、西南)			中电价区(华北、华中、东北)			高电价区(华东、华南)		
		一班制 T_{max}=2 000 h	二班制 T_{max}=4 000 h	三班制 T_{max}=6 000 h	一班制 T_{max}=2 000 h	二班制 T_{max}=4 000 h	三班制 T_{max}=6 000 h	一班制 T_{max}=2 000 h	二班制 T_{max}=4 000 h	三班制 T_{max}=6 000 h
铜芯	35	62 ~ 87	46 ~ 66	36 ~ 51	57 ~ 80	42 ~ 59	32 ~ 45	53 ~ 75	38 ~ 54	29 ~ 41
	50	87 ~ 123	66 ~ 93	51 ~ 72	80 ~ 113	59 ~ 83	45 ~ 64	75 ~ 105	54 ~ 76	41 ~ 58
	70	123 ~ 170	93 ~ 128	72 ~ 100	113 ~ 156	83 ~ 115	64 ~ 88	105 ~ 145	76 ~ 105	58 ~ 80
	95	170 ~ 222	128 ~ 167	100 ~ 130	156 ~ 204	115 ~ 150	88 ~ 115	145 ~ 190	105 ~ 137	80 ~ 104
	120	222 ~ 279	167 ~ 210	130 ~ 164	204 ~ 257	150 ~ 188	115 ~ 145	190 ~ 239	137 ~ 172	104 ~ 131
	150	279 ~ 347	210 ~ 261	164 ~ 203	257 ~ 319	188 ~ 234	145 ~ 180	239 ~ 297	172 ~ 217	131 ~ 163
	185	347 ~ 438	261 ~ 330	203 ~ 257	319 ~ 403	234 ~ 296	180 ~ 227	297 ~ 376	217 ~ 270	163 ~ 206
	240	438 ~ 558	330 ~ 421	257 ~ 328	403 ~ 514	296 ~ 377	227 ~ 290	376 ~ 478	270 ~ 344	206 ~ 262
	300	558	421	328	514	377	290	478	344	262
铝芯	35	28 ~ 40	22 ~ 30	17 ~ 24	27 ~ 38	20 ~ 29	16 ~ 23	24 ~ 34	18 ~ 25	14 ~ 20
	50	40 ~ 56	30 ~ 43	24 ~ 34	38 ~ 54	29 ~ 40	23 ~ 32	34 ~ 48	25 ~ 36	20 ~ 28
	70	56 ~ 78	43 ~ 59	34 ~ 47	54 ~ 74	40 ~ 56	32 ~ 44	48 ~ 67	36 ~ 50	28 ~ 39
	95	78 ~ 102	59 ~ 78	47 ~ 65	74 ~ 97	44 ~ 73	44 ~ 57	67 ~ 88	50 ~ 65	39 ~ 50
	120	102 ~ 128	78 ~ 98	62 ~ 77	97 ~ 122	73 ~ 92	57 ~ 72	88 ~ 110	65 ~ 81	50 ~ 63
	150	128 ~ 169	98 ~ 129	77 ~ 103	122 ~ 161	92 ~ 122	72 ~ 96	110 ~ 146	81 ~ 108	63 ~ 84
	185	169 ~ 190	129 ~ 145	103 ~ 115	161 ~ 181	122 ~ 137	96 ~ 107	146 ~ 164	108 ~ 121	84 ~ 94
	240	190 ~ 256	145 ~ 196	115 ~ 155	181 ~ 244	137 ~ 184	107 ~ 145	164 ~ 221	121 ~ 163	94 ~ 127
	300	256	196	155	244	184	145	221	163	127

注:①低电价区为 0.3 ~ 0.33 元/(kW·h),中电价区为 0.38 ~ 0.4 元/(kW·h),高电价区为 0.5 ~ 0.52 元/(kW·h)。②本表原始数据摘自国际铜业协会(中国)资料。

根据选定的电缆型号、负荷计算电流及最大负荷利用小时,从表 3.20 中就可以快捷求得电缆的经济截面。

【例 3.1】　某一负荷计算电流 $I_{30} = 140$ A,$T_{max} = 4\ 000$ h(两班制),当地电价 $P = 0.5$ 元/(kW·h)。电缆 3 根无间距并排在有孔托盘电缆桥架上敷设,环境温度 $\theta_a = 40\ ℃$,选用 VV－1 型 4＋1 芯电缆,求截面。

解　(1)按载流量求取截面:

根据 $I_{30} = 140$ A,$\theta_a = 40\ ℃$,查附表 5 并列敷设载流量校正系数 0.82,按 $I/A = \dfrac{140}{0.82} \approx 171$,查附表 6,$S_r = 70$ mm^2。

(2)按经济电流求取截面:

根据 $I_{30} = 140$ A,$T_{max} = 4\ 000$ h,$P = 0.5$ 元/(kW·h),查附表 6,$S_{ec} = 95$ mm^2。

(3)电压损失校验及热稳定校验、保护灵敏度校验:95 mm^2 时均满足,最终选择 $S = 95$ mm^2。

4. 经济电流密度曲线

在工程计算时,还可以按经济电流密度曲线来求取经济截面。经济电流密度是指最大计算负荷电流与经济截面的比值。利用经济电流密度曲线求取经济截面更为方便,尤其适用于电价或年最大负荷利用小时不等于经济电流范围表中"限定值"时。不同类别电缆经济电流密度曲线经有关部门绘制,在使用时只要根据相关条件查取即可。参见附图 1。

【例 3.2】　某一负荷计算电流 $I_{30} = 140$ A,最大负荷利用小时 $T_{max} = 3\ 000$ h,当地电价 $P = 0.7$ 元/(kW·h)。选用 VV－1 型 4＋1 芯电缆,其经济电流密度从附图 1 中,可查得 $j = 1.6$ A/mm^2。则 $S_{ec} = \dfrac{140}{1.6} = 87.5$($mm^2$)取相近截面,则 S_{ec} 取 95 mm^2。

5. 按经济电流选择导线和电缆截面的注意要点

(1)按经济条件及技术条件选择结果的比较:通常按经济条件选择大于技术条件选择截面 1～2 级,但也有时按热稳定等技术条件选择的截面较大的情况。因此,应该同时满足技术条件和经济条件,取二者截面较大者。简化设计程序时,可按允许载流量所选的截面放大 1～2 级,基本上能接近按经济条件所选择的结果。

(2)年最大负荷利用小时 T_{max} 越大,经济电流值越小,反之则越大。

(3)经济寿命变化时,经济截面变化不大。如实际情况时,有可能出现设计年限 $N = 30$ 年,中途发生转产或倒闭的情况。计算表明,$N = 5$ 年和 $N = 30$ 年总费用仅差 10%,所以可以不考虑这一影响。

(4)年最大负荷小时数不同,会直接影响经济截面的大小,如图 3.28 所示。

图中三条曲线分别代表 $T_{max} = 7\ 000$ h,$4\ 000$ h,$2\ 000$ h,曲线起点是按载流量所选择的截面 25 mm^2,曲线最低点分别是 95 mm^2,70 mm^2,50 mm^2,即相应的经济截面。但曲线的底部很平坦,即使截面有较大变化,对总费用的影响也不大。因此,工程设计中,不必过分追求 T_{max} 的准确性,只需根据行业的统计数据就可以。

(5)回收年限。由于按经济电流选择电缆截面时,截面较大,使初期投资增加,根据计算,一般 2～4 年即可收回投资。年最大负荷利用小时数 T_{max} 越大,回收年限越短。当超过回收年限后,因损耗减小每年可节约的费用逐年累积是十分可观的。

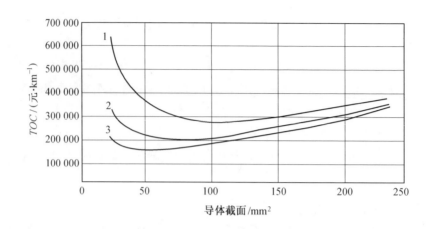

图 3.28　年最大负荷小时不同时的经济界面
$1—T_{max} = 7\ 000\ \text{h};2—T_{max} = 4\ 000\ \text{h};3—T_{max} = 2\ 000\ \text{h}$

过去,我国经济发展处于初期阶段,在经济短缺的条件下,工程建设往往较注重初期投资的控制而忽略长期运行的经济性。当前,我国已经进入社会主义发展新阶段,对工程建设越来越重视整体和长远的合理性,也就是既要重视投资控制也要重视运行成本的节约。在电力和建筑电气工程中推行按经济电流选择导线和电缆截面也是优化设计的内容之一。据统计,如果能全面推行按经济电流选择导线、电缆截面的方法,将减少35% ~ 42%的线路损耗,经济意义十分重大。

3.7.3　按电压损失选择导线和电缆截面

我们知道,由于线路上有电阻和电抗,当有电流流过时,除产生电能损耗外,还产生电压损失。用电设备端子电压实际值偏离额定值时,其性能将受到影响,影响程度由电压偏差的大小和持续时间而定。配电设计中,按电压损失校验截面时,应使各种用电设备端电压符合电压偏差允许值。

1. 电压损失的基本概念和定义

(1)电压降落。电压降落是指电网两端电压,即线路首端电压 $\dot{U}_1$ 和末端电压 $\dot{U}_2$ 的相量差(见图3.29),即

$$\Delta \dot{U} = \dot{U}_1 - \dot{U}_2 \approx ab \tag{3.28}$$

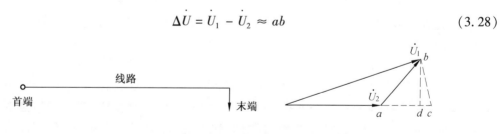

图 3.29　电压降落与电压损失示意图

(2)电压损失。电压损失是指线路首端电压与末端电压的代数差。即 $\Delta U = U_1 - U_2 = ac \approx ad$,如以百分数表示,则

$$\Delta U\% = \frac{U_1 - U_2}{U_N} \times 100\% \tag{3.29}$$

（3）电压偏移。电压偏移是指线路中任一点（一般指末端）的实际电压与电网额定电压的代数差，如以百分数表示为

$$\Delta U_{dri}\% = \frac{U_2 - U_N}{U_N} \times 100\% \tag{3.30}$$

从上述定义可以看出，电压损失是电压降落的纵向分量（即沿 U_2 方向），而电压偏移与电压损失有密切关系。当负荷变动时，线路中的电压损失也随之变动。于是尽管线路的首端电压 U_1 保持不变，但末端电压 U_2 始终随负荷变化而变化。因此，线路中的电压损失越大，用电设备端子上的电压偏移也越大。一般规定：正常运行的电动机端子上的电压偏移不得超过 ±5%，要求较高的照明线路电压偏移不应超过 +5%。

2. 导线阻抗的计算

（1）导线电阻计算。

① 导线直流电阻 R_θ 可表示为

$$R_\theta / \Omega = \rho_\theta c_j \frac{L}{S} \tag{3.31}$$

$$\rho_\theta = \rho_{20}[1 + \alpha(\theta - 20)] \tag{3.32}$$

式中，L 为线路长度，m；S 为导线截面，mm²；c_j 为绞入系数，单股导线为 1，多股导线为 1.02；ρ_{20} 为导线温度为 20 ℃ 时的电阻率，铝线芯（包括铝电线、铝电缆、硬铝母线）为 2.82×10^{-6} $\Omega \cdot$ cm，铜线芯（包括铜电线、铜电缆、硬铜母线）为 1.72×10^{-6} $\Omega \cdot$ cm；ρ_θ 为导线温度为 θ ℃ 时的电阻率，$\Omega \cdot \mu$m；α 为电阻温度系数，铝和铜都取 0.004；θ 为导线实际工作温度，℃。

② 导线交流电阻 R_j 按下式计算

$$R_j / \Omega = K_{jf} K_{1j} R_\theta \tag{3.33}$$

$$K_{jf} = \frac{r^2}{\delta(2r - \delta)} \tag{3.34}$$

$$\delta = 5\,030 \sqrt{\frac{\rho_\theta}{\mu f}} \tag{3.35}$$

式中，R_θ 为导线温度为 θ ℃ 时的直流电阻值，Ω；K_{jf} 为集肤效应系数，电线的 K_{jf} 用公式计算（当频率为 50 Hz、芯线截面不超过 240 mm² 时，K_{jf} 均为 1），当 $\delta \geqslant r$ 时，$K_{jf} = 1$，母线的 K_{jf} 见附表 7；K_{1j} 为临近效应系数，可从相关手册查取，母线的 K_{1j} 取 1.03；r 为线芯半径，cm；δ 为电流投入深度，cm；因集肤效应使电流密度沿导线横截面的径向按指数函数规律分布，工程上把电流等效地看做仅在导线表面 δ 厚度中均匀分布，不同频率时的电流投入深度值见附表 8；μ 为相对磁导率，对于有色金属导线为 1；f 为频率，Hz。

③ 线芯实际工作温度。线路通过电流后，导线产生温升，表 3.21 电压损失计算公式中的线路电阻 R'，就是温升对应工作温度下的电阻值，它与通过电流大小（即负荷率）有密切关系。由于供电对象不同，各种线路中的负荷率也各不相同，因此线芯实际工作温度往往不相同，在合理计算线路电压损失时，应首先求得导线的实际工作温度。工程中实际线芯温度为：6 ~ 35 kV 架空线路 $\theta = 55$ ℃；380 V 架空线路 $\theta = 60$ ℃；35 kV 交联聚乙烯绝缘电力电缆 $\theta = 75$ ℃；1 ~ 10 kV 交联聚乙烯电力电缆 $\theta = 80$ ℃；1 kV 聚氯乙烯绝缘及护套电力电缆 $\theta =$

60 ℃。

（2）导线电抗的计算。配电工程中，架空线各相导线一般不换位，为简化计算，假设各相电抗相等。另外，由于容抗对感抗而言，正好起抵消作用，虽然有些电缆线路其容抗值不小，但为了简化计算，线路容抗常可忽略不计，因此，导线电抗值实际上只计入感抗值。导线和电缆的感抗按下式计算

$$X' = 2\pi f L' \tag{3.36}$$

$$L' = \left(2\ln\frac{D_j}{r} + 0.5\right) \times 10^{-4} = \left(2\ln\frac{D_j}{r} + \ln e^{0.25}\right) \times 10^{-4} =$$

$$2 \times 10^{-4}\ln\frac{D_j}{re^{0.25}} = 4.6 \times 10^{-4}\lg\frac{D_j}{0.778r} =$$

$$4.6 \times 10^{-4}\lg\frac{D_j}{D_z} \tag{3.37}$$

当 $f = 50$ Hz 时

$$X' = 0.1445 \lg\frac{D_j}{D_z}$$

式中，X' 为线路每相单位长度的感抗，Ω/km；L' 为导线、母线或电缆每相单位长度的电感量，H/km；D_j 为几何均距，cm；D_z 为线芯的几何均距或等效半径，cm。

3. 电压损失计算

线路的电压损失可以按表 3.21 中的公式计算。

表 3.21　线路的电压损失计算公式

线路种类	负荷情况	计算公式
三相平衡负荷线路	（1）终端负荷用电流矩 $Il(\text{A·km})$ 表示	$\Delta u\% = \frac{\sqrt{3}}{10U_n}(R'_o\cos\varphi + X'_o\sin\varphi)Il = \Delta u_a\% Il$
	（2）几个负荷用电流矩 $I_i l_i(\text{A·km})$ 表示	$\Delta u\% = \frac{\sqrt{3}}{10U_n}\sum[(R'_o\cos\varphi + X''_o\sin\varphi)I_i l_i] = \sum(\Delta u_a\% I_i l_i)$
	（3）终端负荷用负荷矩 $Pl(\text{kW·km})$ 表示	$\Delta u\% = \frac{1}{10U_n^2}(R'_o + X'_o\tan\varphi)Pl = \Delta u_p\% Pl$
	（4）几个负荷用负荷矩 $P_i l_i(\text{kW·km})$ 表示	$\Delta u\% = \frac{1}{10U_n^2}\sum[(R'_o + X'_o\tan\varphi)P_i l_i] = \sum(\Delta u_p\% P_i l_i)$
	（5）整条线路的导线截面、材料及敷设方式均相同且 $\cos\varphi = 1$，几个负荷用负荷矩 $P_i l_i(\text{kW·km})$ 表示	$\Delta u\% = \frac{R'_o}{10U_n^2}\sum P_i l_i = \frac{1}{10U_n^2\gamma S}\sum P_i l_i = \frac{\sum P_i l_i}{CS}$
接于线电压的单相负荷线路	（1）终端负荷用电流矩 $Il(\text{A·km})$ 表示	$\Delta u\% = \frac{2}{10U_n}(R'_o\cos\varphi + X''_o\sin\varphi)Il \approx 1.15\Delta u_a\% Il$
	（2）几个负荷用电流矩 $I_i l_i(\text{A·km})$ 表示	$\Delta u\% = \frac{2}{10U_n}\sum[(R'_o\cos\varphi + X''_o\sin\varphi)I_i l_i] \approx 1.15\sum(\Delta u_a\% I_i l_i)$
	（3）终端负荷用负荷矩 $Pl(\text{kW·km})$ 表示	$\Delta u\% = \frac{2}{10U_n^2}(R'_o + X''_o\tan\varphi)Pl \approx 2\Delta u_p\% Pl$
	（4）几个负荷用负荷矩 $P_i l_i(\text{kW·km})$ 表示	$\Delta u\% = \frac{1}{10U_n^2}\sum[(R'_o + X''_o\tan\varphi)P_i l_i] \approx 2\sum(\Delta u_p\% P_i l_i)$
	（5）整条线路的导线截面、材料及敷设方式均相同且 $\cos\varphi = 1$，几个负荷用负荷矩 $P_i l_i(\text{kW·km})$ 表示	$\Delta u\% = \frac{2R'_o}{10U_n^2}\sum P_i l_i$

续表3.21

线路种类	负荷情况	计算公式
接于相电压的两相N线平衡负荷线路	(1) 终端负荷用电流矩 $Il(\text{A} \cdot \text{km})$ 表示	$\Delta u\% = \dfrac{1.5\sqrt{3}}{10U_n}(R'_o\cos\varphi + X''_o\sin\varphi)Il \approx 1.15\Delta u_a\% \, Il$
	(2) 终端负荷用负荷矩 $Pl(\text{kW} \cdot \text{km})$ 表示	$\Delta u\% = \dfrac{2.25}{10U_n^2}(R'_o + X''_o\tan\varphi)Pl \approx 2.25\Delta u_p\% \, Pl$
	(3) 终端负荷且 $\cos\varphi = 1$，用负荷矩 $Pl(\text{kW} \cdot \text{km})$ 表示	$\Delta u\% = \dfrac{2.25R'_o}{10U_n^2}Pl = \dfrac{2.25}{10U_n^2\gamma S}Pl = \dfrac{Pl}{CS}$
接相电压的单相负荷线路	(1) 接相电压用电流矩 $Il(\text{A} \cdot \text{km})$ 表示	$\Delta u\% = \dfrac{2}{10U_{npd}}(R'_o\cos\varphi + X''_o\sin\varphi)Il \approx 2\Delta u_a\% \, Il$
	(2) 终端负荷用负荷矩 $Pl(\text{kW} \cdot \text{km})$ 表示	$\Delta u\% = \dfrac{2}{10U_{npd}^2}(R'_o + X''_o\tan\varphi)Pl \approx 6\Delta u_p\% \, Pl$
	(3) 终端负荷且 $\cos\varphi = 1$ 或直流线路用负荷矩 $Pl(\text{kW} \cdot \text{km})$ 表示	$\Delta u\% = \dfrac{2R'_o}{10U_{npd}^2}Pl = \dfrac{2}{10U_{npd}^2\gamma S}Pl = \dfrac{Pl}{CS}$

注：① 符号说明：$\Delta u\%$ 为线路电压损失百分数，$\%$；$\Delta u_a\%$ 为三相线路每 1 $\text{A} \cdot \text{km}$ 的电压损失百分数，$\%/(\text{A} \cdot \text{km})$；$\Delta U_p\%$ 为三相线路每 1 $\text{kW} \cdot \text{km}$ 的电压损失百分数，$\%/(\text{kW} \cdot \text{km})$；$U_n$ 为标称线电压，kV；U_{npd} 为标称相电压，kV；X''_o 为单相线路单位长度的感抗，Ω/km；R'_o，X'_o 为三相线路单位长度的电阻和感抗，Ω/km；I 为负荷计算电流，A；l 为线路长度，km；P 为有功负荷，kW；γ 为电导率，$\text{S}/\mu\text{m}$，$\gamma = \dfrac{1}{\rho}$，ρ 为电阻率，$\Omega \cdot \mu\text{m}$，见表3.22的表下注；S 为线芯标称截面，mm^2；$\cos\varphi$ 为功率因数；C 为功率因数为1时的计算系数，见表3.22。

② 实际上单相线路的感抗值与三相线路的感抗值不同，但在工程计算中可以忽略其误差，对于 220/380 V 线路的电压损失，导线截面为 50 mm^2 以下时最大误差约5%。

表3.22　线路电压损失的计算系数 C 值 ($\cos\varphi = 1$)

线路标称电压 /V	线路系统	C 值计算公式	导线 C 值 ($\theta = 50$ ℃)		导线 C 值 ($\theta = 65$ ℃)	
			铝	铜	铝	铜
220/380	三相四线	$10\gamma U_n^2$	45.70	75.00	43.40	71.10
220/380	两相三线		20.30	33.30	19.30	31.60
220			7.66	12.56	7.27	11.92
110		$\dfrac{10\gamma U_n^2}{2.25}$	1.92	3.14	1.82	2.98
36	单相及直流	$5\gamma U_{nph}^2$	0.21	0.34	0.20	0.32
24			0.091	0.15	0.087	0.14
12			0.023	0.037	0.022	0.036
6			0.005 7	0.009 3	0.005 4	0.008 9

注：①20 ℃ 时 ρ 值($\Omega \cdot \mu\text{m}$)，铝导线、铝母线为 0.028 2；铜母线、铜导线为 0.017 2，$\gamma = \dfrac{1}{\rho}$。②计算 C 值时，导线工作温度为 50 ℃，铝导线 γ 值($\text{S}/\mu\text{m}$) 为 31.66，铜导线为 51.91，母线工作温度为 65 ℃。③ U_n 为标称线电压，kV；U_{nph} 为标称相电压，kV。

4. 按电压损耗选择导线和电缆截面

按电压损耗选择截面时，应考虑用电设备端电压负荷电压偏差允许值及设备运行状况，例如对少数远离变电所的用电设备或使用次数很少的用电设备等，其电压偏移的允许范围可适当放宽。

第4章 短路电流及其计算

4.1 短路概述

供配电系统运行中,供配电系统应该正常不间断地可靠供电,以保证生产和生活的正常进行,但是供配电系统的正常运行常常因为发生短路等故障而遭到破坏。所以,在供配电系统的设计中,不仅要考虑系统的正常运行状态,还要考虑系统的不正常运行和故障情况,其中最严重的故障是短路。

短路是指电力系统除正常运行情况以外的相与相之间或相与地(或中性线)之间的接通。正常情况下,电力系统正常运行时,相与相之间或在中性点接地系统中相与地之间都是通过负荷连接的,并且除中性点以外,相与相之间或相与地(或中性线)之间是绝缘的。

在供电系统的设计和运行中,需要进行短路电流计算,这是因为:

(1)正确选择和校验电气设备。电力系统中的电气设备在短路电流的电动力效应和热效应作用下,必须不受损坏,以免扩大事故范围,造成更大的损失,为此,在设计时必须校验所选择的电气设备的电动力稳定度和热稳定度,因此就需要计算发生短路时流过电气设备的三相短路电流峰值和三相稳态短路电流。

(2)选择和整定用于短路保护的继电保护装置时,需应用短路电流参数。关于电力系统中应配置什么样的继电保护,以及这些保护装置应如何整定,必须对电力网中可能发生的各种短路情况逐一加以计算分析,才能正确解决。

(3)电气主接线方案的确定。在设计电气主接线方案时往往能出现这种情况,一个供电可靠性高的接线方案,因为电的联系强,在发生故障时,短路电流太大以至于必须选用昂贵的电气设备,而使所设计的方案在经济上不合理,这时若采取一些改进措施,例如适当改变电路的接线方法,增加限制短路电流的设备,或者限制某种运行方式的出现,就会得到既可靠又经济的主接线方案。总之,在评价和比较各种主接线方案选出最佳者时,计算短路电流是一项很重要的内容。

(4)选择用于限制短路电流的设备时,也需进行短路电流计算。如果短路电流太大,必须采用限流措施。

(5)计算大中型电动机的启动压降时,需要三相短路容量。

(6)验算接地装置的接触电压和跨步电压时,要用到单相对地短路电流。

计算短路电流时应该了解变电所主接线系统及其主要运行方式;各种变压器的型号、容量及其相关参数;供电线路的电压等级、架空线和电缆的型号、距离和有关参数;大型高压电机型号及其有关参数;还必须到电力部门收集下列资料:

(1)电力系统现有总额定容量及远期的发展总额定容量。

(2)与本变电所电源进线所连接的上一级变电所母线在最大运行方式下的短路容量以及在最小运行方式下的短路容量。

(3)工厂附近有发电厂的应收集各种发电机组的型号、容量、同步电抗、连线方式、变压器容量和短路电压百分数、输电线路的电压等级、输电线型号和距离等。

(4)通常变电所有两条电源进线,一条运行,另一条备用。应判断哪条进线的短路电流较大,哪条较小,然后分别计算最大运行方式下和最小运行方式下的短路电流。

4.1.1　短路的原因

造成短路的主要原因是电气设备载流部分的绝缘损坏。

(1)电气设备长期运行,缺乏必要维护,其绝缘自然老化而损坏。

(2)设备本身设计、安装和运行维护不良、绝缘材料陈旧、绝缘强度不够而被正常电压击穿。

(3)设备本身质量不好,绝缘强度不够而被正常电压击穿。

(4)设备绝缘受外力破坏而导致短路。

(5)设备绝缘正常而被过电压(包括雷电过电压)击穿。

(6)工作人员由于未遵守安全操作规程而发生误操作,误将低电压设备接入较高电压电路中,或者操作人员违反操作规程,例如误拉带负荷高压隔离开关,检修线路或设备时未排除接地线就合闸供电等都可能造成短路。

(7)鸟兽害。鸟类及蛇鼠等小动物跨越在裸露的相线之间或相线与接地物体之间,或者咬坏设备导线的绝缘,也可能成为导致短路的一个原因。

(8)气象条件恶化,例如雷击过电压造成的闪络放电,由于风灾引起架空线断线或导线覆冰引起电杆倒塌等。

(9)其他原因,例如施工挖沟损伤电线,电力线路发生断线和倒杆事故可能导致短路。

4.1.2　短路的危害

电力系统发生短路故障时,由于部分负荷阻抗被短接掉,供电系统的总阻抗减少,短路点及其附近各支路的电流较正常工作电流大得多,系统中各点的电压降低,离短路点越近电压降低越严重。三相短路时,短路点的电压可降到零。在大容量电力系统中,短路电流可达几万安培甚至几十万安培,如此大的短路电流会对电气设备或供配电线路造成比较严重或极大的危害。

(1)由于电气设备通过电流时,所产生的热量与电流平方成正比,所以强大的短路电流将引起电机、电器及载流导体的发热。由于短路电流很大,即使电流通过的时间很短也会使这些元件引起不能允许的过热,而导致损坏。另外,短路电流通过电力线路时,使电力线路的导体大量发热,温度急剧升高,从而破坏设备绝缘,通过短路电流的电力线路导体会受到很大的电动力作用,使电力线路导体变形甚至损坏。

(2)短路电流引起很大的机械应力。电流流过导体时产生的机械应力与电流的平方成正比。在短路刚发生后,电流达到最大值(即冲击电流),这时机械应力最大。如果导体和它的固定支架不够坚韧,可能遭到破坏。

（3）破坏电气设备的正常运行。短路时电压降低，可使电器的正常工作受到破坏。例如感应电动机的转矩与外加的电压平方成正比，当电压降低很多时，转矩可能不足以带动机械工作，而使电动机停转。另外，短路点的电弧也可能烧毁电气设备的载流部分。

（4）破坏系统稳定。严重的短路必将影响电力系统运行的稳定性，当短路点离发电厂很近时，它可使并列运行的发电机组失去同步，使整个电力系统的运行解列。这是短路故障的最严重后果。

（5）干扰通信系统。接地短路对于与高压输电线路平行架设的通信线路可产生严重的电磁干扰。不对称的接地短路，其不平衡电流将产生较强的不平衡磁场，对附近的通信线路、信号系统、晶闸管触发系统、电子设备及其他弱电控制系统可能产生干扰信号，使通信失真、控制失灵、设备产生误动作。

（6）短路可造成停电状态。短路时电力系统的保护装置动作，使开关跳闸或熔断器熔断，从而造成停电事故。而且越靠近电源，停电范围越大，给国民经济造成的损失也越大。

由此可见，短路的后果是十分严重的。在供配电系统的设计和运行中应采取有效措施，必须设法消除可能引起短路的一切因素，使系统安全稳定可靠地运行。同时，为了减轻短路的严重后果和防止故障扩大，需要计算短路电流，以便正确选择和校验各种电气设备、计算和整定保护短路的继电保护装置及选择限制短路电流的电气设备（如电抗器）等。

4.1.3　短路的类型

短路主要是指相与相或相与地之间不通过负荷而发生的直接连接而产生的故障，因此短路可分为以下几种类型：

（1）三相短路，如图4.1(a)所示。三相短路是对称短路，用 $k^{(3)}$ 表示，三相短路电流用 $I^{(3)}$ 表示。因为短路回路的三相阻抗相等，所以三相短路电流和电压仍然是对称的，只是电流比正常值增大，电压比额定值降低。三相短路发生的概率最小，只有5%左右，但它的短路电流却最大，三相短路是危害最严重的短路形式。由于三相短路是对称短路，可以用对称三相电路的分析方法进行分析。

（2）两相短路，如图4.1(b)所示。两相短路是不对称短路，用 $k^{(2)}$ 表示，短路电流用 $I^{(2)}$ 表示。两相短路的发生概率为10% ~ 15%。

（3）两相接地短路（两相短路后又与地连接），如图4.1(c)和4.1(d)所示，两相接地短路也是一种不对称短路，用 $k^{(1.1)}$ 表示，短路电流用 $I^{(1.1)}$ 表示。它是指中性点不接地系统中两个不同相均发生单相接地而形成的两相短路，也指两相短路后又接地的情况，其发生的概率为10% ~ 20%。

（4）单相接地短路（简称单相短路），如图4.1(e)和4.1(f)所示。这也是一种不对称短路，用 $k^{(1)}$ 表示，单相短路电流用 $I^{(1)}$ 表示。它的危害虽不如其他短路形式严重，但在中性点直接接地系统中，发生单相接地短路的概率最高，占短路故障的65% ~ 70%。

在中性点接地的电力系统中，上述四种短路都有可能发生。中性点不接地系统中的单相接地短路称为"轻短路"，此时电力系统的线电压没有变化，仍可短时间继续运行。在电力系统中，发生单相短路的可能性最大；而三相短路时，短路电流最大，所以危害最为严重。为了使电力系统中的电气设备在最严重的短路状态下也能够可靠工作，因此作为选择和校验电器和导体依据的短路电流，通常采用三相短路电流，所以短路计算也以三相短路为主。

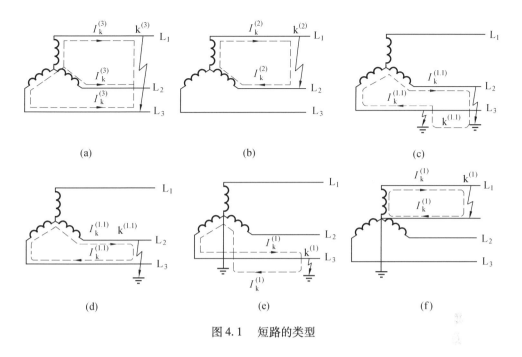

图 4.1 短路的类型

4.2 短路过程的分析

4.2.1 无穷大容量系统三相短路过程分析

当短路突然发生时,系统原来的稳定工作状态遭到破坏,需要经过一个暂态过程,才能进入短路稳定状态。供电系统中的电流在短路发生时也要增大,经过暂态过程达到新的稳定值。短路电流变化的这一暂态过程,不仅与系统参数有关,而且与系统的电源容量有关。为了分析问题方便,我们假设系统电源电势在短路过程中近似地看做不变,因而引出无限大容量电源系统的概念。

通常所说的无限大容量电源系统指它的端电压为恒定值并且内阻抗为零。实际上,真正的无限大容量电源系统是不存在的。无论电力系统容量多大,它的电源总有一个确定的容量,并且有一定的内阻抗。通常无限大容量电力系统,是指其容量相对单个用户的用电设备容量大得多的电力系统,以至于供电给用户的线路上无论负荷如何变动甚至发生短路时,电力系统变电所馈电母线上的电压基本维持不变。一般情况下,如果电力系统的电源总阻抗不超过短路电路总阻抗的5% ~ 10%,或者电力系统的容量大于所研究的用户用电设备容量50倍时,即可将此电力系统看做无限大容量电源系统。另外,当短路点离电源的电气距离足够远时,虽然短路电路中电流增大、电压降低,但是这些变化并不能显著地引起电源电压的变化,因而也可认为电源电压为恒定值,即无限大容量电源系统。供电系统发生短路时,通常都是这种情况。

为了简化分析,假设短路发生在一个无限大容量电源的供电系统中。但一般来说,中小型工厂甚至某些大型工厂的用电容量相对于现代大型电力系统来说是较小的,因此在计算工厂

供电系统的短路电流时,可以认为电力系统是无限大容量的电源。

电力系统三相短路所产生的短路电流最大,对电力系统的影响也最大,是最严重的短路故障,对三相短路的分析计算又是其他短路分析计算的基础。这里以三相短路为例,介绍短路系统的分析以及短路电流的计算。

图4.2(a)为无限大容量电源供电三相电路上发生三相短路的电路图。系统正常运行时,电路中电流取决于电源和电路中所有元件包括负荷在内的总阻抗。当 $k^{(3)}$ 点发生三相短路时,图4.2(a)所示的电路将被分成两个独立的回路。一个仍与电源相连接,如图4.2(a)虚线左侧部分所示;另一个则成为没有电源的短接回路,如图4.2(a)虚线右侧部分所示。

在没有电源的短接回路中,如图4.2(a)虚线右侧部分所示,电流将从短路发生瞬间的初始值按指数规律衰减到零。在衰减过程中,回路磁场中所储存的能量,将全部转化成热能,这个过程很短暂,我们暂时不予讨论。而与电源相连的回路,如图4.2(a)虚线左侧部分所示,由于负荷阻抗和部分线路阻抗被短路,回路中阻抗突然大幅下降,所以电路中的电流要突然增大。但是,由于短路回路中存在着电感且感抗远大于电阻,根据楞次定律,电流又不能突变,所以电路必然要经过一个瞬变过程,即短路暂态过程或短路过渡过程,最后达到一个新稳定状态。

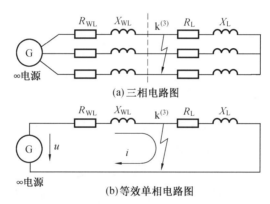

(a)三相电路图

(b)等效单相电路图

图4.2 无限大容量系统三相短路电路图

下面我们研究与电源相连接的回路的变化过程及数量关系。由于三相短路是对称短路,故可取一相进行分析,三相电路图4.2(a)可用图4.2(b)所示的等效单相电路图来表示。如图4.2(b)所示,回路中阻抗可以分为两部分:线路阻抗 $Z_{WL} = R_{WL} + jX_{WL}$,可看做从电源至短路点的阻抗;负载阻抗 $Z_L = R_L + jX_L$,可看做是从短路点至负荷的阻抗。回路的总阻抗应为 $Z = Z_{WL} + Z_L$。R_Σ 和 X_Σ 表示短路回路中总的电阻和电抗。

1. 正常运行

设电源电压为

$$u = U_m \sin(\omega t + \alpha) \tag{4.1}$$

式中,u 为相电压瞬时值;U_m 为电压幅值;α 为电压的初相角。

正常运行时的电流为

$$i = I_m \sin(\omega t + \alpha - \varphi) \tag{4.2}$$

式中，i 为电流瞬时值；I_m 为电流幅值，$I_m = \dfrac{U_m}{\sqrt{(R_{WL} + R_L)^2 + (X_{WL} + X_L)^2}}$；$\varphi$ 为回路阻抗角，$\varphi = \arctan \dfrac{X_{WL} + X_L}{R_{WL} + R_L}$。

2. 三相短路

分析短路电路的变化，在如图 4.2（b）所示的等效单相电路图中，短路电流 i_k（瞬时值）应满足微分方程

$$u = U_m \sin(\omega t + \alpha) = R_{WL} i_k + X_{WL} \frac{di_k}{dt} \tag{4.3}$$

非齐次一阶微分方程式（4.3）的解为

$$i_k = \frac{U_m}{Z_{WL}} \sin(\omega t + \alpha - \varphi_{WL}) + i_{np0} e^{-\frac{t}{T}} = I_{WL} \sin(\omega t + \alpha - \varphi_{WL}) + i_{np0} e^{-\frac{t}{T}} \tag{4.4}$$

式中，U_m 为电压幅值；α 为电压的初相角；Z_{WL} 为电路中的短路阻抗，$Z_{WL} = \sqrt{R_{WL}^2 + X_{WL}^2}$；$\varphi_{WL}$ 为回路阻抗角，$\varphi_{WL} = \arctan \dfrac{X_{WL}}{R_{WL}}$；$I_{WL}$ 为电流幅值，$I_{WL} = \dfrac{U_m}{\sqrt{R_{WL}^2 + X_{WL}^2}}$；$i_{np0}$ 为短路电流非周期分量的初始值，由初始条件决定；T 为短路回路的时间常数，$T = \dfrac{X_{WL}}{R_{WL}}$。

已知电路正常运行时的电流如式（4.2）所示，根据楞次定律可知，当发生三相短路的瞬间，电流不能突变，正常运行时的电流应与短路后的短路电流相等，则有

$$I_m \sin(\omega t + \alpha - \varphi) = I_{WL} \sin(\omega t + \alpha - \varphi_{WL}) + i_{np0} e^{-\frac{t}{T}} \tag{4.5}$$

由于发生短路的瞬间，$t = 0$，则式（4.5）可写为

$$I_m \sin(\alpha - \varphi) = I_{WL} \sin(\alpha - \varphi_{WL}) + i_{np0} \tag{4.6}$$

由式（4.6）可得短路电流非周期分量的初始值为

$$i_{np0} = I_m \sin(\alpha - \varphi) - I_{WL} \sin(\alpha - \varphi_{WL}) \tag{4.7}$$

将式（4.7）代入式（4.4），则有

$$i_k = I_{WL} \sin(\omega t + \alpha - \varphi_{WL}) + [I_m \sin(\alpha - \varphi) - I_{WL} \sin(\alpha - \varphi_{WL})] e^{-\frac{t}{T}} = i_p + i_{np} \tag{4.8}$$

式中，i_p 为短路电流的周期分量，$i_p = I_{WL} \sin(\omega t + \alpha - \varphi_{WL})$；$i_{np}$ 为短路电流的非周期分量，$i_{np} = [I_m \sin(\alpha - \varphi) - I_{WL} \sin(\alpha - \varphi_{WL})] e^{-\frac{t}{T}}$。

由无限大容量电源系统发生三相短路前后的电压与电流变化曲线（图 4.3）、无限大容量系统发生三相短路时的向量图（图 4.4）以及公式（4.8）可以看出，与无限大容量电源系统相连电路的短路电流 i_k 在暂态过程中包含两个分量：短路电流周期分量 i_p 和非用期分量 i_{np}。周期分量 i_p 属于强制电流，它的大小取决于电源电压和短路回路的阻抗，其幅值在暂态过程中保持不变，从物理概念上讲，短路电流周期分量是因短路后电路阻抗突然减小很多，而按欧姆定律电流突然增大了很多。短路电流非周期分量 i_{np} 属于自由电流，短路电路中含有感抗，因而短路发生瞬间电路中的短路电流不可能突变，短路电流非周期分量是按楞次定律产生的，用以维持短路初始瞬间电流不致突变的一个反向衰减性电流。它的值在短路瞬间最大，接着便以一定的时间常数按指数规律衰减，一般经 0.2 s 左右衰减完毕直到衰减为零。此时暂态过程结

束,系统进入短路的稳定状态,短路电流达到稳定状态。

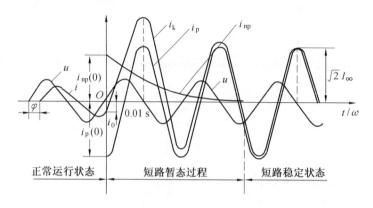

图4.3　无限大容量电源系统发生三相短路前后的电压与电流变化曲线

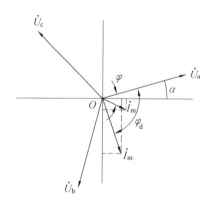

图4.4　无限大容量电源系统发生三相短路时的向量图

3. 短路全电流达到最大的条件

电气设备所受到的最大电动力与短路全电流可能出现的最大瞬时值(即冲击电流)有关,它是校验电气设备电动稳定度必须计算的数据,所以我们需要讨论短路全电流达到最大的条件。在电源电压及短路点不变的情况下,如果短路全电流要达到最大值,即短路全电流最大瞬时值出现的条件,必须使短路电流非周期分量的初始值为最大,则需要满足以下三个基本条件:

(1)短路前为空载状态,负荷电流为零,即 $I_m = 0$,则由式(4.7)得

$$i_{np0} = -I_{WL}\sin(\alpha - \varphi_{WL}) \tag{4.9}$$

(2)电力系统发生三相短路后负荷被短接,一般情况下,电抗比电阻大得多,短路回路近于纯感性电路,此时有

$$\varphi_{WL} = 90° \tag{4.10}$$

(3)短路发生于某相电压瞬时值为零时,即当 $t = 0$ 时,电压初相角 $\alpha = 0$。

短路全电流可能出现最大瞬时值时,其短路全电流为

$$i_k = -I_{WL}\cos \omega t + I_{WL}e^{-\frac{t}{T}} \tag{4.11}$$

其向量图和波形图如图4.5所示。

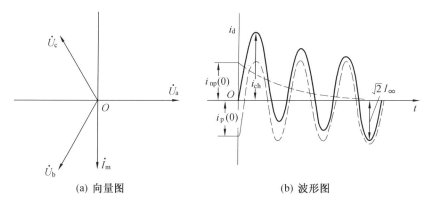

(a) 向量图   (b) 波形图

图 4.5　短路电流为最大值时的向量图

4.2.2　与短路电流有关的物理量

1. 短路电流周期分量 i_p

短路电流周期分量按欧姆定律由短路的电压和阻抗决定,在无限大容量电源系统中,由于电源电压不变,因此短路电流周期分量 i_p 是幅值恒定的正弦交流电流,即

$$i_p = I_{WL}\sin(\omega t + \alpha - \varphi_{WL}) \tag{4.12}$$

式中,α 为电压的初相角;φ_{WL} 为回路阻抗角,$\varphi_{WL} = \arctan\dfrac{X_{WL}}{R_{WL}}$;$I_{WL}$ 为电流幅值,$I_{WL} = $

$\dfrac{U_m}{\sqrt{R_{WL}^2 + X_{WL}^2}}$。

2. 短路次暂态电流有效值 I''

由于一般短路情况下,电抗比电阻大得多,即 $\varphi_{WL} = 90°$,则短路初始瞬间($t=0$) 的短路电流周期分量由式(4.12) 可得

$$i_{p(0)} = -I_{WL} = -\sqrt{2}I'' \tag{4.13}$$

在式(4.13) 中,I'' 为短路后第一个周期的短路电流周期分量 i_p 的有效值,称为短路次暂态电流有效值。

3. 短路电流非周期分量 i_{np}

短路电流非周期分量是在突然短路时,短路电路中出现自感电动势而产生的,正因为有这样一个电流 i_{np},才使得短路前后的电流不致突变。它是按负指数函数衰减的,短路回路电阻越大,衰减得越快,由式(4.8) 得

$$i_{np} = \left[I_m\sin(\alpha - \varphi) - I_{WL}\sin(\alpha - \varphi_{WL}) \right]e^{-\frac{t}{T}} \tag{4.14}$$

4. 短路全电流 i_k

任一瞬间的短路全电流(即短路电流瞬时值)i_k 为该瞬时短路电流周期分量 i_p 和非周期分量 i_{np} 的叠加,如式(4.8) 所示。某一时刻 t 的短路全电流有效值 $I_{k(t)}$,是以 t 为中点的一个周期内的短路电流周期分量 i_p 的有效值 $I_{p(t)}$ 和短路电流非周期分量 i_{np} 在 t 时刻的瞬时值 $i_{np(t)}$ 的均方根值,即

$$I_{k(t)} = \sqrt{I_{p(t)}^2 + i_{np(t)}^2} \tag{4.15}$$

5. 短路冲击电流 i_{sh}

短路全电流的最大有效值是短路后第一个周期的短路全电流最大瞬时值,称为短路冲击电流有效值,用 I_{sh} 表示。由图 4.5(b) 短路电流波形图可以得到以下结论:短路后经过半个周期(0.01 s) 时,短路全电流 i_k 达到最大值,此时的电流即短路冲击电流 i_{sh},即

$$i_{sh} = i_{k(0.01)} = i_{p(0.01)} + i_{np(0.01)} \approx \sqrt{2} I''(1 + e^{-\frac{0.01}{T}}) \tag{4.16}$$

令

$$K_{sh} = 1 + e^{-\frac{0.01}{T}} \tag{4.17}$$

则有

$$i_{sh} \approx \sqrt{2} I'' K_{sh} \tag{4.18}$$

式中,K_{sh} 为冲击系数;T 为短路电流非周期分量衰减时间系数,$T = \dfrac{X_{WL}}{R_{WL}}$。

短路冲击电流 i_{sh} 的有效值用 I_{sh} 表示,由式(4.15) 可得

$$I_{sh} = I_{k(0.01)} = \sqrt{i_{p(0.01)}^2 + i_{np(0.01)}^2} \approx \sqrt{1 + 2(K_{sh} - 1)^2} I'' \tag{4.19}$$

短路电流非周期分量衰减时间系数 T 的取值可由 $0(X_{WL} = 0)$ 到无穷大$(R_{WL} = 0)$,此时,由式(4.17) 可得 $1 < K_{sh} < 2$,它表示冲击电流与短路电流周期分量幅值之比。

如果已知由电源到短路点的电阻和电抗值,必要时可先求出短路电流非周期分量衰减时间系数 T 值,再根据式(4.17) 来计算冲击系数 K_{sh}。

计算高压电路的短路时,T 一般取值为 0.05 s,则由式(4.17) 得

$$K_{sh} = 1 + e^{-\frac{0.01}{T}} = 1 + e^{-\frac{0.01}{0.05}} \approx 1.8$$

则由式(4.18) 和式(4.19) 可得

$$\begin{cases} i_{sh} \approx 2.55 I'' \\ I_{sh} \approx 1.51 I'' \end{cases} \tag{4.20}$$

计算低压电路的短路时,由于电阻较大,一般可取 $K_{sh} = 1.3$,因此,由式(4.18) 和式(4.19) 可得

$$\begin{cases} i_{sh} \approx 1.84 I'' \\ I_{sh} \approx 1.09 I'' \end{cases} \tag{4.21}$$

6. 短路稳态电流 I_{∞}

短路稳态电流 I_{∞} 是短路电流非周期分量 i_{np} 衰减完毕以后(一般经 $0.1 \sim 0.2$ s) 的短路全电流,也称为稳态短路电流,用 I_{∞} 表示。在无限大容量系统中,短路电流周期分量有效值(通常用 I_k 表示) 在短路全过程中始终是恒定不变的,则有

$$I'' = I_{\infty} = I_k \tag{4.22}$$

短路电流稳态值 I_{∞} 通常用来校验电器和线路中载流部件的热稳定度。

7. 三相短路容量

在短路计算和电气设备选择时,常遇到短路容量的概念,计算短路容量的目的是在选择开关设备时,用来校验设备的分断能力。其定义为短路点的计算电压与短路电流周期分量所构成的三相视在功率。

短路点的计算电压(或称平均额定电压) 一般用 U_{av} 表示,由于线路首段短路时其短路最为严重,因此按线路首段电压考虑。短路点的计算电压一般取为比线路额定电压 U_N 高 5%,

即

$$U_{av} = (1 + 5\%)U_N \tag{4.23}$$

式中,U_N 为短路点的额定电压。

按照我国电压的标准,短路点的计算电压 U_{av} 有 0.4 kV,0.69 kV,3.15 kV,6.3 kV,10.5 kV,37 kV,69 kV 等。

在高压电路短路计算中,通常总电抗 X_Σ 比总电阻 R_Σ 大得多,所以一般只计电抗不计电阻。在低压电路短路计算中,也只有当 $R_\Sigma > \dfrac{X_\Sigma}{3}$ 时才在总阻抗 Z 中计入电阻。

如果不计入电阻,则三相短路电流周期分量的有效值为

$$I_k^{(3)} = \frac{U_{av}}{\sqrt{3}\,X_\Sigma} \tag{4.24}$$

三相短路容量为

$$S_k^{(3)} = \sqrt{3}\,U_{av}I_k^{(3)} \tag{4.25}$$

4.3 三相短路电流的计算

当电网中某处发生短路时,其中一部分阻抗被短接,网络阻抗发生变化,故在短路电流计算时,应对各电气设备的参数(电阻及电抗)先进行计算,再计算短路电流的数值。短路电流一般的计算过程是:

(1)首先绘出计算电路图,标明电路上各个元件参数。

(2)确定短路计算点,然后按所选择的短路计算点绘出等效电路图,在等效电路图上将被计算的短路电流所流经的主要元件表示出来。

(3)计算出阻抗值,根据元件的连接方式,计算出总的等效阻抗,最后计算短路电流和短路容量。

短路电流计算为正确地选择和校验电力系统中的电气设备,选定正确合理的主接线方式提供了重要依据;短路电流计算也为继电保护装置动作电流的整定,保护灵敏度的校验以及熔断器选择性的配合提供必要的数据。与三相短路相比,两相及单相短路电流均较小,因此,在远离发电机的无限大容量系统中,短路电流校验一般只考虑三相短路。

一个已经定型的工厂供电系统,线路中电气设备的参数及型号均经过严格的选定。我们在进行维护或检修时,如需要更换元件应尽量选用原型号元件,如需更换新型号,则不可随意降低参数标准。

短路电流计算方法常用的有欧姆法、标幺制法和短路容量法(又称兆伏安法)。这里主要介绍欧姆法、标幺制法。对同一短路问题,三种方法的计算结果应该是相同的,但在高压网络中计算短路电流时采用标幺制法更为方便。

短路计算中有关物理量一般采用以下单位:电流为"kA"(千安);电压为"kV"(千伏);短路容量和断流容量为"MV·A"(兆伏安);设备容量为"kW"(千瓦)或"kV·A"(千伏安);阻抗为"Ω"(欧姆)等。

下面介绍供电系统中各主要元件包括电力系统、电力变压器和电力线路的阻抗计算方法，关于供电系统中的母线、电流互感器的一次绕组等的阻抗以及开关触头的接触电阻等，相对较小，在一般短路计算中可以省略。省略以上阻抗后，计算得到的短路电流比实际短路电流值偏大，用偏大的短路电流值来校验电气设备，反倒可以使其运行安全更有保证。

4.3.1　短路回路各元件阻抗有名值计算

欧姆法，又称有名单位制法或有名值法，因其在短路计算中，电气设备元件的阻抗都采用有名单位"欧姆"而得名。欧姆法是最基本的短路计算方法，适用两个及两个以下电压等级的供电系统。

1. 电力系统的阻抗

电力系统的电阻相对于电抗来说小得多，一般情况下可以忽略不计。其电抗值可由变电站高压馈电线出口断路器的断流容量 S_{oc} 估算，S_{oc} 可看做系统的极限短路容量 S_k，断流容量 S_{oc} 值可查有关产品样本，常用断路器参数见表4.1，4.2。如果只有断路器的开断电流 I_{oc}，则可根据下式求断流容量：

$$S_{oc} = \sqrt{3}\, U_N I_{oc} \tag{4.26}$$

式中，U_N 为断路器的额定电压。

因此电力系统的电抗为

$$X_s = \frac{U_{av}^2}{S_{oc}} \tag{4.27}$$

式中，U_{av} 为短路点的计算电压，参见式(4.23)，取国家标准值。

2. 电力变压器的阻抗

(1)电力变压器的电阻 R_T 可由变压器的短路损耗 ΔP_k 近似求出，即

$$R_T \approx \Delta P_k \left(\frac{U_{av}}{S_N} \right)^2 \tag{4.28}$$

式中，S_N 为变压器的额定容量；ΔP_k 为变压器的短路损耗(或负载损耗)，可以从有关手册和产品样本中查得。常用变压器技术数据，参见表2.10～表2.13。

(2)电力变压器的电抗 X_T 可由变压器的短路电压 $U_k\%$ 近似地求出，即

$$X_T = \frac{U_k\%}{100} \times \frac{U_{av}^2}{S_N} \tag{4.29}$$

式中，$U_k\%$ 为变压器的短路电压(阻抗电压)百分值，可以从有关手册和产品样本中查得。常用变压器技术数据，参见表2.10～表2.13。

3. 电力线路的阻抗

(1)电力线路的电阻 R_{WL} 可由线路长度 L 和已知截面的导线或电缆的单位长度电阻 R_0 求得，R_0 可通过查表4.3三相线路导线和电缆单位长度每相电阻值得到，即

$$R_{WL} = R_0 L \tag{4.30}$$

表4.1 部分高压断路器的主要技术数据(仅供参考)

类型	型号		额定电压/kV	额定电流/A	开断电流/kA	断流容量/(MV·A)	动稳定电流峰值/kA	热稳定电流/kA	固有分闸时间/s ≤	合闸时间/s ≤
少油户外	SW2-35/1000		35	1000	16.5	1000	45	16.5(4 s)	0.06	0.4
	SW2-35/1500		35	1500	24.8	1500	63.1	24.8(4 s)	0.06	0.2
	SN10-35 I		35	1000	16	1000	46	16(4 s)	0.06	0.25
	SN10-35 II		35	1250	20	1200	50	20(4 s)	0.06	0.15
少油户内	SN10-10 I		10	630	16	300	40	16(4 s)	0.06	0.2
	SN10-10 II		10	1000	31.5	500	80	31.5(4 s)	0.06	0.2
	SN10-10 III		10	1250 / 2000 / 3000	40	750	125	40(4 s)	0.07	0.2
真空户内	ZN12-35	I	35	1250	25	—	63	25(4 s)	0.075	0.09
	ZN12-35	II	35	2000	31.5	—	80	31.5(4 s)	0.075	0.09
	ZN12-10	III / IV / V / VI	10	1250 / 1600 / 2000 / 2500	31.5	—	80	31.5(4 s)	0.065	0.075
	ZN12-10	VII / VIII	10	1600 / 2000 / 3150	—	—	100	40(3 s)	0.065	0.075
	ZN12-10	IX / X	10	1600 / 2000 / 3150	—	—	125	50(3 s)	0.065	0.075
六氟化硫户内	UN2-35	I	35	1250	16	—	40	16(4 s)	0.06	0.15
	UN2-35	II	35	1250	25	—	63	25(4 s)	0.06	0.15
	UN2-35	III	35	1600	25	—	63	25(4 s)	0.06	0.15
	LN2-10		10	1250	25	—	63	25(4 s)	0.06	0.5

表 4.2　10—35 kV 多油式断路器的技术数据(仅供参考)

型号	额定电压/kV	额定电流/A	额定断开容量/(MV·A)			额定断开电流/kA			极限通过电流/kA		热稳定电流/kA				合闸时间/s	固有分闸时间/s
			3 kV	6 kV	10 kV	3 kV	6 kV	10 kV	峰值	有效值	1 s	4 s	5 s	10 s		
DN1—10	10	200	50	100	100	9.7	6.7	5.8	25	15				6	0.1	0.07
DN1—10	10	400 600	75	100	200	14.5	14.5	11.6	37	14.2			13	10 10	0.15	0.08
DW4—10	10	200 400	50	50	50	2.88	2.88	2.88	12.8	7.4	7.4	4.2	3			0.1
DW5—10	10	25～200	30	30	30	1.8	1.8	1.8	7.4		4.2		3			
DW5—10D	10	50～200	50	50	50	2.9	2.9	2.9						2.05		
DW7—10	10	30 50 75 100 200			26			1.5	5.6		1.8					
DW9—10	10	50 100 200 400			60			3.2	8.55			5.04				0.12
DW1—35	35	600		400			6.6	6.6	17.3		26		10			0.06
DW1—35D	35	600		400			6.6	6.6	17.3				10		0.27	0.06
DW2—35	35	600 1 000 1 500		1 000 1 500			16.5	16.5	45 63	26 36	26 36		16.5	11.7		
DW6—35	35	400		250 400			4.1 6.6		19	11	11	6.6	24.7	18	<0.27	<0.1
DW8—35	35	600 800 1 000		1 000			16.5	16.5	41			16.5	16.5		<0.3	<0.07

表 4.3　三相线路导线和电缆单位长度每相电阻值

类别		导线(线芯)截面积/mm²													
		2.5	4	6	10	16	25	35	50	70	95	120	150	185	240
导线	导线温度/℃	每相电阻/(Ω·km⁻¹)													
LJ	50	—	—	—	—	2.07	1.33	0.96	0.66	0.48	0.36	0.28	0.23	0.18	0.14
LGJ	50	—	—	—	—	—	—	0.89	0.68	0.48	0.35	0.29	0.24	0.18	0.15
绝缘导线 铜芯	50	8.4	5.2	3.48	2.05	1.26	0.81	0.58	0.4	0.29	0.22	0.17	0.14	0.11	0.09
	65	8.76	5.43	3.62	2.19	1.37	0.83	0.63	0.44	0.32	0.23	0.18	0.15	0.12	0.10
绝缘导线 铝芯	50	13.3	8.25	5.53	3.33	2.08	1.31	0.94	0.65	0.47	0.35	0.28	0.22	0.18	0.14
	65	14.6	9.15	6.10	3.66	2.29	1.48	1.06	0.75	0.53	0.39	0.31	0.25	0.2	0.15
电力电缆 铜芯	55	—	—	—	—	1.31	0.84	0.6	0.42	0.3	0.22	0.17	0.14	0.12	0.09
	60	8.54	5.34	3.56	2.13	1.33	0.85	0.61	0.43	0.31	0.22	0.18	0.14	0.12	0.09
	75	8.98	5.61	3.75	3.25	1.4	0.9	0.64	0.45	0.32	0.24	0.19	0.15	0.13	0.1
	80	—	—	—	—	1.43	0.91	0.65	0.46	0.33	0.24	0.19	0.15	0.13	0.1
电力电缆 铝芯	55	—	—	—	—	2.21	1.41	1.01	0.71	0.51	0.37	0.29	0.24	0.2	0.15
	60	14.4	14.4	6	3.6	2.25	1.44	1.03	0.72	0.52	0.38	0.30	0.24	0.21	0.16
	75	15.1	15.1	6.31	3.78	2.36	1.51	1.08	0.76	0.54	0.4	0.31	0.25	0.21	0.16
	80	—	—	—	—	2.4	1.54	1.1	0.77	0.56	0.41	0.32	0.26	0.21	0.17

（2）电力线路的电抗 X_{WL} 可由线路长度 L 和已知截面的导线或电缆的单位长度电抗 X_0 求得，X_0 可通过查表 4.4 三相线路导线和电缆单位长度每相电抗值得到，即

$$X_{WL} = X_0 L \tag{4.31}$$

如果线路的结构数据不详细，X_0 也可参照表 4.5 取平均值。

【注意】　单位长度电抗 X_0 要根据导线截面和线间几何均距来查得。

几何均距的计算方式有以下三种：

① 如果三相线路间距离分别为 a,b,c，则几何均距为 $a_{av} = \sqrt[3]{abc}$。

② 如果三相线路为等距离 a 排列，则几何均距为 $a_{av} = \sqrt[3]{2}\,a \approx 1.26a$。

③ 如果三相线路为等边三角形排列，每边距为 a，则几何均距为 $a_{av} = a$。

4. 电抗器的阻抗

由于电抗器的电阻很小，因此只需计算其电抗值，有

$$X_A = \frac{X_R\%}{100} \times \frac{U_N}{\sqrt{3} I_N} \tag{4.32}$$

式中，$X_R\%$ 为电抗器的电抗百分值；U_N 为电抗器的额定电压；I_N 为电抗器的额定电流。

表 4.4　三相线路导线和电缆单位长度每相电抗值

类别		导线(线芯)截面积/mm²													
		2.5	4	6	10	16	25	35	50	70	95	120	150	185	240
导线	线距/mm	每相电抗/(Ω·km⁻¹)													
LJ	600	—	—	—	—	0.36	0.35	0.34	0.33	0.32	0.31	0.3	0.29	0.28	0.28
	800	—	—	—	—	0.38	0.37	0.36	0.35	0.34	0.33	0.32	0.31	0.3	0.3
	1 000	—	—	—	—	0.4	0.38	0.37	0.36	0.35	0.34	0.33	0.32	0.31	0.31
	1 250	—	—	—	—	0.41	0.4	0.39	0.37	0.36	0.35	0.34	0.34	0.33	0.32
	1 500	—	—	—	—	0.42	0.41	0.4	0.38	0.37	0.36	0.36	0.35	0.34	0.33
	2 000	—	—	—	—	0.44	0.43	0.41	0.4	0.4	0.39	0.37	0.37	0.36	0.35
LGJ	1 500	—	—	—	—	—	0.39	0.38	0.37	0.36	0.35	0.34	0.33	0.33	0.33
	2 000	—	—	—	—	—	0.4	0.39	0.38	0.37	0.37	0.36	0.35	0.34	0.34
	2 500	—	—	—	—	—	0.41	0.41	0.4	0.39	0.38	0.37	0.37	0.36	0.36
	3 000	—	—	—	—	—	0.43	0.42	0.41	0.4	0.39	0.39	0.38	0.37	0.37
	3 500	—	—	—	—	—	0.44	0.43	0.42	0.41	0.4	0.4	0.39	0.38	0.38
	4 000	—	—	—	—	—	0.45	0.44	0.43	0.42	0.41	0.4	0.4	0.39	0.39
绝缘导线 铜芯	100	0.33	0.31	0.3	0.28	0.27	0.25	0.24	0.23	0.22	0.21	0.2	0.19	0.18	0.18
	150	0.35	0.34	0.33	0.31	0.29	0.28	0.27	0.25	0.24	0.23	0.22	0.22	0.21	0.2
绝缘导线	穿管敷设	0.127	0.119	0.112	0.108	0.102	0.099	0.095	0.091	0.087	0.085	0.083	0.082	0.081	0.08

表 4.5　电力线路每相的单位长度电抗平均值

线路结构	线路电压		
	35 kV 及以上	6 ~ 10 kV	220/380 kV
架空线路	0.4	0.35	0.32
电缆线路	0.12	0.08	0.066

在计算短路电路阻抗时,如果电路中含有变压器,则各元件阻抗都应统一换算到短路点的短路计算电压,阻抗换算式为

$$R' = R\left(\frac{U'_{av}}{U_{av}}\right)^2$$

$$X' = X\left(\frac{U'_{av}}{U_{av}}\right)^2$$

(4.33)

式中,R,X,U_{av} 分别为换算前电气元件的电阻、电抗、元件所在处的短路计算电压;R',X',U'_{av} 分别为换算后元件的电阻、电抗、短路点的短路计算电压。

短路计算中所考虑的几个元件的阻抗,只有电力线路和电抗器的阻抗需要换算。而电力系统和电力变压器的阻抗,由于它们的计算公式中均含有 U^2_{av},因此计算阻抗时,公式中 U_{av} 直

接代以短路点的计算电压,就相当于阻抗已经换算到短路点一侧了。

5. 欧姆法的计算步骤

(1) 绘出计算电路图,将短路计算中各元件的额定参数都表示出来,并将各元件依次编号,确定短路计算点。短路计算点应选择在可能产生最大短路电流的地方。一般来说,高压侧选在高压母线位置,低压侧选在低压母线位置,系统中装有限流电抗器时,应选在电抗器之后。

(2) 按所选择的短路计算点绘出等效电路图,并在上面将短路电流所流经的主要元件表示出来,并标明其序号。

(3) 计算电路中各主要元件的阻抗,并将计算结果标于等效电路元件序号下面分母的位置。

(4) 将等效电路化简,求系统总阻抗。对于工厂供电系统来说,由于将电力系统当做无限大容量电源,而且短路电路也比较简单,因此一般只需采用阻抗串、并联的方法即可将电路化简,求出其等效总阻抗。

(5) 计算短路电流,求出其他短路电流参数,最后求出短路容量。

【例 4.1】　供电系统如图 4.6 所示,电力系统出口断路器的断流容量为 $500\ \text{MV} \cdot \text{A}$,计算工厂变电所 $10\ \text{kV}$ 母线上短路点 $k-1$ 和变压器低压母线上短路点 $k-2$ 的三相短路电流和短路容量。

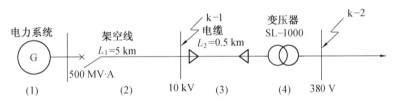

图 4.6　例 4.1 电路图

解　(1) 短路点 $k-1$ 的三相短路电流和短路容量

$k-1$ 点计算电压,由式(4.23)可得

$$U_{\text{av1}}/\text{kV} = (1 + 5\%)U_{\text{N}} = (1 + 5\%) \times 10 = 10.5$$

电力系统的电抗,由式(4.27)可得

$$X_{\text{S1}}/\Omega = \frac{U_{\text{av}}^2}{S_{\text{oc}}} = \frac{10.5^2}{500} \approx 0.22$$

电力线路的电抗,由式(4.31)可得

$$X_{\text{WL1}}/\Omega = X_0 L_1 = 0.38 \times 5 = 1.9$$

绘制短路点 $k-1$ 的等效电路图如图 4.7 所示。

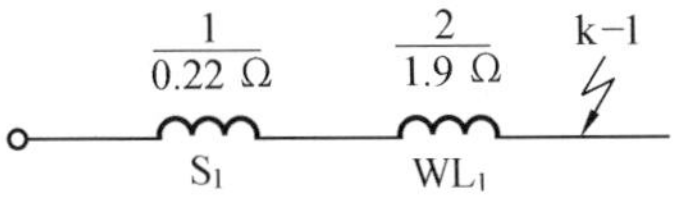

图 4.7

短路点 $k-1$ 的总电抗

$$X_{\Sigma 1}/\Omega = X_{\text{S1}} + X_{\text{WL1}} \approx 0.22 + 1.9 = 2.12$$

短路点 k - 1 的三相短路电流周期分量的有效值,由式(4.24)可得

$$I_{k-1}^{(3)}/kA = \frac{U_{av1}}{\sqrt{3}\,X_{\Sigma 1}} = \frac{10.5}{\sqrt{3} \times 2.12} \approx 2.86$$

短路点 k - 1 的三相短路次暂态电流和短路稳态电流,由式(4.22)可得

$$I''^{(3)}/kA = I_{\infty}^{(3)} = I_{k-1}^{(3)} = 2.86$$

短路点 k - 1 的三相短路冲击电流及第一个周期短路全电流有效值,由式(4.20)可得

$$i_{sh}^{(3)}/kA = 2.55I'' = 2.55 \times 2.86 \approx 7.29$$

$$I_{sh}^{(3)}/kA = 1.51I'' = 1.51 \times 2.86 \approx 4.32$$

短路点 k - 1 的三相短路容量,式(4.25)可得

$$S_{k-1}^{(3)}/(MV \cdot A) = \sqrt{3}\,U_{av1}I_{k-1}^{(3)} = \sqrt{3} \times 10.5 \times 2.86 \approx 52$$

(2)短路点 k - 2 的三相短路电流和短路容量

k - 2 点计算电压,由式(4.23)可得

$$U_{av2}/kV = (1 + 5\%)U_N = (1 + 5\%) \times 0.38 \approx 0.4$$

电力系统的电抗,由式(4.27)可得

$$X_{S2}/\Omega = \frac{U_{av2}^2}{S_{oc}} = \frac{0.4^2}{500} = 3.2 \times 10^{-4}$$

架空线路的电抗,由式(4.33)可得

$$X_1/\Omega = X_0 L_1 \left(\frac{U_{av2}}{U_{av1}}\right)^2 = 0.38 \times 5 \times \left(\frac{0.4}{10.5}\right)^2 \approx 2.76 \times 10^{-3}$$

电力线路的电抗,由式(4.33)可得

$$X_2/\Omega = X_0 L_2 \left(\frac{U_{av2}}{U_{av1}}\right)^2 = 0.08 \times 0.5 \times \left(\frac{0.4}{10.5}\right)^2 \approx 5.8 \times 10^{-5}$$

电力变压器的电抗,式(4.29)可得

$$X_T/\Omega = \frac{U_k\%}{100} \times \frac{U_{av2}^2}{S_N} = \frac{4.5}{100} \times \frac{0.4^2}{1\,000} = 7.2 \times 10^{-5}$$

绘制短路点 k - 2 的等效电路图如图4.8所示。

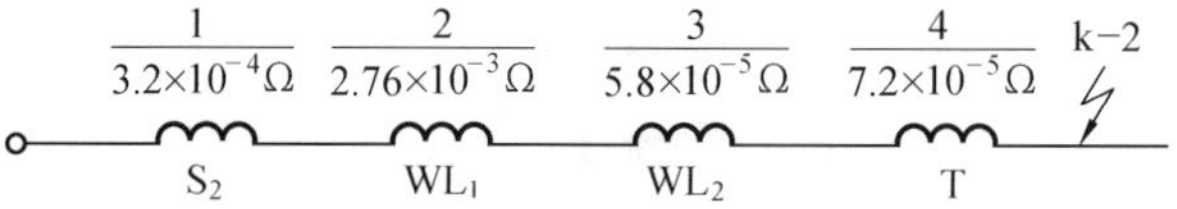

![图4.8 等效电路图：S2 (1) 3.2×10⁻⁴Ω，WL1 (2) 2.76×10⁻³Ω，WL2 (3) 5.8×10⁻⁵Ω，T (4) 7.2×10⁻⁵Ω，k-2]

图4.8

短路点 k - 2 的总电抗为

$$X_{\Sigma 2}/\Omega = X_{S2} + X_1 + X_2 + X_T =$$
$$3.2 \times 10^{-4} + 2.76 \times 10^{-4} + 5.8 \times 10^{-5} + 7.2 \times 10^{-5} = 0.010\,34$$

短路点 k - 2 的三相短路电流周期分量的有效值,由式(4.24)可得

$$I_{k-2}^{(3)}/kA = \frac{U_{av2}}{\sqrt{3}\,X_{\Sigma 2}} = \frac{0.4}{\sqrt{3} \times 0.010\,34} \approx 22.3$$

短路点 k - 2 的三相短路次暂态电流和短路稳态电流,由式(4.22)可得

$$I''^{(3)}/kA = I_{\infty}^{(3)} = I_{k-2}^{(3)} = 22.3$$

短路点 k - 2 的三相短路冲击电流及第一个周期短路全电流有效值,由式(4.21)可得

$$i_{\mathrm{sh}}^{(3)}/\mathrm{kA} = 1.84I'' = 1.84 \times 22.3 \approx 41$$

$$I_{\mathrm{sh}}^{(3)}/\mathrm{kA} = 1.09I'' = 1.09 \times 22.3 \approx 24.3$$

短路点 k - 2 的三相短路容量,由式(4.25)可得

$$S_{\mathrm{k}-2}^{(3)}/(\mathrm{MV \cdot A}) = \sqrt{3}\, U_{\mathrm{av2}} I_{\mathrm{k}-2}^{(3)} = \sqrt{3} \times 0.4 \times 22.3 \approx 15.5$$

在工程设计说明书中,一般只列短路计算表,见表4.6。

表4.6 例4.1的短路计算表

短路计算点	三相短路电流 /kA					三相短路容量 /(MV · A)
	$I_{\mathrm{k}}^{(3)}$	$I''^{(3)}$	$I_{\infty}^{(3)}$	$i_{\mathrm{sh}}^{\cdot(3)}$	$I_{\mathrm{sh}}^{(3)}$	$S_{\mathrm{k}}^{(3)}$
k - 1	2.86	2.86	2.86	7.29	4.32	52
k - 2	22.3	22.3	22.3	41	24.3	15.5

4.3.2 短路回路各元件阻抗标幺值计算

标幺制又称相对制,即相对单位制法,因其短路计算中的有关物理量采用标幺值(相对单位)而得名。标幺制法适用多个电压等级的供电系统。电力系统通常具有多个电压等级,用欧姆法计算短路电流时,必须将有关参数折合到同一电压级才能进行计算,比较麻烦。同时,电力系统中各元件的电抗表示方法不统一,基值也不相同。为此,在短路电流实用计算中采用标幺值可减少计算量并便于比较分析。

1. 标幺制的定义

任意物理量的标幺值 A_{d}^{*} 为该物理量的实际值 A 与所选定的基准值 A_{d} 的比值,即

$$A_{\mathrm{d}}^{*} = \frac{A}{A_{\mathrm{d}}} \tag{4.34}$$

它是一个相对量,没有单位。标幺值用上标" $*$ "表示,基准值用下标"d"表示。

按标幺制法进行短路计算时,一般是先选定基准容量 S_{d} 和基准电压 U_{d}。工程设计中通常取 $S_{\mathrm{d}} = 100\ \mathrm{MV \cdot A}$,基准电压通常取元件所在处的短路计算电压,即 $U_{\mathrm{d}} = U_{\mathrm{av}}$。

基准电流为

$$I_{\mathrm{d}} = \frac{S_{\mathrm{d}}}{\sqrt{3}\, U_{\mathrm{d}}} = \frac{S_{\mathrm{d}}}{\sqrt{3}\, U_{\mathrm{av}}} \tag{4.35}$$

基准电抗为

$$X_{\mathrm{d}} = \frac{U_{\mathrm{d}}}{\sqrt{3}\, I_{\mathrm{d}}} = \frac{U_{\mathrm{av}}^{2}}{S_{\mathrm{d}}} \tag{4.36}$$

2. 电抗的标幺值

取基准容量 $S_{\mathrm{d}} = 100\ \mathrm{MV \cdot A}$,基准电压 $U_{\mathrm{d}} = U_{\mathrm{av}}$。

(1)电力系统的电抗标幺值为

$$X_{\mathrm{s}}^{*} = \frac{X_{\mathrm{s}}}{X_{\mathrm{d}}} = \frac{U_{\mathrm{av}}^{2}/S_{\mathrm{oc}}}{U_{\mathrm{av}}^{2}/S_{\mathrm{d}}} = \frac{S_{\mathrm{d}}}{S_{\mathrm{oc}}} \tag{4.37}$$

(2)电力变压器的电抗标幺值为

$$X_T^* = \frac{X_T}{X_d} = \frac{U_k\%}{100} \cdot \frac{U_{av}^2}{S_N} \Big/ \frac{U_{av}^2}{S_d} = \frac{U_k\% S_d}{100 S_N} \qquad (4.38)$$

（3）电力线路的电抗标幺值为

$$X_{WL}^* = \frac{X_{WL}}{X_d} = \frac{X_0 L}{U_{av}^2 / S_d} = X_0 L \frac{S_d}{U_{av}^2} \qquad (4.39)$$

（4）电抗器的电抗标幺值为

$$X_A^* = \frac{X_R\%}{100} \frac{U_N}{I_N} \frac{S_d}{\sqrt{3} U_{av}^2} \qquad (4.40)$$

3. 标幺制短路计算公式

（1）无限大容量系统三相短路电流周期分量有效值的标幺值，参考式(4.24)和(4.35)可得

$$I_k^{(3)*} = \frac{I_k^{(3)}}{I_d} = \frac{U_{av}/\sqrt{3} X_\Sigma}{S_d/\sqrt{3} U_{av}} = \frac{U_{av}^2}{S_d X_\Sigma} = \frac{1}{X_\Sigma^*} \qquad (4.41)$$

（2）利用标幺值计算三相短路容量为

$$S_k^{(3)} = \sqrt{3} I_k^{(3)} U_{av} = \frac{S_d}{X_\Sigma^*} \qquad (4.42)$$

4. 标幺制短路计算步骤

（1）绘制短路电路计算电路图，确定短路计算点。

（2）确定标幺值基准，取 $S_d = 100 \ MV \cdot A$ 和 $U_d = U_{av}$（有几个电压等级就取几个 U_d），并求出所有短路点计算电压下的 I_d。

（3）绘出短路电路等效电路图，并计算各元件的电抗标幺值。

（4）根据不同的短路计算点分别求出各自的总电抗标幺值，再计算各短路点的短路电流和短路容量。

【例 4.2】 试用标幺制法求例 4.1 所示电路的 k－1 点和 k－2 点的短路电流和短路容量。

解 （1）选定基准值

$$S_d/(MV \cdot A) = 100$$

$$U_{av1}/kV = (1 + 5\%) U_N = 10.5$$

$$U_{av2}/kV = (1 + 5\%) U_N \approx 0.4（取国家标准值）$$

$$I_{d1}/kA = \frac{S_d}{\sqrt{3} U_{av1}} = \frac{100}{\sqrt{3} \times 10.5} \approx 5.5$$

$$I_{d2}/kA = \frac{S_d}{\sqrt{3} U_{av2}} = \frac{100}{\sqrt{3} \times 0.4} \approx 144$$

（2）绘制等效电路图如图 4.9 所示。

图 4.9

（3）计算各组成电气设备的电抗标幺值

电力系统的电抗标幺值，由式（4.37）可得

$$X_S^* = \frac{S_d}{S_{oc}} = \frac{100}{500} = 0.2$$

电力线路的电抗标幺值，由式（4.39）可得

$$X_{WL1}^* = X_0 L_1 \frac{S_d}{U_{av1}^2} = 0.38 \times 5 \times \frac{100}{10.5^2} \approx 1.72$$

架空线路的电抗标幺值，由式（4.39）可得

$$X_{WL2}^* = X_0 L_2 \frac{S_d}{U_{av2}^2} = 0.08 \times 0.5 \times \frac{100}{10.5^2} \approx 0.036$$

电力变压器的电抗标幺值，由式（4.38）可得

$$X_T^* = \frac{U_k\% S_d}{100 S_N} = \frac{4.5 \times 100 \times 10^3}{100 \times 1\,000} = 4.5$$

（4）短路点 k - 1 的三相短路电流和短路容量

短路点 k - 1 的总电抗标幺值

$$X_{\Sigma 1}^* = X_S^* + X_{WL1}^* = 0.2 + 1.72 = 1.92$$

短路点 k - 1 的三相短路电流周期分量的有效值，由式（4.41）可得

$$I_{k-1}^{(3)}/kA = \frac{I_{d1}}{X_{\Sigma 1}^*} = \frac{5.5}{1.92} \approx 2.86$$

短路点 k - 1 的三相短路次暂态电流和短路稳态电流，由式（4.22）可得

$$I''^{(3)}/kA = I_\infty^{(3)} = I_{k-1}^{(3)} = 2.86$$

短路点 k - 1 的三相短路冲击电流，由式（4.20）可得

$$i_{sh}^{(3)}/kA = 2.55 I''^{(3)} = 2.55 \times 2.86 \approx 7.29$$

短路点 k - 1 的三相短路容量，由式（4.25）可得

$$S_{k-1}^{(3)}/(MV \cdot A) = \frac{S_d}{X_{\Sigma 1}^*} = \frac{100}{1.92} \approx 52$$

（5）短路点 k - 2 的三相短路电流和短路容量

短路点 k - 2 的总电抗标幺值

$$X_{\Sigma 2}^* = X_S^* + X_{WL1}^* + X_{WL2}^* + X_T^* = 0.2 + 1.72 + 0.036 + 4.5 = 6.456$$

短路点 k - 2 的三相短路电流周期分量的有效值，由式（4.41）可得

$$I_{k-2}^{(3)}/kA = \frac{I_{d2}}{X_{\Sigma 2}^*} = \frac{144}{6.456} \approx 22.3$$

短路点 k - 2 的三相短路次暂态电流和短路稳态电流，由式（4.22）可得

$$I''^{(3)}/kA = I_\infty^{(3)} = I_{k-2}^{(3)} = 22.3$$

短路点 k - 2 的三相短路冲击电流，由式（4.21）可得

$$i_{sh}^{(3)}/kA = 1.84 I''^{(3)} = 1.84 \times 22.3 \approx 41$$

短路点 k - 2 的三相短路容量，由式（4.42）可得

$$S_{k-2}^{(3)}/(MV \cdot A) = \frac{S_d}{X_{\Sigma 2}^*} = \frac{100}{6.456} \approx 15.5$$

在工程设计说明书中,一般只列短路计算表,参考表 4.6 所示,此处短路计算表省略。对比例 4.1 和例 4.2 的结果可知,欧姆法与标幺制法的计算结果一致。

4.4　两相和单相短路电流的计算

实际中,除了需要计算对称三相短路电流,还需要计算不对称短路电流,这里简单介绍无限大容量电源系统两相短路和单相短路的短路电流的实用计算方法。

4.4.1　两相短路电流的计算

无限大容量系统中三相短路电流一般比两相短路电流大,所以在校验电气设备的电动稳定度和热稳定度时只需计算三相短路电流。但对于设有保护相间短路的继电保护装置,需校验短路故障时保护动作的灵敏性,故应计算被保护线路末端的两相短路电流。下面给出两相短路电流的实用计算方法。

图 4.10 为无限大容量电源系统两相短路电路图,两相短路电流为

$$I_k^{(2)} = \frac{U_{av}}{2Z_\Sigma} \tag{4.43}$$

式中,U_{av} 为短路点的计算电压;Z_Σ 为电源到短路点的单相总阻抗 $Z_\Sigma = \sqrt{R_\Sigma^2 + X_\Sigma^2}$。

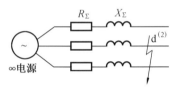

图 4.10　无限大容量系统两相短路电路图

比较三相短路电流计算公式(4.24)与两相短路电流计算公式(4.43)可得

$$\frac{I_k^{(2)}}{I_k^{(3)}} = \frac{\dfrac{U_{av}}{2X_\Sigma}}{\dfrac{U_{av}}{\sqrt{3}X_\Sigma}} = \frac{\sqrt{3}}{2} \tag{4.44}$$

同理有

$$\begin{cases} i_{sh}^{(2)} = \dfrac{\sqrt{3}}{2} i_{sh}^{(3)} \\[2mm] I_{sh}^{(2)} = \dfrac{\sqrt{3}}{2} I_{sh}^{(3)} \end{cases} \tag{4.45}$$

式(4.45)说明,无限大容量系统中,同一地点的两相短路电流为三相短路电流的 0.886 倍。因此,无限大容量系统中的两相短路电流可由三相短路电流求得。

4.4.2　单相短路电流的计算

在大电流接地系统或三相四线制系统中发生单相短路时,可根据对称分量法计算单相短路电流,此处省略具体计算方法。在工程设计中,经常用以下方法来计算低压配电系统中单相短路电流,即

$$\begin{cases} I_{\text{k}}^{(1)} = \dfrac{U_\varphi}{|Z_{\varphi-0}|} \\[3mm] I_{\text{k}}^{(1)} = \dfrac{U_\varphi}{|Z_{\varphi-\text{PE}}|} \\[3mm] I_{\text{k}}^{(1)} = \dfrac{U_\varphi}{|Z_{\varphi-\text{PEN}}|} \end{cases} \tag{4.46}$$

式中，U_φ 为线路的相电压；$Z_{\varphi-0}$ 为相线与 N 线短路回路的阻抗；$Z_{\varphi-\text{PE}}$ 为相线与 PE 线短路回路的阻抗；$Z_{\varphi-\text{PEN}}$ 为相线与 PEN 线短路回路的阻抗。

在无限大容量电源系统中或远离发电机处短路时，两相短路电流和单相短路电流均较三相短路电流小，因此用于选择电气设备和导体短路稳定度校验的短路电流，应采用三相短路电流。单相短路电流主要用于单相短路保护整定及单相短路热稳定度的校验。

4.5　短路电流的效应和稳定度校验

通过短路计算可知，供电系统发生短路时，短路电流是相当大的，如此大的短路电流通过电气设备和电力线路时，一方面要产生很大的电动力，即电动效应；另一方面要产生很高的温度，即热效应。电力系统中的电气设备和载流导体应能承受住这两种效应的作用，并依此两种效应校验设备的热、动稳定性。这两种短路效应对电气设备和线路的安全运行威胁极大，必须充分注意并加以防范。

4.5.1　短路电流的热效应及热稳定度的校验

1. 短路电流的热效应和发热计算

在未通电流之前，导体的温度与周围介质的温度相等。正常运行时，导体流过负荷电流要产生一定的电能损耗，并转换为热能。这些热能，一方面使导体温度升高，另一方面由于导体温度高于周围介质的温度而散失到周围介质中去。当导体内产生的热量与导体向周围介质中散失的热量相等时，导体就维持在一定的温度值上。这种由正常负荷电流引起的发热，称为长期发热。我国规定了各种电器及载流导体长期工作发热的最高允许温度，譬如在周围空气温度为 25 ℃ 时，铜和铝的母线最高允许温度为 70 ℃，各导线的长期工作发热最高允许温度见表 4.7，供参考。

短路时，大的短路电流将使导体温度迅速升高。由于短路时继电保护装置要很快动作，切除故障线路，所以短路电流通过导体的时间很短，通常不会超过 2 ～ 3 s，这种发热称为短时发热。因此在短路过程中，其热量来不及向周围介质中散发，即认为导体处在与周围介质绝热的状态中，短路电流在导体中产生的热量全部用来使导体的温度升高。同时由于温度上升很快，导体的电阻和比热不是常数，而是与温度呈一定的函数关系。

图 4.11 表示短路电流通过导体时，导体温度的变化情况。导体在短路前通过负荷电流时的温度为 θ_{H}。t_1 时刻发生短路，短路电流使导体温度迅速升高，在 t_2 时刻保护装置动作，切除故障电路，这时导体温度已达到 θ_{d}。图 4.11 中 t_{d} 为短路电流作用时间，τ_{d} 为短路时导体的温度变化量。短路被切除以后，导体内无电流，不再产生热量，而只向周围介质散热，最后导体冷却到周围介质的温度 θ_0。

导体达到的最高发热温度与导体短路前的温度、短路电流的大小及通过短路电流的时间的长短等众多因素有关。由于短路电流是一个变动的电流,而且含有非周期分量,因此要准确计算短路时导体产生的热量和达到的最高温度是非常困难的。一般采用短路稳态电流来等效计算实际短路电流所产生的热量。由于通过导体的实际短路电流并不是短路稳态电流,因此需要假定一个时间,在此时间内,假定导体通过短路稳态电流时所产生的热量恰好与实际短路电流在实际短路时间内产生的热量相等。这一假想时间,称为短路发热的假想时间,通常用 t_{ima} 来表示,其计算式为

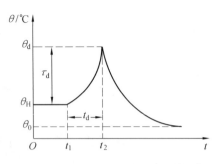

图 4.11　短路时导体温度的变化曲线

$$t_{ima} = t_{op} + t_{oc} + 0.05 \tag{4.47}$$

式中,t_{op} 为短路保护装置实际最长的动作时间;t_{oc} 为断路器的断路时间,对于一般高压油断路器,$t_{oc} = 0.2$ s,高速断路器,$t_{oc} = 0.1 \sim 0.15$ s。

【注意】 如果 $t_{op} + t_{oc} > 1$ s 时,则可以有 $t_{ima} = t_{op} + t_{oc}$。

实际短路电流通过导体在短路时间内产生的热量约为

$$Q_k = I_\infty^{(3)2} R t_{ima} \tag{4.48}$$

2. 短路电流的热稳定度校验

短路时导体(或电气设备)的最高温度小于或等于导体(或电气设备)的最高允许温度,才能保证导体(或电气设备)不被损坏,这就是导体(或电气设备)的热稳定度。

根据导体的允许发热条件,导体在短路时最高允许温度见表 4.7。如果导体和电气设备在短路时的发热温度不超过允许温度,则认为其短路热稳定度满足要求。

表 4.7　导体在正常和短路时的最高允许温度和热稳定系数

导体的种类和材料		最高允许温度 /℃		热稳定系数 C
		正常时	短路时	
母线	铜(接触面有锡层)	70	300	171
	铜(接触面有锡层)	65	200	164
	铝(接触面有锡层)	70	200	87
油浸纸绝缘电缆	铜芯 1 ~ 3 kV	80	250	148
	铜芯 6 kV	65	220	145
	铜芯 10 kV	60	220	148
	铝芯 1 ~ 3 kV	80	200	84
	铝芯 6 kV	65	200	90
	铝芯 10 kV	60	200	92
橡皮绝缘导线和电缆	铜芯	65	150	112
	铝芯	65	150	74

续表 4.7

导体的种类和材料		最高允许温度/℃		热稳定系数 C
		正常时	短路时	
聚氯乙烯绝缘导线和电缆	铜芯	65	130	100
	铝芯	65	130	65
交联聚乙烯绝缘电缆	铜芯	80	230	140
	铝芯	80	200	84
有中间接头的电缆 （不包括聚氯乙烯绝缘电缆）	铜芯	—	150	—
	铝芯	—	150	—

（1）一般电器的热稳定度校验条件为

$$I_t^2 t \geqslant I_\infty^{(3)2} t_{\text{ima}} \tag{4.49}$$

式中，I_t 为电气设备热稳定电流，可从产品样本中查得；t 为电气设备热稳定实验时间，可从产品样本中查得。

（2）母线、绝缘导线和电缆等的热稳定度校验条件。可以采用确定其最小允许截面积的方法来校验热稳定度，母线、绝缘导线和电缆等的最小截面积可表示为

$$S_{\min} = \frac{I_\infty^{(3)}}{C} \sqrt{t_{\text{ima}}} \tag{4.50}$$

式中，C 为导体的短路热稳定系数，可查表 4.7 得到。

母线、绝缘导线和电缆等的热稳定度校验条件为

$$S \geqslant S_{\min} \tag{4.51}$$

式中，S 为导体的实际截面积。

对以下两种情况不需要检验其热稳定度：

（1）用熔断器保护的载流导体或有高阻抗限制的电路（如电压互感器）。

（2）用母线或电缆对某一单独或次要的电气设备供电，当发生短路时不致产生火灾或载流元件容易更换时。

【例 4.3】　某车间变电所 380 V 侧采用 $S = 80 \text{ mm} \times 10 \text{ mm}$ 的铝母线，其三相短路稳态电流为 36.5 kA，短路保护动作时间为 0.5 s，低压断路器的断开时间为 0.05 s，校验此母线的热稳定度。

解　　$t_{\text{ima}}/\text{s} = t_{\text{op}} + t_{\text{oc}} + 0.05 = 0.5 + 0.05 + 0.05 = 0.6$

查表 4.7 有 $C = 87$，则有

$$S_{\min}/\text{mm}^2 = \frac{I_\infty^{(3)}}{C} \sqrt{t_{\text{ima}}} = \frac{36\ 500}{87} \times \sqrt{0.6} \approx 325$$

母线的实际截面积

$$S = 80 \text{ mm} \times 10 \text{ mm} = 800 \text{ mm}^2 \geqslant S_{\min}$$

所以，该母线满足短路热稳定度的要求。

4.5.2　短路电流的电动效应和动稳定度校验

在正常运行时，电气设备和导体通过的负荷电流不大，因此相邻载流导体间的互相作用力

也不大,但在通过短路电流时,特别是通过短路冲击电流时,相邻载流导体间会产生很大的电动力,可能使电气设备和导体遭到破坏。电气元件要可靠工作,必须能够承受短路时最大电动力的作用,也称为电动稳定性,电路元件必须具有足够的电动稳定度。

1. 短路时的最大电动力

在短路电流中,三相短路冲击电流 $i_{sh}^{(3)}$ 为最大。可以证明三相短路时,$i_{sh}^{(3)}$ 在导体中间相产生的电动力最大,其电动力 $F^{(3)}$ 可表示为

$$F^{(3)} = \sqrt{3}\, i_{sh}^{(3)2} \frac{L}{\alpha} \times 10^{-7} \tag{4.52}$$

式中,$F^{(3)}$ 为三相短路时的电动力,N;L 为导体两相邻支撑点间的距离(档距),m;α 为相邻两导体间的轴线距离,m。

由于三相短路冲击电流与两相短路冲击电流的关系为

$$i_{sh}^{(3)} / i_{sh}^{(2)} = 2/\sqrt{3}$$

则三相短路和两相短路最大电动力之比为

$$F^{(3)} / F^{(2)} = 2/\sqrt{3}$$

在无线大容量系统中发生三相短路时中间相导体所受的电动力比两相短路时导体所受的电动力要大,因此校验电气设备和载流导体部分的短路电动稳定度时,应采用三相短路冲击电流 $i_{sh}^{(3)}$、短路后第一个周期的三相短路全电流有效值 $I_{sh}^{(3)}$ 或三相短路时的电动力 $F^{(3)}$。

2. 短路电动稳定度的校验条件

电气设备和导体的电动稳定度的校验,应根据校验的对象不同而采用不同的校验条件。

(1)一般电气设备的电动稳定度的校验条件为

$$i_{max} \geqslant i_{sh}^{(3)} \quad 或 \quad I_{max} \geqslant I_{sh}^{(3)} \tag{4.53}$$

式中,i_{max} 为电气设备极限通过电流的峰值,可查找产品样本得到;I_{max} 为电气设备极限通过电流的有效值,可查找产品样本得到。

(2)绝缘子的电动稳定度的校验条件为

$$F_{al} \geqslant F_c^{(3)} \tag{4.54}$$

式中,F_{al} 为绝缘子的最大允许载荷,可查找产品样本得到;$F_c^{(3)}$ 为短路时作用在绝缘子上的电动力。

母线在绝缘子上的放置方式如图 4.12 所示,母线在绝缘子上水平放置如图 4.12(a)所示时,$F_c^{(3)} = F^{(3)}$;母线在绝缘子上竖直放置如图 4.12(b)所示时,$F_c^{(3)} = 1.4F^{(3)}$。

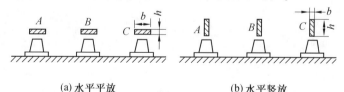

(a)水平平放　　　　　　　　　　(b)水平竖放

图 4.12　母线在绝缘子上的放置方式

(3)母线等导体的电动稳定度的校验条件为

$$\sigma_{al} \geqslant \sigma_c \tag{4.55}$$

式中,σ_{al} 为母线材料允许的最大应力,硬铜母线为 140 MPa,硬铝母线为 70 MPa;σ_c 为母线通过 $i_{sh}^{(3)}$ 时受到的最大计算应力。

第5章 供电系统中电气设备的选择和校验

5.1 电弧的形成及灭弧方法

5.1.1 电弧的形成

强电场发射是触头间隙最初产生电子的主要原因。在触头刚分开的瞬间,间隙很小,间隙的电场强度很大,阴极表面的电子被电场力拉出而进入触头间隙成为自由电子。

电弧的产生是碰撞游离所致。阴极表面发射的电子和触头间隙原有的少数电子在强电场作用下,加速向阳极移动,并积累动能,当具有足够大动能的电子与介质的中性质点相碰撞时,产生正离子与新的自由电子。这种现象不断发生的结果,使触头间隙中的电子与正离子大量增加,它们定向移动形成电流,介质强度急剧下降,间隙被击穿,电流急剧增大,出现光效应和热效应而形成电弧。

热游离维持电弧的燃烧。电弧形成后,弧隙温度剧增,可达 6 000 ~ 10 000 ℃以上。在高温作用下,弧隙中性质点获得大量的动能,且热运动加剧,当其相互碰撞时,产生正离子与自由电子。这种由热运动而产生的游离称为热游离。一般气体游离温度为 9 000 ~ 10 000 ℃,金属蒸汽热游离温度约为 4 000 ~ 5 000 ℃。因此热游离足以维持电弧的燃烧。

5.1.2 电弧的熄灭

在中性质点发生游离的同时,还存在着使带电质点不断减少的去游离。去游离的主要形式是复合与扩散。

1. 复合
复合是异性带电质点彼此的中和。复合速率与下列因素有关:

①带电质点浓度越大,复合概率越高。当电弧电流一定时,弧截面越小或介质压力越大,带电质点浓度也越大,复合就越强。故断路器采用小直径的灭弧室,可以提高弧隙带电质点的浓度,增强灭弧性能。

②电弧温度越低,带电质点运动速度越慢,复合就越容易。故加强电弧冷却,能促进复合。在交流电弧中,当电流接近零时,弧隙温度骤降,此时复合特别强烈。

③弧隙电场强度小,带电质点运动速度慢,复合的可能性就增大。所以提高断路器的开断速度,对复合有利。

2. 扩散
扩散是指带电质点从弧隙逸出进入周围介质中的现象。扩散去游离主要有两种:

①温度扩散。弧隙与其周围介质的温差越大,扩散越强。用冷却介质吹弧,或电弧在周围介质中运动,都可增大电弧与周围介质的温差,加强扩散作用。

②浓度扩散。电弧与周围介质离子的浓度相差越大,扩散就越强烈。

当游离大于去游离时,电子与离子浓度增加,电弧加强;当游离与去游离相等时,电弧稳定燃烧;当游离小于去游离时,电弧减少以致熄灭。所以要促使电弧熄灭就必须削弱游离作用,加强去游离作用。断路器综合利用上述原理,制成各式灭弧装置,能迅速有效地熄灭短路电流产生的强大电弧。

5.1.3 交流电弧的开断

交流电弧电流每周自然过零两次。在电流过零时,电弧暂时熄灭。因此,熄灭交流电弧,就是让交流电弧过零后电弧不重燃。交流电弧过零时自然熄灭,过零后是否重燃,取决于电源加在弧隙上的恢复电压与弧隙介质强度的耐压能力的恢复情况。

弧隙介质强度恢复过程是指电弧电流过零时电弧熄灭,而弧隙的绝缘能力要经过一定时间才能恢复到绝缘的正常状态的过程,此过程称为弧隙介质强度的恢复过程。它主要由断路器灭弧装置的结构和灭弧介质的性质决定。

弧隙电压恢复过程是指电弧电流过零时电弧熄灭,电源电压施加于弧隙上的电压将从不大的熄弧电压逐渐增大直到电源电压的过程。它主要取决于线路电路参数(电阻、电容、电感)和负荷性质,一般电阻性电路的电弧最易熄灭。

交流电弧的熄灭条件是,交流电弧过零后,弧隙介质强度恢复过程永远大于弧隙电压恢复过程。

5.1.4 灭弧的基本方法

灭弧的基本方法是加强去游离提高弧隙介质强度的恢复过程,或改变电路参数降低弧隙电压的恢复过程,目前开关电器的主要灭弧方法如下。

1. 利用介质灭弧

弧隙的去游离在很大程度上取决于电弧周围灭弧介质的特性。六氟化硫(SF_6)气体是很好的灭弧介质,其电负性很强,能迅速吸附电子而形成稳定的负离子,有利于复合去游离,其灭弧能力比空气约强 100 倍;真空(压强在 0.013 Pa 以下)也是很好的灭弧介质,因真空中的中性质点很少,不易发生碰撞游离,且真空有利于扩散去游离,其灭弧能力比空气约强 15 倍。

采用不同介质可以制成不同的断路器,如油断路器、六氟化硫断路器和真空断路器。

2. 利用气体或油吹动电弧

吹弧使弧隙带电质点扩散和冷却复合。在高压断路器中利用各种灭弧室结构形式,使气体或油产生巨大的压力并有力地吹向弧隙。吹弧方式主要有纵吹与横吹两种。纵吹是吹动方向与电弧平行,它促使电弧变细;横吹是吹动方向与电弧垂直,它把电弧拉长并切断。

3. 采用特殊的金属材料做灭弧触头

采用熔点高、导热系数和热容量大的耐高温金属做触头材料,可减少热电子发射和电弧中的金属蒸汽,得到抑制游离的作用;同时采用的触头材料还要求有较高的抗电弧、抗熔焊能力。常用触头材料有铜钨合金、银钨合金等。

4. 电磁吹弧

电弧在电磁力作用下产生运动的现象,称电磁吹弧。由于电弧在周围介质中运动,它起着与气吹的同样效果,从而达到熄弧的目的。这种灭弧方法在低压开关电器中应用得更为广泛。

5. 使电弧在固体介质的狭缝中运动

由于电弧在介质的狭缝中运动,一方面受到冷却,加强了去游离作用;另一方面电弧被拉长,弧径被压小,弧电阻增大,促使电弧熄灭。此种灭弧的方式又称狭缝灭弧。

6. 将长弧分隔成短弧

当电弧经过与其垂直的一排金属栅片时,长电弧被分割成若干段短弧;而短电弧的电压降主要降落在阴、阳极区内,如果栅片的数目足够多,使各段维持电弧燃烧所需的最低电压降的总和大于外加电压时,电弧就自行熄灭。另外,在交流电流过零后,由于近阴极效应,每段弧隙介质强度骤增到 $150 \sim 250$ V,采用多段弧隙串联,可获得较高的介质强度,使电弧在过零熄灭后不再重燃。

7. 采用多断口灭弧

高压断路器每相由两个或多个断口串联,使得每一断口承受的电压降低,相当于触头分离速度成倍地提高,使电弧迅速拉长,对灭弧有利。

8. 提高断路器触头的分离速度

采用提高断路器触头的分离速度的方式提高了拉长电弧的速度,有利于电弧冷却复合和扩散。

5.2 电气设备选择的一般原则

对各种电气设备的基本要求是正常运行时安全可靠,短时通过短路电流时不致损坏,因此,电气设备必须按正常工作条件进行选择,按短路条件进行校验。

1. 按正常条件选择

①环境条件。

② 按电网额定电压选择电气设备的额定电压 $U_N \geqslant U_{NS}$。

③ 按最大长时负荷电流选择电气设备的额定电流。电气设备的额定电流 I_N 应不小于通过它的最大长时负荷电流 $I_{lo.m}$(或计算电流 I_{ca}),即 $I_N \geqslant I_{lo.m}$。

电气设备的额定电流是指规定环境温度为 $+40$ ℃ 时,长期允许通过的最大电流。如果电气设备周围环境温度与额定环境温度不符,应对额定电流值进行修正。方法是:当高于 $+40$ ℃ 时,每增高 1 ℃,额定电流减少 1.8%;当低于 $+40$ ℃ 时,每降低 1 ℃,额定电流增加 0.5%,但总的增加值不得超过额定电流的 20%。

若已知电气设备的最高允许工作温度,当环境最高温度高于 40 ℃,但不超过 60 ℃ 时,额定电流也可按下式修正

$$I_{N\theta} = I_N \sqrt{\frac{\theta_{al} - \theta_0'}{\theta_{al} - \theta_0}} = I_N K_\theta \tag{5.1}$$

选择电气设备时,应使修正后的额定电流 $I_{N\theta}$ 不小于所在回路的最大长时负荷电流 $I_{lo.m}$,即 $K_\theta I_N \geqslant I_{lo.m}$。

2. 按短路情况校验

（1）热稳定校验。短路电流通过电气设备时，其各部件温度（或发热效应）应不超过短时允许发热温度。即

$$Q_{ts} \geq Q_k \quad 或 \quad I_{ts}^2 t_{ts} \geq I_{\infty}^2 t_i \quad 或 \quad I_{ts} \geq I_{\infty} \sqrt{\frac{t_i}{t_{ts}}}$$

（2）动稳定性校验。短路电流通过电气设备时，其各部件应能承受短路电流所产生的机械力效应，不发生变形损坏，即

$$i_{es} \geq i_{sh} \quad 或 \quad I_{es} \geq I_{sh}$$

3. 电器设备选择的基本要求

（1）应满足正常运行、检修、短路和过电压情况下的要求，并考虑远景发展；

（2）应按当地环境条件校核；

（3）应力求技术先进和经济合理；

（4）与整个工程的建设标准应协调一致；

（5）同类设备应尽量减少品种；

（6）选用的新产品均应具有可靠的试验数据，并经正式鉴定合格。

5.3 高压电气设备的选择

5.3.1 变压器的选择

1. 变压器参数选择

变压器应按表5.1所列技术条件选择并按表中使用环境条件校验。

表5.1 变压器参数选择

项　　目		参　　数
技术条件		形式、容量、绕组电压、相数、频率、冷却方式、连接组别、短路阻抗、绝缘水平、调压方式、调压范围、励磁涌流、并联运行特性、损耗、温升、过载能力、中性点接地方式、附属设备、特殊要求
环境条件	环　　境	环境温度、日温差①、最大风速①、相对湿度②、污秽①、海拔高度、地震烈度
	环境保护	噪声、电磁干扰

注：①在屋内使用时，可不校验。

　　②在屋外使用时，可不校验。

2. 10 kV及以下变电所变压器选择要求

（1）变压器台数应根据负荷特点和经济运行进行选择。当符合下列条件之一时，宜装设两台及以上变压器：有大量一级或二级负荷；季节性负荷变化较大；集中负荷较大。

（2）装两台及以上变压器的变电所，当其中任一台变压器断开时，其余变压器的容量应满足一级负荷及二级负荷的用电。

（3）变电所中单台变压器（低压为0.4 kV）的容量不宜大于1 250 kV·A。当用电设备容量较大、负荷集中且运行合理时，可选用较大容量的变压器。

（4）在一般情况下,动力和照明宜共用变压器。当属下列情况之一时,可设专用变压器:

①当照明负荷较大或动力和照明采用共用变压器严重影响照明质量及灯泡寿命时,可设照明专用变压器;

②单台单相负荷较大时,宜设单相变压器;

③冲击性负荷较大,严重影响电能质量时,可设冲击负荷专用变压器;

④在电源系统不接地或经阻抗接地,电气装置外露导电接地部分在接地系统(IT 系统)的低压电网中,照明负荷应设专用变压器。

（5）多层或高层主体建筑内变电所,宜选用不燃或难燃型变压器。

（6）在多尘或有腐蚀性气体严重影响变压器安全运行的场所,应选用防尘型或防腐型变压器。

3. 35 ~ 110 kV 变电所主变压器选择要求

（1）主变压器的台数和容量,应根据地区供电条件、负荷性质、用电容量和运行方式等条件综合考虑确定。

（2）在有一、二级负荷的变电所中宜装设两台主变压器,当技术经济比较合理时,可装设两台以上主变压器。如变电所可由中、低压侧电力网取得足够容量的备用电源时,可装设一台主变压器。

（3）装有两台及以上主变压器的变电所,当断开一台时,其余主变压器的容量不应小于全部负荷的 60% ,并应保证用户的一、二级负荷。

（4）具有三种电压的变电所,如通过主变压器各侧绕组的功率均达到该变压器容量 15% 以上,主变压器宜采用三绕组变压器。

（5）电力潮流变化大和电压偏移大的变电所,如经计算普通变压器不能满足电力系统和用户对电压质量的要求时,应采用有载调压变压器。

（6）选择变压器连接组标号时,配电侧同级电压相位角要一致。

（7）变压器结构性能。

①结构形式。根据系统的需要及运输条件,可选用普通或自耦,单相或三相,双绕组、三绕组或分裂绕组,升压或降压等变压器以及组别接法。

②调压方式。按运行要求可选用有载调压或无励磁调压变压器以及分接头变比。

③阻抗。按系统的短路容量、系统稳定、继电保护、供电电压水平等要求以及变压器具体结构条件确定,一般情况则采用标准阻抗。

（8）变压器运行特性。

①过载能力:需满足运行要求。

②游离及防晕:运行中游离电晕及放电不超过规定。

③噪声:不超过环境保护规定。

④损耗:不超过规定,一般采用低损耗变压器。

（9）中性点接地方式。按系统的需要可选择中性点直接接地或非直接接地两种方式,一般要有中性点引出,绝缘水平按标准或实际需要确定。

4. 变压器阻抗和电压调整方式的选择

（1）阻抗选择原则。变压器的阻抗实质就是绕组间的漏抗。阻抗的大小主要取决于变压器的结构和采用的材料。当变压器的电压比和结构、形式、材料确定之后,其阻抗大小一般和变压器容量关系不大。

从电力系统稳定和供电电压质量考虑,希望主变压器的阻抗越小越好;但阻抗偏小又会使系统短路电流增加,高、低压电气设备选择遇到困难;另外阻抗的大小还要考虑变压器并联运行的要求。主变压器阻抗的选择要考虑如下原则:

①各侧阻抗值的选择必须从电力系统稳定、潮流方向、无功分配、继电保护、短路电流、系统内的调压手段和并联运行等方面进行综合考虑;并应以对工程起决定性作用的因素确定。

②对双绕组普通变压器,一般按标准规定值选择。

③对三绕组的普通型和自耦型变压器,其最大阻抗是放在高、中压侧还是高、低压侧,必须按上述第①条原则确定。目前国内生产的变压器有升压型和降压型两种结构,升压型的绕组排列顺序为自铁芯向外依次为中、低、高,所以高、中压侧阻抗最大;降压型的绕组排列顺序为自铁芯向外依次为低、中、高,所以高、低压侧阻抗最大。

(2)电压调整方式的选择。变压器的电压调整用分接开关切换变压器的分接头,从而改变变压器变比实现。切换方式有两种:一种是不带电切换,称为无励磁调压,调整范围通常在±5%以内;另一种是带负载切换,称为有载调压,调整范围可达30%。

设置有载调压的原则如下:

①对于110 kV及以下的变压器,宜考虑至少有一级电压的变压器采用有载调压方式。

②电力潮流变化大和电压偏移大的变电所,如经计算普通变压器不能满足电力系统和用户对电压质量的要求时,应采用有载调压变压器。

分接头一般按以下原则设置:

①在高压绕组或中压绕组上,而不是在低压绕组上。

②尽量在星形连接的绕组上,而不是在三角形连接的绕组上。

③在网络电压变化最大的绕组上。

5.3.2 开关电器选择

1.高压断路器

(1)参数选择。断路器及其操动机构应按表5.2所列技术条件选择,并按表中使用环境条件校验。

表5.2中的一般项目按5.2节和有关要求进行选择,并补充说明如下:

表5.2 断路器参数选择

项 目		参 数
技术条件	正常工作条件	电压、电流、频率、机械荷载
	短路稳定性	动稳定电流、热稳定电流和持续时间
	承受过电压能力	对地和断口间的绝缘水平、泄漏比距
	操作性能	开断电流、短路关合电流、操作循环、操作次数、操作相数、分合闸时间及同期性、对过电压的限制、某些特需的开断电流、操动机构
环境条件	环 境	环境温度、日温差①、最大风速①、相对湿度②、污秽①、海拔高度、地震烈度
	环境保护	噪声、电磁干扰

注:①在屋内使用时,可不校验。

②在屋外使用时,可不校验。

①断路器的额定电压应不低于系统的最高电压;额定电流应大于运行中可能出现的任何负荷电流。

②频率的要求主要针对进出口产品。

③断路器的额定关合电流不应小于短路冲击电流值。

④当断路器的两端为互不联系的电源时,设计中应按以下要求校验:

a.断路器断口间的绝缘水平应满足另一侧出现工频反相电压的要求;

b.在反相电压下操作时的开断电流不超过断路器的额定反相开断性能;

c.断路器同极断口间的泄漏比距为对地的 1.15~1.3 倍。

⑤变压器中性点绝缘等级低于相电压的系统中,断路器的分合闸操作不同期时间宜小于 10 ms。

⑥不应选用手动操动机构。

(2)形式选择。断路器形式的选择,除应满足各项技术条件和环境条件外,还应考虑便于施工调试和运行维护,并经技术经济比较后确定。目前常用的断路器有真空断路器、六氟化硫断路器等。

(3)关于开断能力的几个问题:

①校验开断能力的量:在校核断路器的断流能力时,应用开断电流代替断流容量。一般取断路器实际开断时间(继电保护的工作时间与断路器固有分闸时间之和)的短路电流作为校验条件。

②首相开断系数:在中性点直接接地或经小阻抗接地的系统中,选择断路器时,应取首相开断系数为 1.3 的额定开断电流;在 110 kV 及以下的中性点非直接接地的系统中,则应取首相开断系数为 1.5 的额定开断电流。

③当断路器安装地点的短路电流直流分量不超过断路器额定短路开断电流幅值的 20% 时,额定短路开断电流仅由交流分量来表征,不必校验断路器的直流分断能力,如果短路电流直流分量超过 20% 时,应与制造厂协商,并在技术协议书中明确所要求的直流分量百分数。

④用于切合并联补偿电容器的断路器,应校验操作时的过电压倍数,并采取相应的限制过电压措施。宜采用真空断路器或 SF_6 断路器。

⑤还应根据断路器的使用条件校验下列开断性能:

a.近区故障条件下的开断性能;

b.异相接地条件下的开断性能;

c.失步条件下的开断性能;

d.小电感电流开断性能;

e.容性电流开断性能;

f.二次侧短路开断性能。

⑥当系统单相短路电流计算值在一定条件下有可能大于三相短路电流值时,所选断路器的额定开断电流值应不小于所计算的单相短路电流值。

⑦重合闸。装有自动重合闸装置的断路器,应考虑重合闸对额定开断电流的影响。

对于按自动重合闸操作循环完成试验的断路器,不必再因为重合闸而降低其断流能力。如果要求断路器需要具备二次快速重合的能力,则应与制造部门协商。

(4)机械荷载。断路器接线端子允许的水平机械荷载列于表 5.3。

表5.3　断路器接线端子允许的水平机械荷载

额定电压/kV	≤10	35～63	110
接线端子水平机械拉力/N	250	500	750

注:①本表引自 GB 1984—2003《交流高压断路器》。

②超过本表所列数值时,应与制造厂商定。

在与制造部门签订技术协议或引进国外产品时,可按表5.4所列数据提出要求。

表5.4　断路器接线端子应能承受的静态拉力

额定电压/kV	额定电流/A	纵向水平拉力/N	横向水平拉力/N	垂直力/N
10 (12)	—	500	250	300
35～63 (40.5～72.5)	≤1 250	750	400	500
	≥1 600	750	500	750
110 (126)	≤2 000	1 000	750	750
	≥2 500	1 250	750	1 000

注:①本表引自 DL/T 402—1999《交流高压断路器订货技术条件》。

②静态安全系数为3.2～3.5。

2.高压隔离开关

(1)参数选择。隔离开关及其操动机构应按表5.5所列技术条件选择,并按表中使用环境条件校验。

表5.5　隔离开关参数选择

项　　目		参　　数
技术条件	正常工作条件	电压、电流、频率、机械荷载
	短路稳定性	动稳定电流、热稳定电流和持续时间
	承受过电压能力	对地和断口间的绝缘水平、泄漏比距
	操作性能	分合小电流、旁路电流和母线环流,单柱式隔离开关的接触区,操动机构
环境条件	环　　境	环境温度、最大风速[①]、覆冰厚度[①]、相对湿度[②]、污秽[①]、海拔高度、地震烈度
	环境保护	电磁干扰

注:①在屋内使用时,可不校验。

②在屋外使用时,可不校验。

表5.5中的一般项目按5.2节有关要求进行选择,并补充说明如下:

①频率的要求主要针对进出口产品。

②当安装的63 kV及以下隔离开关的相间距离小于产品规定的相间距离时,其实际动稳定电流值应与厂家联系确定。

③单柱垂直开启式隔离开关在分闸状态下,动静触头间的最小电气距离不应小于配电装置的最小安全净距 B 值。

(2)形式选择。隔离开关的形式,应根据配电装置的布置特点和使用要求等因素,进行综合技术经济比较后确定。

(3)为保证检修安全,63 kV 及以上断路器两侧的隔离开关和线路隔离开关的线路侧宜配置接地开关。隔离开关的接地开关应根据其安装处的短路电流进行动、热稳定性校验。

(4)选用的隔离开关应具有切合电感、电容小电流的能力,应使电压互感器、避雷器、空载母线、励磁电流不超过 2 A 的空载变压器及电容电流不超过 5 A 的空载线路等,在正常情况下操作时能可靠切断,并符合有关电力工业技术管理的规定。当隔离开关的技术性能不能满足上述要求时,应向制造部门提出,否则不得进行相应的操作。隔离开关应能可靠切断断路器的旁路电流及母线环流。

(5)屋外隔离开关接线端的机械荷载不应大于规定值(参见表 5.4)。机械荷载应考虑母线(或引下线)的自重、张力、风力和冰雪等施加于接线端的最大水平静拉力。当引下线采用软导线时,接线端机械荷载中不需再计入短路电流产生的电动力。但对采用硬导体的设备间连线,应考虑短路电动力。

3. 高压负荷开关

(1)参数选择。高压负荷开关及其操动机构应按表 5.6 所列技术条件选择,并按表中使用环境条件校验。

表 5.6　高压负荷开关参数选择

项　　目		参　　数
技术条件	正常工作条件	电压、电流、频率、机械荷载
	短路稳定性	动稳定电流、热稳定电流和持续时间
	承受过电压能力	对地和断口间的绝缘水平、泄漏比距
	操作性能	开断和关合电流、操动机构
环境条件		环境温度、最大风速①、覆冰厚度①、相对湿度②、污秽①、海拔高度、地震烈度

注:①在屋内使用时,可不校验。
　　②在屋外使用时,可不校验。

表 5.6 中的一般项目按 5.2 节有关要求进行选择。配手动操动机构的负荷开关,仅限于 10 kV 及以下,其关合电流不大于 8 kA(峰值)。

(2)开断和关合性能。高压负荷开关主要用以切断和关合负荷电流,与高压熔断器联合使用可代替断路器做短路保护,带有热脱扣器的负荷开关还具有过载保护性能。

35 kV 及以下通用型负荷开关具有以下开断和关合能力:

①开断有功负荷电流和闭环电流,其值等于负荷开关的额定电流;

②开断不大于 10 A 的电缆电容电流或限定长度的架空线充电电流;

③开断 1 250 kV·A 配电变压器的空载电流;

④关合额定的"短路关合电流"。

当开断电流超过上述限额或开断其电容电流为额定电流 80% 以上的电容器组时,应与制造部门协商,选用专用的负荷开关。

4. 高压熔断器

(1)参数选择。高压熔断器应按表 5.7 所列技术条件选择,并按表中使用环境条件校验。

表 5.7　高压熔断器的参数选择

项　目	参　数
技术条件	电压、电流、开断电流、保护熔断特性
环境条件	环境温度、最大风速、相对湿度、污秽、海拔高度、地震烈度

（2）高压熔断器的额定开断电流应大于回路中可能出现的最大预期短路电流周期分量的有效值。

（3）限流式高压熔断器不宜使用在工作电压低于其额定电压的电网中，以免因过电压而使电网中的电器损坏。

（4）高压熔断器熔管的额定电流应不小于熔体的额定电流。熔体的额定电流应按高压熔断器的保护熔断特性选择。

（5）选择熔体时，应保证前后两级熔断器之间，熔断器与电源侧继电保护之间以及熔断器与负荷侧继电保护之间动作的选择性。

（6）高压熔断器熔体在满足可靠性和下一段保护选择性的前提下，当在本段保护范围内发生短路时，应能在最短的时间内切断故障，以防止熔断时间过长而加剧被保护电器的损坏。

（7）保护 35 kV 及以下电力变压器的高压熔断器，其熔体的额定电流可表示为

$$I_{rr} = KI_{gmax} \tag{5.2}$$

式中，I_{rr} 为熔体的额定电流，A；K 为系数，当不考虑电动机自启动时，可取 1.1 ~ 1.3，当考虑电动机自启动时，可取 1.5 ~ 2；I_{gmax} 为电力变压器回路最大工作电流，A。

为了防止变压器突然投入时产生的励磁涌流损伤熔断器，变压器的励磁涌流通过熔断器产生的热效应可按 10 ~ 20 倍的变压器满载电流持续 0.1 s 计算，必要时可再按 20 ~ 25 倍的变压器满载电流持续 0.01 s 计算。

（8）保护电压互感器的高压熔断器，只需按额定电压和断流容量选择，熔体的选择只限于能承受电压互感器的励磁冲击电流，不必校验额定电流。

（9）保护并联电容器的高压熔断器熔体的额定电流可表示为

$$I_{rr} = KI_{rC} \tag{5.3}$$

式中，I_{rr} 为熔体的额定电流，A；K 为系数，对限流式熔断器，当保护一台电力电容器时，系数可取 1.5 ~ 2.0；当保护一组电力电容器时，系数可取 1.43 ~ 1.55；I_{rC} 为电力电容器回路的额定电流，A。

（10）电动机回路熔断器的选择应符合下列规定：

①熔断器应能安全通过电动机的容许过负荷电流；

②电动机的启动电流不应损伤熔断器；

③电动机在频繁地投入、开断或反转时，其反复变化的电流不应损伤熔断器。

5. 高压负荷开关 – 熔断器组合电器

组合电器中的高压负荷开关和熔断器的选择除应分别满足相关的要求外，还应进行转移电流或交接电流的校验。

（1）转移电流和交接电流的校验。负荷开关 – 熔断器组合电器中，当采用撞击器操作负荷开关分闸时，在熔断器与负荷开关转换开断职能时的三相对称电流值，称为组合电器的额定转移电流，当预期短路电流低于额定转移电流值时，首开相电流由熔断器开断，而后两相电流

由负荷开关开断;当预期短路电流大于额定转移电流值时,三相电流仅由熔断器开断。

负荷开关 - 熔断器组合电器中,当采用脱扣器操作负荷开关分闸时,两种过电流保护装置(负荷开关脱扣器和熔断器)的时间 - 电流特性曲线交点所对应的电流值,称为组合电器的额定交接电流。预期短路电流小于额定交接电流值时,熔断器把开断电流的任务交给由脱扣器触发的负荷开关承担。

负荷开关 - 熔断器组合电器的实际转移电流应满足

$$I_{r.zx} \leqslant I_{c.zy} < I_{r.zy} \tag{5.4}$$

式中,$I_{r.zx}$ 为熔断器的额定最小开断电流,A;$I_{c.zy}$ 为计算的实际转移电流,A;$I_{r.zy}$ 为负荷开关 - 熔断器组合电器的额定转移电流,A。

当采用高压负荷开关 - 熔断器组合电器保护变压器时,因一次侧保护装置专门保护变压器二次保护装置前面的故障,当变压器二次侧端子直接短路时,变压器一次侧故障电流必须由高压熔断器单独断开,不能转移到负荷开关开断,以保证组合电器中负荷开关的安全使用,因此实际转移电流校验还应满足

$$I_{c.zy} < I_{sc} \tag{5.5}$$

式中,I_{sc} 为变压器二次侧直接短路时一次侧故障电流,A;$I_{c.zy}$ 为计算的实际转移电流,A。

高压负荷开关 - 熔断器组合电器的额定交接电流应满足

$$I_{c.jj} < I_{r.jj} \tag{5.6}$$

式中,$I_{c.jj}$ 为计算的实际交接电流,A;$I_{r.jj}$ 为负荷开关 - 熔断器组合电器的额定交接电流,A。

(2)实际转移电流和实际交接电流的确定方法。高压负荷开关 - 熔断器组合电器的实际转移电流取决于两个因素,即熔断器触发的负荷开关开闸时间和熔断器的时间 - 电流特性。

对于给定用途的组合电器,其实际转移电流可由制造厂家提供,当厂家不能提供时可按下面方法确定。

在熔断器的最小弧前时间 - 电流特性(基于电流偏差 - 6.5%)曲线上,T_{ml} 所对应的电流值就是确定的实际转移电流值,其值为

$$T_{ml} = 0.9T_0 \tag{5.7}$$

式中,T_{ml} 为三相故障电流下首先动作的熔断器在最小时间 - 电流特性曲线上的熔断时间,s;T_0 为熔断器触发的负荷开关分闸时间,s。

高压负荷开关 - 熔断器组合电器的实际交接电流也取决于两个因素,即脱扣器触发的负荷开关的分闸时间和熔断器的时间 - 电流特性。

对于给定用途的组合电器,其最大交接电流可由制造厂提供,也可通过下面方法确定:

在熔断器的最大弧前时间 - 电流特性(基于电流偏差为 + 6.5%)曲线上,时间坐标为最小的脱扣器触发的负荷开关分闸时间,如果适用再加上 0.02 s(以代表外部继电器的最小动作时间)后的总时间,它所对应的电流就是实际的交接电流值。

5.3.3　互感器选择

选择电流、电压互感器应满足继电保护、自动装置和测量仪表的要求。

1. 电流互感器

(1)参数选择。电流互感器应按表 5.8 所列技术条件选择,并按表中使用环境条件校验。表 5.8 中的一般项目按 5.2 节有关要求进行选择。

表 5.8　电流互感器的参数选择

项　目		参　数
技术条件	正常工作条件	一次回路电压、一次回路电流、二次回路电流、二次侧负荷、准确度等级、暂态特性、二次级数量、机械荷载
	短路稳定性	动稳定倍数、热稳定倍数
	承受过电压能力	绝缘水平、泄漏比距
环境条件		环境温度、最大风速①、相对湿度②、污秽①、海拔高度、地震烈度

注:①在屋内使用时,可不校验。
　　②在屋外使用时,可不校验。

(2)形式选择。35 kV 以下屋内配电装置的电流互感器,根据安装使用条件及产品情况,采用树脂浇注绝缘结构。35 kV 及以上配电装置一般采用油浸瓷箱式绝缘结构的独立式电流互感器、树脂浇注绝缘电流互感器。在有条件时,如回路中有变压器套管、穿墙套管,应优先采用套管电流互感器,以节约投资、减少占地。

选用母线式电流互感器时,应注意校核窗口允许穿过的母线尺寸。对 110 kV 及以下系统的保护用电流互感器一般可不考虑暂态影响,可采用 P 类电流互感器。对某些重要回路可适当提高所选互感器的准确限值系数或饱和电压,以减缓暂态影响。

选择测量用电流互感器应根据电力系统测量和计量系统的实际需要合理选择互感器的类型。要求在较大工作电流范围内作准确测量时可选用 S 类电流互感器。为保证二次电流在合适的范围内,可采用复变比或二次绕组带抽头的电流互感器。

电能计量用仪表与一般测量仪表在满足准确度等级条件下,可共用一个二次绕组。

(3)一次额定电流选择:

①当电流互感器用于测量时,其一次额定电流应尽量选择得比回路中正常工作电流大1/3左右,以保证测量仪表的最佳工作,并在过负荷时使仪表有适当的指示。

②电力变压器中性点电流互感器的一次额定电流应按大于变压器允许的不平衡电流选择,一般情况下,可按变压器额定电流的1/3进行选择。

(4)短路稳定校验。动稳定校验是对产品本身带有一次回路导体的电流互感器进行校验,对于母线从窗口穿过且无固定板的电流互感器(如 LMZ 型)可不校验动稳定。热稳定校验则是验算电流互感器承受短路电流发热的能力。

① 内部动稳定校验。电流互感器的内部动稳定性通常以额定动稳定电流或动稳定倍数 K_d 表示。K_d 等于极限通过电流峰值与一次绕组额定电流 I_{1n} 峰值之比。校验应满足

$$K_d \geqslant \frac{i_p}{\sqrt{2}\,I_{1n}} \times 10^3 \tag{5.8}$$

式中,K_d 为动稳定倍数,由制造部门提供;i_p 为短路冲击电流的瞬时值,kA;I_{1n} 为电流互感器的一次绕组额定电流,A。

② 外部动稳定校验。外部动稳定校验主要是校验电流互感器出线端受到的短路作用力不超过允许值。其校验公式与支持绝缘子相同,即

$$F_{max} = 1.76 i_p^2 \frac{l_M}{a} \times 10^{-1} \tag{5.9}$$

$$l_{M} = \frac{l_1 + l_2}{2} \tag{5.10}$$

式中,a 为回路相间距离,cm;l_M 为计算长度,cm;l_1 为电流互感器出线端至最近一个母线支柱绝缘子的距离,cm;l_2 为电流互感器两端瓷帽的距离,cm,当电流互感器为非母线式瓷绝缘时,$l_2 = 0$。

③ 热稳定校验。制造部门在产品型号中一般给出 $t = 1$ s 或 5 s 的额定短时热稳定电流或热稳定电流倍数 K_r,校验应满足

$$K_r \geqslant \frac{\sqrt{Q_{it}/t}}{I_{ln}} \times 10^3 \tag{5.11}$$

式中,Q_{it} 为短路电流引起的热效应,$kA^2 \cdot s$;t 为制造部门提供的热稳定计算采用的时间,$t = 1$ s 或 5 s。

④ 提高短路稳定度的措施。当动、热稳定度不够时,例如有时由于回路中的工作电流较小,互感器按工作电流选择后不能满足系统短路时的动、热稳定性要求,则可选择额定电流较大的电流互感器,增大变流比。若此时 5 A 元件的电流表读数太小,可选用 1 ～ 2.5 A 元件的电流表。

2. 电压互感器

(1) 参数选择。电压互感器应按表 5.9 所列技术条件选择,并按表中环境条件校验。

表 5.9　电压互感器参数选择

项　　目		参　　数
技术条件	正常工作条件	一次回路电压、二次电压、二次负荷、准确度等级、机械荷载
	承受过电压能力	绝缘水平、泄漏比距
环境条件		环境温度、最大风速①、相对湿度②、污秽①、海拔高度、地震烈度

注:① 在屋内使用时,可不校验。

　② 在屋外使用时,可不校验。

(2) 形式选择。

①6 ～ 35 kV 电压互感器在高压开关柜中或是布置在狭窄的地方,可采用树脂浇注绝缘结构。当需要零序电压时,一般采用三相五柱电压互感器,或三个单相三绕组电压互感器。

②35 ～ 110 kV 屋外配电装置一般采用油浸绝缘结构电磁式电压互感器。

(3) 接线方式选择。在满足二次电压和负荷要求的条件下,电压互感器应尽量采用简单接线。

(4) 电压选择。电压互感器的额定电压按表 5.10 选择。

表 5.10　　电压互感器的额定电压选择

形式	一次电压/V		二次电压/V	第三绕组电压/V	
单相	接于一次线电压上（如 Vv 接法）	U_x	100	—	
	接于一次相电压上	$U_x/\sqrt{3}$	$100/\sqrt{3}$	中性点非直接接地系统	$100/3$、$100/\sqrt{3}$
				中性点直接接地系统	100
三相	U_x		100	$100/3$	

注：U_x 为系统额定电压。

（5）在中性点非直接接地系统中的电压互感器，为了防止铁磁谐振过电压，应采取消谐措施，并应选用全绝缘。

（6）电磁式电压互感器可兼做并联电容器的泄能设备，但此电压互感与电容器组之间，不应有开断点。

5.3.4　限流电抗器选择

（1）参数选择。限流电抗器应按表 5.11 所列技术条件选择，并按表中环境条件校验。

表 5.11　　限流电抗器参数选择

项 目		参 数
技术条件	正常工作条件	电压、电流、频率、电抗百分值
	短路稳定性	动稳定电流、热稳定电流和持续时间
	安装条件	安装方式、进出线端子角度
环境条件		环境温度、相对湿度、海拔高度、地震烈度

表 5.11 中的一般项目按 5.2 节有关要求进行选择，并补充说明如下：

① 普通电抗器 $X_k\% > 3\%$ 时，制造厂已考虑连接于无穷大电源、额定电压下，电抗器端子发生短路时的动稳定度。但由于短路电流计算是以平均电压（一般比额定电压高 5%）为准，因此在一般情况下仍应进行动稳定校验。

② 分裂电抗器动稳定保证值有两个：一是单臂流过短路电流时的值，另一个是两臂同时流过反向短路电流时的值。后者比前者小很多。在校验动稳定时应分别对这两种情况，选定对应的短路方式进行。

③ 安装方式是指电抗器的布置方式。普通电抗器一般有水平布置、垂直布置和品字布置三种。进出线端子角度一般有 90°、120°、180° 三种，分裂电抗器推荐使用 120°。

（2）额定电流选择。普通电抗器的额定电流选择按以下原则：

① 电抗器几乎没有过负荷能力，所以主变压器或出线回路的电抗器，应按回路最大工作电流选择，而不能用正常持续工作的电流选择。

② 变电所母线分段回路的电抗器应满足用户的一级负荷和大部分二级负荷的要求。

（3）电抗百分值选择。普通电抗器的电抗百分值应按下列条件选择和校验：

① 将短路电流限制到要求值。此时所必需的电抗器的电抗百分值（$X_k\%$）为

$$X_k\% \geqslant \left(\frac{I_j}{I''} - X_{*j}\right) \frac{I_{nk}U_j}{U_{nk}I_j} \times 100\% \tag{5.12}$$

$$X_k\% \geqslant \left(\frac{S_j}{S''} - X_{*j}\right) \frac{I_{nk}U_j}{U_{nk}I_j} \times 100\% \tag{5.13}$$

式中,U_j 为基准电压,kV;I_j 为基准电流,A;X_{*j} 为以 U_j,I_j 为基准,从网络计算至所选用电抗器前的电抗标幺值;S_j 为基准容量,MV·A;U_{nk} 为电抗器的额定电压,kV;I_{nk} 为电抗器的额定电流,A;I'' 为被电抗器限制后所要求的短路次暂态电流,kA;S'' 为被电抗器限制后所要求的零秒短路容量,MV·A。

② 正常工作时电抗器上的电压损失($\Delta U\%$) 不宜大于额定电压的 5%,即

$$\Delta U\% = X_k\% \frac{I_g}{I_{nk}}\sin\varphi \tag{5.14}$$

式中,I_g 为征程通过的工作电流,A;φ 为负荷功率因数角(一般取 $\cos\varphi = 0.8$,则 $\sin\varphi = 0.6$)。

对出线电抗器尚应计及出线上的电压损失。

③ 校验短路时母线上的剩余电压。当出线电抗器的继电保护装置带有时限时,应按在电抗器后发生短路计算,满足

$$U_y\% \leqslant X_k\% \frac{I''}{I_n} \tag{5.15}$$

式中,U_y 为母线必须保持的剩余电压,一般为母线进线电压的 60% ~ 70%。若电抗器接在 6 kV 发电机主母线上,则母线剩余电压应尽量取上限值。

若剩余电压不能满足要求,则可在线路继电保护及线路电压降允许范围内增加出线电抗器的电抗百分值或采用快速继电保护切除短路故障。对于母线分段电抗器、带几回出线的电抗器及其他具有无时限继电保护的出线电抗器,不必按短路时母线剩余电压校验。

5.3.5　中性点设备选择

1.消弧线圈

(1)参数及形式选择。消弧线圈应按表 5.12 所列技术条件选择,并按表中使用环境条件校验。

表 5.12　消弧线圈的参数选择

项　　目	参　　数
技术条件	电压、频率、容量、补偿度、电流分接头、中性点位移电压
环境条件	环境温度、日温差[①]、相对湿度[②]、污秽[①]、海拔高度、地震烈度

注:① 在屋内使用时,可不校验。

　② 在屋外使用时,可不校验。

消弧线圈一般选用油浸式。装设在屋内相对湿度小于 80% 场所的消弧线圈,也可选用干式。

(2)容量及分接头选择。消弧线圈的补偿容量一般可表示为

$$Q = KI_C \frac{U_N}{\sqrt{3}} \tag{5.16}$$

式中,Q 为补偿容量,kV·A;K 为系数,过补偿取 1.35,欠补偿按脱谐度确定;U_N 为电网的额定线电压,kV;I_C 为电网的电容电流,A。

消弧线圈应避免在谐振点运行。一般需要将分接头调谐到接近谐振点的位置,以提高补偿功率。为便于运行调谐,选用的容量宜接近于计算值。

装在电网变压器中性点的消弧线圈应采用过补偿方式,防止运行方式改变时,电容电流减少,使消弧线圈处于谐振点运行。在正常情况下,脱谐度一般不大于 10%。

消弧线圈的分接头数量应满足调节脱谐度的要求,接于变压器的一般不小于 5 个。

(3)电容电流的计算。电网的电容电流,应包括有电气连接的所有架空线路、电缆线路、发电机、变压器以及母线和电器的电容电流计算,并应该考虑电网 5 ~ 10 年的发展。

① 架空线路的电容电流可表示为

$$I_C = (2.7 \sim 3.3) U_N L \times 10^{-3} \tag{5.17}$$

式中,L 为线路的长度,km;I_C 为架空线路的电容电流,A;2.7 为系数,适用于无架空线路的线路;3.3 为系数,适用于有架空线路的线路。

同杆双回路的电容电流为单回路的 1.3 ~ 1.6 倍。

② 电缆线路的电容电流可表示为

$$I_C = 0.1 U_N L \tag{5.18}$$

③ 对于变电所增加的接地电容电流见表 5.13。

表 5.13　变电所增加的接地电容电流值

额定电压 /kV	6	10	15	35	63	110
附加值 /%	18	16	15	13	12	10

(4)中性点位移校验。长时间中性点位移电压不应超过下列数值:

中性点经消弧线圈接地的电网:$15\% \times U_N / \sqrt{3}$。

中性点位移电压一般表示为

$$U_0 = \frac{U_{bd}}{\sqrt{d^2 + v^2}} \tag{5.19}$$

式中,U_{bd} 为消弧线圈投入前,电网中性点的不对称电压值,一般取 0.8% 相电压;d 为阻尼率,一般对 63 ~ 110 kV 架空线路取 3%,35 kV 及以下架空线路取 5%,电缆线路取 2% ~ 4%;v 为脱谐度。

(5)在选择消弧线圈的台数和数量时,应考虑消弧线圈的安装地点,并按下列原则进行:

① 在任何运行方式下,大部分电网不得失去消弧线圈的补偿。不应将多台消弧线圈集中安装在一处,并应避免电网仅安装一台消弧线圈。

② 在变电所中,消弧线圈宜安装在变压器中性点上。

③ 安装在 YNd 接线双绕组或 YNynd 接线三相绕组变压器中心点上的消弧线圈容量,不应超过变压器三相总容量的 50%,并且不得大于三相绕组变压器的任一绕组容量。

④ 安装在 YNyn 接线的内铁芯式变压器中性点上的消弧线圈容量,不应超过变压器三相绕组总容量的 20%。

消弧线圈不应接于零序磁通经铁芯闭路的 YNyn 接线变压器的中性点上(例如单相变压器组或外铁型变压器)。

⑤ 如变压器无中性点或中性点未引出,应装设容量相当的专用接地变压器,接地变压器可与消弧线圈采用相同的额定工作时间。

2. 接地电阻

(1) 参数选择。接地电阻应按表 5.14 所列技术条件和环境条件选择。

表 5.14 接地电阻参数选择

项　　目	参　　数
技术条件	电压、频率、正常运行电流、电阻值、热稳定电流和持续时间、中性点位移电压
环境条件	环境温度、日温差、最大风速、相对湿度、污秽、海拔高度、地震烈度

(2) 中性点电阻材质可选用金属、非金属或金属氧化物线性电阻。

(3) 系统中性点电阻接地方式可根据系统单相接地电容电流值来确定。当接地电容电流值小于规定值时,可采用高电阻接地方式;当接地电容电流值大于规定值时,可采用低电阻接地方式。

(4) 当中性点采用高电阻接地方式时,高电阻选择计算如下:

① 经高电阻直接接地。

电阻的额定电压

$$U_{R} \geqslant 1.05 \times \frac{U_{N}}{\sqrt{3}} \tag{5.20}$$

电阻值为

$$R = \frac{U_{N}}{I_{R}\sqrt{3}} \times 10^{3} = \frac{U_{N}}{KI_{C}\sqrt{3}} \times 10^{3} \tag{5.21}$$

电阻消耗功率为

$$P_{R} = \frac{U_{N}}{\sqrt{3}} \times I_{R} \tag{5.22}$$

式中,R 为中性点接地电阻值,Ω;U_{N} 为系统额定线电压,kV;U_{R} 为电阻额定电压,kV;I_{R} 为电阻电流,A;I_{C} 为系统单相对地短路时的电容电流,A;K 为单相对地短路时电阻电流与电容电流的比值,一般取 1.1。

② 经单相配电变压器接地。电阻的额定电压应不小于变压器二次侧电压,一般选用 110 V 或 220 V。电阻值为

$$R_{N2} = \frac{U_{N} \times 10^{3}}{1.1 \times \sqrt{3} I_{C} n_{\varphi}^{2}} \tag{5.23}$$

接地电阻消耗功率为

$$P_{R} = I_{R2} \times U_{N2} \times 10^{-3} = \frac{U_{N} \times 10^{3}}{\sqrt{3} n_{\varphi} R_{N2}} \times \frac{U_{N}}{\sqrt{3} n_{\varphi}} = \frac{U_{N}^{2}}{3 n_{\varphi}^{2} R_{N2}} \times 10^{3}$$

$$n_{\varphi} = \frac{U_{N} \times 10^{3}}{\sqrt{3} U_{N2}} \tag{5.24}$$

式中,n_{φ} 为降压变压器一、二次之间的变比;I_{R2} 为二次电阻上流过的电流,A;U_{N2} 为单相配电变压器的二次电压,V;R_{N2} 为间接接入电阻值,Ω。

(5) 当中性点采用低阻接地方式时,接地电阻选择计算如下:

电阻额定电压

$$U_{R} \geqslant 1.05 \times \frac{U_{N}}{\sqrt{3}} \tag{5.25}$$

电阻值
$$R_N = \frac{U_N}{\sqrt{3} I_d} \tag{5.26}$$

接地电阻消耗功率
$$P_R = I_d \times U_R \tag{5.27}$$

式中,R_N 为中性点接地电阻,Ω;U_N 为系统线电压,V;I_d 为选定的单相接地电流,A。

短时耐受接地电流按 10 s 时间考虑。

3. 接地变压器

(1)参数选择。接地变压器应按表 5.15 所列技术条件和环境条件选择。

表 5.15 接地变压器参数(技术条件和环境条件)选择

项 目	参 数
技术条件	形式、容量、绕组电压、频率、电流、绝缘水平、温升、过载能力
环境条件	环境温度、日温差①、最大风速①、相对湿度②、污秽①、海拔高度、地震烈度

注:① 在屋内使用时,可不校验。

② 在屋外使用时,可不校验。

(2)当系统中性点可以引出时宜选用单相接地变压器,系统中性点不能引出时应选用三相变压器。有条件时应选用干式无励磁调压接地变压器。

(3)接地变压器参数选择。

① 接地变压器的额定电压。安装在发电机或变压器中性点的单相接地变压器额定一次电压为

$$U_{Nb} = U_N \tag{5.28}$$

式中,U_N 为发电机或变压器额定一次线电压,kV。

接于系统母线三相接地变压器额定一次电压应与系统额定电压一致。接地变压器二次电压可根据负载特性确定。

② 接地变压器的绝缘水平应与连接系统绝缘水平相一致。

③ 接地变压器的额定容量。单相接地变压器(kV·A)

$$S_N \geqslant \frac{1}{K} U_2 I_2 = \frac{U_N}{\sqrt{3} K n_\varphi} I_2 \tag{5.29}$$

式中,U_N 为接地变压器一次侧电压,kV;I_2 为二次电阻电流,A;K 为变压器的过负荷系数(由变压器制造厂提供)。

三相接地变压器,其额定容量应与消弧线圈或接地电阻容量相匹配。若带有二次绕组还应考虑二次负荷容量。

对 Z 型或 YNd 接线三相接地变压器,若中性点接消弧线圈或电阻,接地变压器容量为

$$S_N \geqslant Q_X, \quad S_N \geqslant P_r \tag{5.30}$$

式中,Q_X 为消弧线圈额定容量;P_r 为接地电阻额定容量。

对 Y/ 开口 d 接线接地变压器(三台单相),若中性点接消弧线圈或电阻,接地变压器容量为

$$S_N \geqslant \sqrt{3} Q_X / 3, \quad S_N \geqslant \sqrt{3} P_r / 3 \tag{5.31}$$

4. 避雷器

(1)参数选择。阀式避雷器应按表 5.16 所列技术条件选择,并按表中环境条件校验。

表 5.16　阀式避雷器参数选择

项　目		参　数
技术条件	正常工作条件	避雷器额定电压(U_r)、避雷器持续运行电压(U_C)、额定频率、机械荷载
	承受过电压能力	工频放电电压、冲击放电电压和残压、断流容量
环境条件		环境温度、最大风速①、污秽①、海拔高度、地震烈度

注:① 在屋内使用时,可不校验。

（2）采用阀式避雷器进行雷电过电压保护时,除旋转电机外,对不同电压范围、不同系统接地方式的避雷器选型如下:

①有效接地系统,范围 Ⅱ（$U_m > 252$ kV）应该选用金属氧化物避雷器;范围 Ⅰ（3.6 kV ≤ U_m ≤ 252 kV）宜采用金属氧化物避雷器。

②气体绝缘全封闭组合电器和低电阻接地系统应选用金属氧化物避雷器。

③不接地、消弧线圈接地和高电阻接地系统,根据系统中谐振过电压和间歇性电弧接地过电压等发生的可能性及其严重程度,可任选金属氧化物避雷器或碳化硅普通阀式避雷器。

④旋转电机的雷电侵入波过电压保护,宜采用旋转电机金属氧化物避雷器或旋转电机阀式避雷器。

（3）阀式避雷器标称放电电流下的残压（U_m）不应大于被保护电气设备（旋转电机除外）标准雷电冲击全波耐受电压（BIL）的 71%。

（4）有串联间隙金属氧化物避雷器和碳化硅阀式避雷器的额定电压,在一般情况下应符合下列要求:

①110 kV 有效接地系统不低于 0.8U_m。

②3 ~ 10 kV 和 35 kV、66 kV 系统分别不低于 1.1U_m 和 U_m;3 kV 及以上具有发电机的系统不低于 1.1 倍发电机最高运行电压。

③中性点避雷器的额定电压,对 3 ~ 20 kV 和 35 kV、66 kV 系统,分别不低于 0.64U_m 和 0.58U_m;对 3 ~ 20 kV 发电机,不低于 0.64 倍发电机最高运行电压。

（5）采用无间隙金属氧化物避雷器作为雷电过电压保护装置时,应符合下列要求:

① 避雷器持续运行电压和额定电压应不低于表 5.17 所列数值。

② 避雷器能承受所在系统作用的暂时过电压和操作过电压能量。

表 5.17　无间隙金属氧化物避雷器持续运行电压和额定电压

系统接地方式	持续运行电压 /kV		额定电压 /kV	
	相地	中性点	相地	中性点
110 kV 有效接地	$U_m/\sqrt{3}$	0.45U_m	0.75U_m	0.57U_m
3 ~ 20 kV、35 kV、66 kV 不接地	1.1U_m;U_{mg};U_m	0.64U_m;$U_{mg}/\sqrt{3}$;$U_m/\sqrt{3}$	1.38U_m;1.25U_{mg};1.25U_m	0.8U_m;0.72U_{mg};0.72U_m
消弧线圈	U_m;U_{mg}	$U_m/\sqrt{3}$;$U_{mg}/\sqrt{3}$	1.25U_m;1.25U_{mg}	0.72U_m;0.72U_{mg}
低电阻	0.8U_m	—	U_m	
高电阻	1.1U_m;U_{mg}	1.1$U_m/\sqrt{3}$;$U_{mg}/\sqrt{3}$	1.38U_m;1.25U_{mg}	0.8U_m;0.72U_{mg}

注:①110 kV 变压器中性点不接地且绝缘水平低于标准时,避雷器的参数需另行确定。

②U_m 为系统最高电压,U_{mg} 为发电机最高运行电压。

（6）保护变压器中性点绝缘水平的避雷器形式按表5.18和表5.19选择。

表5.18　中性点非直接接地系统中保护变压器中性点绝缘的避雷器

变压器额定电压/kV	35	63
避雷器形式	FZ－15＋FZ－10 FZ－30 FZ－35 Y1.5W－55	FZ－40 FZ－60 Y1.5W－55 Y1.6W－60 Y1.5W－72

注：避雷器应与消弧线圈的绝缘水平相配合。

表5.19　中性点直接接地系统中保护变压器中性点绝缘的避雷器

变压器额定电压/kV	110		220
中性点绝缘	110 kV 级	35 kV 级	110 kV 级
避雷器形式	FZ－110J FZ－60 Y1.5W－72	Y1.5W－72	FCZ－110 FZ－110J Y1.5W－144

（7）对中性点为分级绝缘的110 kV、220 kV变压器,如使用同期性能不良的断路器,变压器中性点宜用金属氧化物避雷器保护。当采用阀型避雷器时,变压器中性点宜增设棒型保护间隙,并与阀型避雷器并联。

（8）无间隙金属氧化物避雷器按其标称放电电流的分类见表5.20。

表5.20　无间隙金属氧化物避雷器按其标称放电电流的分类

标称放电电流 I_n/kA	避雷器额定电压 U_r(有效值)/kV	备　　　注
20	$420 \leqslant U_r \leqslant 468$	电站用避雷器
10	$90 \leqslant U_r \leqslant 468$	
5	$4 \leqslant U_r \leqslant 25$	发电机用避雷器
	$5 \leqslant U_r \leqslant 17$	配电用避雷器
	$5 \leqslant U_r \leqslant 90$	并联补偿电容器用避雷器
	$5 \leqslant U_r \leqslant 108$	电站用避雷器
	$42 \leqslant U_r \leqslant 84$	电气化铁道用避雷器
2.5	$4 \leqslant U_r \leqslant 13.5$	电动机用避雷器
1.5	$0.28 \leqslant U_r \leqslant 0.50$	低压避雷器
	$2.4 \leqslant U_r \leqslant 15.2$	电机中性点用避雷器
	$60 \leqslant U_r \leqslant 207$	变压器中性点用避雷器

（9）系统额定电压35 kV及以上的避雷器宜配备放点动作记录器。保护旋转电机的避雷器,宜采用残压低的动作记录器。

5. 阻容吸收器

（1）阻容吸收器应按表5.21所列技术条件和环境条件选择。

表5.21　阻容吸收器技术条件和环境条件选择

项　目		参　数
技术条件	正常工作条件	额定电压、额定功率、电阻值、电容值、布置形式
	承受过电压能力	绝缘水平
环境条件		环境温度、海拔高度

（2）当用于中性点不接地系统时,应校验所装阻容吸收器电容值,不应影响系统的中性点接地方式。

（3）当用于易产生高次谐波的电力系统时,应注意选用能适应谐波影响的阻容吸收器。

（4）应校验所在回路的过电压水平,使其始终被限制在设备允许值之内。

5.3.6　高压电瓷选择

（1）参数选择。绝缘子和穿墙套管应按表5.22所列技术条件选择,并按表中环境条件校验。

表5.22　绝缘子和穿墙套管的参数选择

项　目		绝缘子的参数	穿墙套管的参数
技术条件	正常工作条件	电压、正常机械负荷	电压、电流
	短路稳定性	支柱绝缘子的动稳定	动稳定、热稳定电流及持续时间
	承受过电压能力	绝缘水平、泄漏比距	绝缘水平
环境条件		环境温度、日温差①、最大风速①、相对湿度②、污秽①、海拔高度、地震烈度	

注:① 在屋内使用时,可不校验。
　　② 在屋外使用时,可不校验。

表5.22中的一般项目按5.2节有关要求进行选择,并补充说明如下:

① 变电所的3～20 kV屋外支柱绝缘子和穿墙套管,当有冰雪时,宜采用高一级电压的产品。对3～6 kV者,也可采用提高两级电压的产品。

② 母线型穿墙套管不按持续电流选择,只需保证套管的形式与母线的尺寸相配合。

③ 当周围环境温度高于+40 ℃ 但不超过+60 ℃ 时,穿墙套管的持续允许电流I_{xu}应按下式修正

$$I_{xu} = I_n \times \sqrt{\frac{85 - \theta}{45}} \qquad (5.32)$$

式中,θ 为周围实际环境温度,℃;I_n 为持续允许额定电流,A。

（2）形式选择。

① 屋外支柱绝缘子一般采用棒式支柱绝缘子。屋外支柱绝缘子需倒装时,宜采用悬挂式支柱绝缘子。

② 屋内支柱绝缘子一般采用联合胶装的多棱式支柱绝缘子。

③ 穿墙套管一般采用铝导体穿墙套管,对铝有明显腐蚀的地区如沿海地区可以例外。

④ 在污秽地区,应尽量选用防污盘形悬式绝缘子。

（3）动稳定校验。按短路动稳定校验支柱绝缘子和穿墙套管，要求

$$P \leqslant 0.6P_{xu} \tag{5.33}$$

式中，P_{xu} 为支柱绝缘子或穿墙套管的抗弯破坏负荷，N；P 为短路时作用于支柱绝缘子或穿墙套管的力，N。

在实际计算时，也可以根据实际尺寸反算出允许的短路冲击电流峰值，按动稳定条件与工程计算的短路电流进行比较。

在校验 35 kV 及以上水平安装的支柱绝缘子的机械强度时，应计及绝缘子自重、母线重量和短路电动力的联合作用。由于自重和母线重量产生的弯矩，将使绝缘子允许的机械强度减小，降低数值见表 5.23。

表 5.23　绝缘子水平安装时机械强度降低数值

电压/kV	35	63	110
降低数值/%	1 ~ 2	3	6

注：35 kV 以下的产品，降低数值小于 1%，可不必考虑。

支柱绝缘子在力的作用下，还将产生扭矩。在校验机械强度时，还应校验抗扭矩机械强度。

（4）悬式绝缘子的片数选择。悬式绝缘子片数按下列条件选择：

① 按额定电压和泄漏比距选择：绝缘子串的有效泄漏比距不应小于规定数值。片数 n 按下式计算

$$n \geqslant \frac{\lambda U_d}{l_0} \tag{5.34}$$

式中，λ 为泄漏比距，cm/kV；U_d 为额定电压，kV；l_0 为每片绝缘子的泄漏距离。

② 按内过电压选择：110 kV 及以下电压，根据内过电压倍数和绝缘子串的工频湿闪电压可表示为

$$U_s \geqslant \frac{KU_{xg}}{K_\Sigma} \tag{5.35}$$

式中，U_s 为绝缘子的湿闪电压，kV；K 为内过电压计算倍数；U_{xg} 为系统最高运行相电压，kV；K_Σ 为考虑各种因素的综合系数，一般 $K = 0.9$。

由式（5.35）计算出 U_s，然后查闪络电压曲线，即可得所需片数。

③ 按大气过电压选择：大气过电压要求的绝缘子串正极性雷电冲击电压波 50% 放电电压 $U_{t,50}$，应符合下式要求，且不得低于变电所电气设备中隔离开关和支柱绝缘子的相应值。

$$U_{t,50} \geqslant K_1 U_{ch} \tag{5.36}$$

式中，K_1 为绝缘子串电气过电压配合系数，$K_1 = 1.45$；U_{ch} 为避雷器在雷电流下的残压，kV。110 kV 及以下采用 5 kV 雷电电流下的残压。

绝缘子串的片数根据 $U_{t,50}$ 由闪络电压曲线查出。

选择悬式绝缘子除以上条件外，尚应考虑绝缘子的老化，每串绝缘子要预留的零值绝缘子为：35 ~ 110 kV 耐张串 2 片，悬垂片 1 片；选择 V 形悬挂的绝缘子串片数时，应注意邻近效应对放电电压的影响，取得实验数据。

在海拔高度为 1 000 m 及以下的一级污秽地区，当采用 X - 4.5 型或 XP - 6 型悬式绝缘子

时,耐张绝缘子串的绝缘子片数不宜小于表 5.24 所列数值。

表5.24　X - 4.5 型或XP - 6 型绝缘子耐张串片数

电压 /kV	35	63	110
绝缘子片数	4	6	8

在空气清洁无明显污秽的地区,悬垂绝缘子串的绝缘子片数可比耐张绝缘子串的同型绝缘子少一片。污秽地区的悬垂绝缘子串片数应与耐张绝缘子串相同。

5.3.7　交流金属封闭开关选择

(1)参数选择。交流金属封闭开关设备(简称开关柜)的参数应按表 5.25 所列技术条件选择,并按表中使用环境条件校验。

表5.25　交流金属封闭开关设备的参数选择

项　目		参　数
技术条件	正常工作条件	电压、电流、频率、温升、系统接地方式、防护等级
	短路稳定性	动稳定电流、热稳定电流和持续时间
	承受过电压能力	绝缘水平
	操作性能	开断电流、短路关合电流、操动机构和辅助回路电压
环境条件	环境温度、日温差、相对湿度、海拔高度、地震烈度	

(2)开关柜的形式选择见表 5.26。

表5.26　金属封闭开关设备的分类及主要特点

分类方式	基本类型	主要特点
按主开关与柜体的配合方式	固定式	主开关及其他元件固定安装,可靠性高,成本低
	移开式(手车式)	主开关可移至柜外,便于主开关的更换、维修,结构紧凑,绝缘结构较复杂,成本较高
按开关柜隔室的构成形式	铠装型	主开关及其两端相连的元件均具有单独的隔室,隔室由接地的金属隔板构成,可靠性高
	间隔型	隔室的设置与铠装型一样,但隔室的隔板用绝缘材料,结构紧凑
	箱　型	隔室的数目少于铠装型和间隔型
按主母线系统	单母线	进出线均与一组母线直接相连,检修主开关和主母线时需对负载停电
	单母线带旁路	可由单母线柜派生,检修主开关时可由旁路开关经路母线供电
	双母线	进出线可由一组母线转换至另一组母线,一路母线退出时,可由另一路母线供电
按柜内绝缘介质	主要以大气绝缘	结构比较简单,成本低,使用场所受环境条件限制
	气体绝缘(SF$_6$)	可用于高湿、严重污染、高海拔等严酷条件场所,体积小,成本较高
按使用场所	户内	使用于户内
	户外	具备防雨、防晒、隔热等措施,用于户外

（3）开关柜的防护等级应满足环境条件的要求。

（4）当环境温度高于40 ℃时,开关柜内的电器应按要求降容使用,母线的允许电流为

$$I_t = I_{40}\sqrt{\frac{40}{t}} \tag{5.37}$$

式中,t 为环境温度,℃;I_t 为环境温度 t 下的允许电流,A;I_{40} 为环境温度为 40 ℃ 时的允许电流,A。

（5）沿开关柜的整个长度延伸方向应设有专用的接地导体,专用接地导体所承受的动、热稳定电流应为额定短路开断电流的86.6%。

（6）开关柜内装有电压互感器时,电压互感器高压侧应有防止内部故障的高压熔断器,其开断电流应与开关柜参数相匹配。

（7）高压开关柜中各组件及其支持绝缘件的外绝缘爬电比距(高压电器组件外绝缘的爬电距离与最高电压之比）应符合如下规定:

① 凝露型的爬电比距。瓷质绝缘不小于 14/18 mm/kV（Ⅰ/Ⅱ级污秽等级）,有机绝缘不小于 16/20 mm/kV（Ⅰ/Ⅱ级污秽等级）。

② 不凝露型的爬电比距。瓷质绝缘不小于 12 mm/kV,有机绝缘不小于 14 mm/kV。

（8）单纯以空气作为绝缘介质时,开关柜内各相导体的相间与对地净距必须符合表5.27的要求。

表5.27　开关柜内各相导体的相间与对地净距　　　　mm

额定电压 /kV	7.2	12(11.5)	24	40.5
导体至接地间净距	100	125	180	300
不同导体之间的净距	100	125	180	300
导体至无孔遮拦间净距	130	155	210	330
导体至网状遮拦间净距	200	225	280	400

注:海拔超过1 000 m时表中所列1、2项的值按每升高100 m增大1%进行修正,3、4项的值应分别增加1或2项值的修正值。

（9）高压开关柜应具备防止误拉、合断路器,防止带负荷分、合隔离开关,防止带接地开关（或接地线)送电,防止带电合接开关（或接地线),防止误入带电间隔等五项措施（即五防措施）。

5.4　低压电气设备的选择

5.4.1　低压配电电器选择要求

选用的低压配电电器,首先应符合国家现行有关标准的规定,并应符合下列要求:

(1)电器的额定电压应与所在回路标称电压相适应;

(2)电器的额定电流不应小于所在回路的计算电流;

(3)电器的额定频率应与所在回路的频率相适应;

(4)电器应适应所在场所的环境条件;

(5)电器应满足短路条件下的动稳定与热稳定的要求;

(6)用于断开短路电流的保护电器,应满足短路条件下的通断能力。

5.4.2　按使用环境条件选择电器

1. 多尘环境

多尘作业工业场所的空间含尘浓度的高低因作业的性质、破碎程度、空气湿度、风向等不同而有很大差异。多尘环境中灰尘的量值用在空气中的浓度(mg/m³)或沉降量[mg/(m²·d)]来衡量。灰尘沉降量分级见表5.28。

表5.28　灰尘沉降量分级 　　　　　　　　　　　　　　　　　mg·m⁻²·d⁻¹

级　别	灰尘沉降量(月平均值)	说　明
I	10 ~ 100	清洁环境
II	300 ~ 550	一般多尘环境
III	≥500	多尘环境

对于存在非导电灰尘的一般多尘环境,宜采用防尘型(IP5X级)电器。对于多尘环境或存在导电性灰尘的一般多尘环境,宜采用尘密型(IP6X级)电器。对导电纤维(如碳素纤维)环境,应采用IP65级电器。

2. 封闭电器的外壳防护等级(IP代码)

按GB/T 14048.1—2000《低压开关设备和控制设备总则》,IP代码见表5.29 ~ 表5.31。

表5.29　封闭电器的外壳防护等级(第一位IP代码)

IP	防止固体异物进入	防止人体接近危险部件
	要　求	
0	无防护	无防护
1	直径50 mm的球形物体不得完全进入,不得触及危险部件	手背
2	直径12.5 mm的球形物体不得完全进入,铰接试指应与危险部件有足够的间隙	手指
3	直径2.5 mm的试具不得进入	工具
4	直径1.0 mm的试具不得进入	金属线
5	允许有限的灰尘进入(没有有害的沉积)	金属线
6	完全防止灰尘进入	金属线

表5.30　封闭电器的外壳防护等级(第二位IP代码)

IP	防止进水造成有害影响	防水
	简　述	
0	无防护	无防护
1	防止垂直下落滴水,允许少量水滴入	垂直滴水
2	防止当外壳在15°范围内倾斜时垂直下落滴水	与垂直成15°滴水
3	防止与垂直面成60°范围内淋水,允许少量水进入	少量淋水
4	防止任何方向的溅水,允许少量水进入	任何方向的溅水
5	防止喷水,允许少量水进入	任何方向的喷水
6	防止强烈喷水,允许少量水进入	任何方向的强烈喷水
7	防止15 cm ~ 1 m深的浸水影响	短时间浸水
8	防止在有压力下长期浸水	持续浸水

表 5.31　封闭电器的外壳防护等级(第三位 IP 代码)

IP	要　求	防止人体接近危险部件
A 用于第一位数码为 0	直径 50 mm 的球形物体进入到隔板,不得触及危险部件	手背
B 用于第一位数码为 0、1	最长长度为 80 mm 的试指球进入,不得触及危险部件	手指
C 用于第一位数码为 1、2	当档盘部分进入时,直径为 2.5 mm、长为 100 mm 的金属线不得触及危险部件	工具
D 用于第一位数码为 2、3	当档盘部分进入时,直径为 1.0 mm、长为 100 mm 的金属线不得触及危险部件	金属线

注:本表引自 GB/T 14048.1—2000《低压开关设备和控制设备总则》中的附录 C。

3. 化学腐蚀环境

按照 HG/T 20666—1999《化工企业腐蚀环境电力设计规程》,腐蚀环境类别的划分应根据工艺专业提供的腐蚀性物质释放严酷度,结合所在地区最湿月平均最高相对湿度等条件,协同环境保护要求而定。化学腐蚀性物质释放严酷度分级见表 5.32。

表 5.32　化学腐蚀性物质释放严酷度分级

化学腐蚀性物质名称		级　别					
		1 级		2 级		3 级	
		平均值	最大值	平均值	最大值	平均值	最大值
气体及其释放浓度 /(mg·m^{-3})	氯气(Cl_2)	0.1	0.3	0.3	1.0	0.6	3.0
	氯化氢(HCl)	0.1	0.5	1.0	0.5	1.0	5.0
	二氧化硫(SO_2)	0.3	1.0	5.0	10.0	13.0	40.0
	氮氧化物(折算成 NO_2)	0.5	1.0	3.0	9.0	10.0	20.0
	硫化氢(H_2S)	0.1	0.5	3.0	10.0	14.0	70.0
	氟化物(折算成 HF)	0.01	0.03	0.1	2.0	0.1	2.0
	氨气(NH_3)	1.0	3.0	10.0	35.0	35.0	175.0
	臭氧	0.05	0.1	0.1	0.3	0.2	2.0
雾	酸雾(硫酸、盐酸、硝酸) 碱雾(氢氧化钠)	—		有时存在		经常存在	
液体	硫酸、盐酸、硝酸 氢氧化钠、食盐水、氨水	—		有时滴漏		经常滴漏	
粉尘	沙/(mg·m^{-3})	30/300		300/1 000		3 000/4 000	
	尘(漂浮)/(mg·m^{-3})	0.2/5.0		0.4/15		4/20	
	尘(沉积)/(mg·m^{-2}·h^{-1})	1.5/20		15/40		40/80	
土壤	pH 值	>6.5 ~ ≤8.5		4.5 ~ 6.5		<4.5,>8.5	
	有机质/%	<1		1 ~ 1.5		>1.5	
	硝酸根离子/%	<1×10^{-4}		1×10^{-4} ~ 1×10^{-3}		>1×10^{-3}	
	电阻系数/(Ω·m)	>50 ~ 100		23 ~ 50		<23	

注:①化学腐蚀性气体释放浓度系历年最湿月在电气设备安装现场所实测到的平均最高浓度值。实测处距化学腐蚀性气体释放口一般要求 1 m 范围外,不应紧靠释放源。
②粉尘一栏中,分子为有气候防护场所,分母为无气候防护场所。
③平均值是长期数值的平均;最大值是在一周期内的极限值或峰值,每天不超过 30 min。

腐蚀环境规划分为三类,划分的主要依据和参考依据见表 5.33 和表 5.34。腐蚀环境的电气设备应根据划分的环境类别按表 5.35 和表 5.36 的规定选择相适应的防腐型产品。

表 5.33　腐蚀环境划分的主要依据

主要依据	类　别				
	0 类(轻腐蚀环境)		1 类(中等腐蚀环境)		2 类(强腐蚀环境)
地区或局部环境最湿月平均最高相对湿度(25 ℃)	60% 及以上	75% 以下	75% 及以上	85% 以下	85% 及以上
化学腐蚀性物质的释放状况	一般无泄漏现象,任一种腐蚀性物质的释放严酷度经常为 1 级,有时(如事故或不正常操作时)可能达到 2 级		有泄漏现象,任一种腐蚀性物质的释放严酷度经常为 2 级,有时(如事故或不正常操作时)可能达 3 级		泄漏现象严重,任一种腐蚀性物质的释放严酷度经常为 3 级,有时(如事故或不正常操作时)偶然超过 3 级

注:如地区或局部环境最湿月平均最高温度不是 25 ℃时,其同月平均最高相对湿度必须换算到 25 ℃时的相对湿度。

表 5.34　腐蚀环境划分的参考依据

参考依据	类　别		
	0 类(轻腐蚀环境)	1 类(中等腐蚀环境)	2 类(强腐蚀环境)
操作条件	由于风向的关系,有时可闻到化学物质气味	经常能感到化学物质的刺激,但不需佩戴防护器具进行正常的工艺操作	对眼睛或外呼吸道具有强烈刺激,有时需佩戴防护器具才能进行正常的工艺操作
表观现象	建筑物和工艺、电气设施只有一般腐蚀现象,工艺和电气设施只需常规维修;一般树木生长正常	建筑物和工艺、电气设施腐蚀现象明显,工艺和电气设施一般需年度大修;一般树木生长不好	建筑物和工艺、电气设施腐蚀现象严重,设备大修间隔期小于一年;一般树木成活率低
通风情况	通风换气良好	通风换气一般	通风换气不好

表 5.35　户内腐蚀环境用电设备的选择

序号	名　　称	环境类别		
		0 类(轻腐蚀环境)	1 类(中等腐蚀环境)	2 类(强腐蚀环境)
1	配电装置	IP2X ~ IP4X	F1 级防腐型	F2 级防腐型
2	控制装置	F1 级防腐型	F1 级防腐型	F2 级防腐型
3	电力变压器	普通型、密闭型	F1 级防腐型	F2 级防腐型
4	电动机	Y 系列或 Y2 系列电动机	F1 级防腐型	F2 级防腐型
5	控制电器和仪表(包括按钮、信号灯、电表、插座等)	防腐型、密闭型	F1 级防腐型	F2 级防腐型
6	灯具	保护性、防水防尘型	防腐型	
7	电线	塑料绝缘电线、橡皮绝缘电线、塑料护套电线		
8	电缆	塑料外护套电缆		
9	电缆桥架	普通型	F1 级防腐型	F2 级防腐型

表5.36 户外腐蚀环境用电设备的选择

序号	名 称	环境类别		
		0类（轻腐蚀环境）	1类（中等腐蚀环境）	2类（强腐蚀环境）
1	配电装置	W级户外型	WF1级防腐型	WF2级防腐型
2	控制装置	W级户外型	WF1级防腐型	WF2级防腐型
3	电力变压器	普通型、密闭型	WF1级防腐型	WF2级防腐型
4	电动机	W级户外型	WF1级防腐型	WF2级防腐型
5	控制电器和仪表（包括按钮、信号灯、电表、插座等）	W级户外型	WF1级防腐型	WF2级防腐型
6	灯具	防水防尘型	户外防腐型	
7	电线	塑料绝缘电线		
8	电缆	塑料外护套电缆		
9	电缆桥架	普通型	WF1级防腐型	WF2级防腐型

防腐电工产品的防护类型共有五种,其标志符号为:代号 F1——户内防中等腐蚀性;代号 F2——户内防强腐蚀性;代号 W——户外防轻腐蚀性;代号 WF1——户外防中等腐蚀性;代号 WF2——户外防强腐蚀性。例如,户外防中等腐蚀型 Y 型电动机标为 Y160M2—2WF1。

4.高原地区

我国低压电器各类标准和 IEC 标准都是适用于海拔 2 000 m 及以下地区,超过 2 000 m 时由于空气压力和空气密度下降,空气温度降低,空气绝对湿度减小,对低压电器的使用带来一定影响。因此,海拔为 2 000 m 以上地区应选用高原型产品。

按 GB/T 20645—2006《特殊环境条件高原用低压电器技术要求》规定,高原型低压电器分为户内高原型和户外高原型两类;按海拔高度范围为 2 000 m 以上至 5 000 m,并按每升高 1 000 m 划分一级等级,产品的海拔分级和标识为:G×或 G×—×。

G 表示高原型产品;阿拉伯数字表示海拔高度等级。例如,G5 表示适用于海拔最高达 5 000 m 的产品;G3—4 表示适用于海拔 3 000 m 至 4 000 m 的产品。

5.热带地区

热带地区根据常年空气的干湿程度分为湿热带和干热带。湿热带是指一天内有 12 h 以上气温不低于 20 ℃、相对湿度不低于 80% 的气候条件,这样的天数全年累计在两个月以上的地区。其气候特征是高温伴随高湿。干热带是指年最高气温在 40 ℃ 以上而长期处于低湿度的地区。其气候的特征是高温伴随低湿,气温日变化大,日照强烈且有较多的沙土。

热带气候条件对低压电器的影响:

(1)由于空气高温、高湿、凝露及霉菌等作用,电器的金属件及绝缘材料容易腐蚀、老化,绝缘性能降低,外观受损。

(2)由于日温差大和强烈日照的影响,密封材料产生变形开裂,熔化流失,导致密封结构泄漏,绝缘油等介质受潮劣化。

(3)低压电器在户外使用时,如受太阳辐射,其温度升高,将影响其载流量。如受雷暴、雨、盐雾的袭击,将影响其绝缘强度。

湿热带地区宜选用湿热带型产品,在型号后加 TH。干热带地区宜选用干热型产品,在型号后加 TA。

热带型低压电器使用环境条件见表 5.37。

表 5.37　热带型低压电器使用环境条件

环境因素		湿热带型	干热带型
海拔/m		≤2 000	≤2 000
空气温度/℃	年最高	40	55
	年最低	0	−5
空气相对湿度/%	最湿月平均最大相对湿度	95(25 ℃)	—
	最干月平均最小相对湿度	—	10(40 ℃)
凝露		有	—
霉菌		有	—
沙尘		—	有

5.4.3　开关电器和隔离电器的选择

1. 装设要求

(1)隔离电器。

①当维护、测试和检修设备需要断开电源时,应装设隔离电器。

②在 TN-C 系统中,PEN 线不应装设隔离电器;在 TN-S 系统中,N 线不需要装设隔离电器。

(2)功能性开关电器。

①需要独立控制电气装置的电路的每一部分都应装设功能性开关电器。

②功能性开关电器应能执行可能出现的最繁重的工作制。

③功能性开关电器可仅控制电流而不断开其相应的极。

(3)在下列情况下,应选用带中性极的开关电器:

①TN 系统、TT 系统与 IT 系统之间的电源转换开关电器;

②TT 系统的隔离电器(负荷侧无中性导体的除外);

③引出中性线的 IT 系统时选用的开关电器;

④剩余电流动作保护器(负荷侧无中性导体的除外)。

2. 隔离电器和操作电器的选择

(1)隔离电器应采用隔离开关、隔离器、隔离插头,也可用熔断器或有隔离功能的断路器,还可用连接片、插头与插座、不需要拆除导线的特殊端子;但严禁用半导体电器做隔离器。

(2)功能性开关电器可采用开关、隔离开关、断路器、接触器,也可用继电器或半导体做隔离器,小电流者还可用 10 A 及以下的插头与插座。严禁用隔离器、熔断器或连接片作为功能性开关电器。

3. 开关、隔离开关(含与熔断器组合电器)的功能、分类和特性

(1)定义和功能。按照 GB 14048.3—2002《低压开关设备和控制设备 第 3 部分:开关、隔

离器、隔离开关及熔断器组合电器》(等同采用 IEC 标准 IEC60974.3：2001)，各电器的定义和功能如下：

①开关：在正常电路条件下(包括规定的过载)，能接通、承载和分段电流，并在规定的非正常电流条件(如短路)下，能在规定时间内承载电流的机械开关电器。它可以接通，但不能分断短路电流。

②隔离器：在断开状态下能符合规定隔离功能要求的电器。应满足触头断开距离、泄漏电流要求，以及断开位置指示可靠性和加锁等附加要求；能承载正常电路条件下的电流和一定时间非正常电路条件下的电流(短路电流)；如分断或接通的电流可忽略(如线路分布电容电流、电压互感器等的电流)，也能断开和闭合电路。

③隔离开关：在断开状态能符合隔离器的隔离要求的开关。

④熔断器组合电器：它是熔断器开关电器的总称，是将开关电器或隔离电器与一个或多个熔断器组装在同一单元内的组合电器，通常包括六种组合。

（2）分类。

①按使用类别分类。使用类别列于表 5.38 中，表中类别 A 用于经常操作环境；类别 B 用于不经常操作环境，如只在维修时为提供隔离才操作的隔离器，或以熔断体触刀做触头的开关电器。

表 5.38　使用类别和典型用途

电流种类	使用类别		典型用途
	类别 A	类别 B	
交流	AC–20A	AC–20B	空载条件下闭合断开
	AC–21A	AC–21B	通断阻性负载，包括适当的过载
	AC–22A	AC–22B	通断电阻和电感混合负载，包括适当的过载
	AC–23A	AC–23B	通断电动机负载或其他高电感负载
直流	DC–20A	DC–20B	空载条件下闭合和断开
	DC–21A	DC–21B	通断阻性负载，包括适当的过载
	DC–22A	DC–22B	通断电阻和电感混合负载，包括适当的过载(如并激电动机)
	DC–23A	DC–23B	通断高电感负载(如串激电动机)

注：①AC–20、DC–20 类别在美国不允许使用。

②断开触头之间的隔离距离应该是可见的或用明显的标记——"闭合"或"断开"可靠地表示出来；这种表示只有在每极断开触头之间达到隔离距离时才出现。

②按人力操作方式分类

a.有关人力操作。完全靠直接施加人力的操作，速度与力和操作者动作有关。

b.无关人力操作。能量来源于人力的储能操作，速度与力和操作者动作无关。

c.半无关人力操作。完全靠直接施加达到某一阀值的人力操作。

（3）正常负载特性。

①额定接通能力：是在规定接通的条件下能满意接通的电流值。对于交流，用电流周期分量有效值表示，其值见表 5.39。

②额定分断能力:是在规定分断的条件下能满意分断的电流值。对于交流,用电流周期分量有效值表示,其值见表 5.39。

表 5.39　各种使用类别的接通和分断能力及验证条件

使用类别	接通		分断		操作循环次数
	I/I_r	$\cos \varphi$	I_c/I_r	$\cos \varphi$	
AC–21A　AC–21B	1.5	0.95	1.5	0.95	5
AC–22A　AC–22B	3	0.65	3	0.65	5
AC–23A　AC–23B	10	0.45/0.35	8	0.45/0.30	5/3
使用类别	接通		分断		操作循环次数
	I/I_r	L/R/ms	I_c/I_r	L/R/ms	
DC–21A　DC–21B	1.5	1	1.5	1	5
DC–22A　DC–22B	4	2.5	4	2.5	5
DC–23A　DC–23B	4	15	4	15	5

注:①接通在外施电压为额定工作电压的 1.05 倍进行,分断在工频或直流恢复电压为额定工作电压的 1.05 倍进行。

②表中符号:I—接通电流;I_c—分断电流;I_r—额定工作电流。

③AC–23 栏中,分子表示额定工作电流为 100 A 及以下电器的数据;分母表示 100 A 以上电器的数据。

(4)短路特性。

①额定短时耐受电流(I_{cw}):是指电器能够承受而不发生任何损坏的电流值。短时耐受电流值不得小于 12 倍最大额定工作电流。通电持续时间应为 1 s(另有规定除外)。对于交流是指交流分量的有效值,并认为可能出现的最大峰值电流不会超过此有效值的 n 倍。比较见表 5.40。

②额定短路接通能力(I_{cm}):该值用最大预期电流峰值表示。开关或隔离开关的 I_{cm} 值由制造厂规定。对于交流预期电流峰值与有效值的关系见表 5.40。

表 5.40　对应于实验电流的功率因数、时间常数和预期电流峰值与有效值的比率 n

实验电流 I/A	功率因数	时间常数/ms	n	实验电流 I/A	功率因数	时间常数/ms	n
$I \leqslant 1\ 500$	0.95	5	1.41	$6\ 000 < I \leqslant 10\ 000$	0.5	5	1.7
$1\ 500 < I \leqslant 3\ 000$	0.9	5	1.42	$10\ 000 < I \leqslant 20\ 000$	0.3	10	2.0
$3\ 000 < I \leqslant 4\ 500$	0.8	5	1.47	$20\ 000 < I \leqslant 50\ 000$	0.25	15	2.1
$4\ 500 < I \leqslant 6\ 000$	0.7	5	1.53	$50\ 000 < I$	0.2	15	2.2

③额定限制短路电流:是在短路保护电器动作时间内能够良好地承受的预期短路电流,用交流分量有效值表示,该值由制造厂规定。

(5)隔离电器的泄漏电流。施加实验电压为额定工作电压 1.1 倍时,其泄漏电流不应超过下列允许值:

①新电器每极允许值为 0.5 mA;

②经接通和分断试验后的电器,每极允许值为 2 mA;

③任何情况下,极限值不应超过 6 mA。

5.4.4 保护电器的选择

按 GB 50054—1995《低压配电设计规范》的规定,配电线路应装设短路保护、过负载保护和接地故障保护。

保护电器一般采用低压熔断器和低压断路器两类,应在每一段配电线路的首端装设,同时应在配电干线引接出的分支线的分接处和配电线路截面减少处装设。

保护电器应在电路故障时能切断电源,而在正常运行或设备正常启动时,不应动作,这是一对矛盾;另外,保护电器在电路故障时应较快速动作,而上级保护电器不应动作,使停电范围最小,这又是一个矛盾。这就使设计时选择保护电器更为复杂,必须经过计算,认真选择保护电器类型,确定其电流和动作时间等参数。

1. 熔断器的主要特性

熔断器应符合 GB 13539.1—2002《低压熔断器第一部分:基本要求》和 GB/T 13539.2—2002《低压熔断器第二部分:专职人员使用的熔断器的补充要求》。

(1)分类。

①按结构分。熔断器的结构形式与使用人员有关,因此可分为:

a. 专职人员使用的熔断器(主要用于工业场所),主要有刀型触头、螺栓连接、圆筒形帽及偏置触刀等几种熔断器。

b. 非专职人员使用熔断器(主要用于家用和类似用途的熔断器)。

②按分断范围分。

a. "g"熔断器:在规定条件下,能分断使熔断体熔化的电流至额定分断能力之间的所有电流的限流熔断器(全范围分断)。

b. "a"熔断器:在规定条件下,能分断示于熔断体熔断时间-电流特性曲线上的最小电流至额定分断能力之间的所有电流的熔断器(部分范围分断)。

③按使用类别分。

a. "G"类:一般用途的熔断器,即保护配电线路用。

b. "M"类:保护电机回路的熔断器。

c. "Tr"类:保护变压器的熔断器。

d. 其他。

分断范围和使用类别可以有不同的组合,如"gG"、"gM"、"gTr"、"aM"等,其中"gG"为具有全范围分断能力用做配电线路保护的熔断器,aM 为部分分断能力用做电动机保护的熔断器。

(2)特性。

①时间-电流特性:在规定的熔断条件下,作为预期电流的函数的弧前时间或熔断时间曲线。目前,符合国家标准的熔断器主要类型有 RT16、RT17、RT20、RL6、RL7 等。

②约定时间和约定电流:gG 和 gM 熔断体的约定时间和约定电流,按 GB 13539.1—2002 及 GB/T 13539.2—2002 的规定列于表 5.41,I_r>16 A 的"gG"熔断体的约定时间和约定电流见表 5.42。

表 5.41　"gG"和"gM"熔断体的约定时间和约定电流

"gG"额定电流 I_r/A　"gM"特性电流 I_{ch}/A	约定时间/h	约定电流/A	
		I_{nf}	I_f
$I_r<16$	1	①	①
$16<I_r\leq63$	1		
$63<I_r\leq160$	2	$1.25I_r$	$1.6I_r$
$160<I_r\leq400$	3		
$400<I_r$	4		

注:I_f—约定熔断电流;I_{nf}—约定不熔断电流。

表 5.42　$I_r>16$ A 的"gG"熔断体的约定电流

"gG"额定电流 I_r/A	刀型触头熔断器、圆筒形帽熔断器		螺栓连接熔断器		偏置触刀熔断器	
	I_{nf}	I_f	I_{nf}	I_f	I_{nf}	I_f
$4<I_r<16$	$1.5I_r$	$1.9I_r$	$1.25I_r$	$1.6I_r$	$1.25I_r$	$1.6I_r$
$I_r\leq4$	$1.5I_r$	$2.1I_r$	$1.25I_r$	$1.6I_r$	$1.25I_r$	$2.1I_r$

③过电流选择比:上、下级熔断体的额定电流比为 1.6∶1,具有选择性熔断,该比值即为过电流选择比。

④I^2t 特性:熔断体允许通过的 I^2t(焦耳积分)值,用以衡量在故障时间内产生的热能,弧前 I^2t 是熔断器弧前时间内的焦耳积分;熔断 I^2t 是全熔断时间内的焦耳积分,是用于考核其过电流选择性、熔断器与断路器的级间选择性配合的参数。

⑤分断能力:在规定的使用和性能条件下,熔断体在规定电压下能够分断的预期电流值。对交流熔断器是指交流分量的有效值。

2.断路器的主要特性

低压断路器应符合 GB 14048.2—2001《低压开关设备和控制设备——低压断路器》的要求。

(1)分类。

①按使用类别分为 A、B 两类,A 类为非选择型;B 类为选择型。

②按设计形式分为开启式(原名万能式或框架式)和塑料外壳式或模压外壳式。

③按是否适合隔离分为:

a.适合隔离:断路器在断开位置时,具有符合隔离功能安全要求的隔离距离,并应提供一种或几种方法(用操动器的位置、独立的机械式指示器、动触可视)显示主触头的位置。

b.不适合隔离。

④除上述分类外,还有其他多种分类。如按分断介质分,按操动机构的控制方式分,按是否需要维修分,按安装方式分,按外壳防护等级分等。

(2)特性。断路器的特性包括断路器的形式(极数、电流种类)、主电路的额定值和极限值(包括短路特性)、控制电路、辅助电路、脱扣器形式(分励脱扣器、过电流脱扣器、欠电压脱扣

器)、操作过电压等。现就主要特性说明如下:

①额定短路接通能力(I_{cm})。在规定的额定工作电压、额定频率以及一定的功率因数(对于交流)或时间常数(对于直流)下,断路器的短路接通能力值用最大预期峰值电流表示。对于交流,断路器的额定短路接通能力不应小于其额定极限短路分断能力乘以表5.43中系数n的乘积。

表5.43 (交流断路器的)短路接通和分断能力之间的比值n

额定极限短路分断能力 I_{cu}/kA	功率因数	系数 n
$4.5 < I_{cu} \leq 6$	0.7	1.5
$6 < I_{cu} \leq 10$	0.5	1.7
$10 < I_{cu} \leq 20$	0.3	2.0
$20 < I_{cu} \leq 50$	0.25	2.1
$50 < I_{cu}$	0.2	2.2

②额定极限短路分断能力(I_{cu})。按相应的额定工作电压规定断路器在规定的条件下应能分断的极限短路分断能力值用预期分断电流表示(在交流情况下用交流分量有效值表示)。

③额定运行短路分断能力(I_{cs})。按相应的额定工作电压规定断路器在规定的情况下应能分断的运行短路分断能力值,用预期分断电流表示,相当于额定极限短路分断能力规定的百分数中的一挡,并化整到最接近的整数。它可用I_{cu}的百分数表示。

④额定短时耐受电流(I_{cw})。在规定的实验条件下对断路器确定的短时耐受电流值,对于交流,此电流为有效值。预期短路电流的交流分量在短延时间内认为是恒定的,相应的短延时应不小于0.05 s,其优选值为0.05 s、0.1 s、0.2 s、0.5 s、1.0 s。额定短时耐受电流不应小于表5.44所列的相应值。

⑤过电流脱扣器。过电流脱扣器包括瞬时过电流脱扣器、定时限过电流脱扣器(又称短延时过电流脱扣器)、反时限过电流脱扣器(又称长延时过电流脱扣器)。

a. 瞬时或定时限过电流脱扣器在达到电流整定值时应瞬时(固有动作时间)动作。其电流脱扣器整定值有±10%的误差。

b. 反时限过电流脱扣器在基准温度下的断开特性见表5.45。反时限过电流脱扣器在基准温度下,在约定不脱扣电流,即电流的整定值的1.05倍时,脱扣器的各相级同时通电,断路器从冷态开始,在小于约定时间内不应发生脱扣;在约定时间结束后立即使电流上升至电流整定值的1.3倍。即达到约定脱扣电流,断路器在小于约定时间内脱扣。

表5.44 额定短时耐受电流最小值

约定电流 I_r/A	额定短时耐受电流 I_{cw} 的最小值/kA
$I_r \leq 2\ 500$	$12I_r$ 或 5 kA 中取大者
$I_r > 2\ 500$	30

表 5.45　反时限过电流脱扣器在基准温度下断开动作特性

所有相极通电		约定时间/h
约定不脱扣电流	约定脱扣电流	
1.05 倍整定电流	1.30 倍整定电流	2 *

注:* 当 $I_r \leqslant 63$ A 时,为 1 h。

反时限过电流脱扣器时间–电流特性应以制造厂提供的曲线形式为准。这些曲线表明从冷态开始的断开时间与脱扣器动作范围内的电流变化关系。目前,符合国家标准的断路器主要型号有 DW45、DW50、DW15HH、S 等。

3. 短路保护和保护电器选择

(1)短路保护要求。保护电器应在短路电流对导体和连接件产生的热效应和机械力造成危害之前分断该短路电流。

(2)短路保护电器应满足的两个条件。

①分断能力不应小于保护电器安装处的预期短路电流。

②应在短路电流使导体达到允许的极限温度之前分断该短路电流。

当短路持续时间不大于 5 s 时,导体从正常进行的允许最高温度上升到极限温度的持续时间 t 可近似表示为

$$t \leqslant \frac{K^2 \cdot S^2}{I^2} \quad 或 \quad S \geqslant \frac{I}{K}\sqrt{t} \tag{5.38}$$

式中,S 为绝缘导体的线芯截面,mm^2;I 为预期短路电流有效值(均方根值);t 为在已达到允许最高持续工作温度的导体内短路电流持续作用时间,s;K 为计算系数,按表 5.46 取值,取决于导体的物理特性,如电阻率、导热能力、热容量以及短路时的初始温度和最终温度(这两种温度取决于绝缘材料)。

表 5.46　常用绝缘材料的 k 值

项目		导体绝缘材料					
		PVC $\leqslant 300\ mm^2$	PVC $> 300\ mm^2$	EPR/XLPE	橡胶 60 ℃	矿物质	
						带 PVP	裸的
初始温度 /℃		70	70	90	60	70	105
最终温度 /℃		160	140	250	200	160	250
导体材料	铜	115	103	143	141	115	135
	铝	76	68	94	93	—	—
	铜导体的锡焊接头	115	—	—	—	—	—

注:①PVC— 聚氯乙烯;EPR— 乙丙橡胶;XLPE— 交联聚乙烯。

②表中初始温度,即正常运行的允许最高温度;最终温度即短路时的极限温度。

当短路持续时间小于 0.1 s 时,应计入短路电流非周期分量对热作用的影响,这种情况应校验 $K^2 S^2 \geqslant I^2 t$($I^2 t$ 为保护电器制造厂提供的允许通过能量值),以保证保护电器在分断短路电流前,能承受包括非周期分量在内的短路电流的热作用。

当短路持续时间大于 5 s 时,校验时应计及散热的影响。

(3) 校验导体短路热稳定的简化方法。

① 采用熔断器保护时,由于熔断器的反限时特性,用式(5.38) 校验较麻烦。先要计算出预期短路电流值,再按选择的熔断体电流值查熔断器特性曲线,找出相应的全熔断时间 t,代入式(5.38)。为方便使用,将电缆、绝缘导线截面与最大熔断体电流的配合关系列于表 5.47。

表 5.47　电缆、导线截面与允许最大熔断体电流配合表

	PVC		EPR/XLPE		橡胶	
	铜 $K = 115$	铝 $K = 76$	铜 $K = 143$	铝 $K = 94$	铜 $K = 141$	铝 $K = 93$
1.5	16	—	—	—	16	—
2.5	25	16	—	—	32	20
4	40	25	50	32	50	32
6	63	40	63	50	63	50
10	80	63	100	63	100	63
16	125	80	160	100	160	100
25	200	125	200	160	200	160
35	250	160	315	200	315	200
50	315	250	425	315	400	315
70	400	315	500	425	500	400
95	500	425	550	500	550	500
120	550	500	630	500	630	500
150	630	550	800	630	630	550

注:① 表中 t 按最不利条件 5 s 计算。

②表中熔断体电流值用于符合 GB 13539.1—2002 的产品,按表 RT16、RT17 型熔断器而编制。

② 采用短路保护时,导体热稳定的校验比较简单

a. 瞬时脱扣器的全分断时间(包括灭弧时间)极短,一般为 10 ~ 20 ms,甚至更小,因此应按上述的 $K^2 S^2 \geq I^2 t$ 进行校验,虽短路电流很大,一般都能符合要求。但应注意,当配电变压器容量很大,从低压配电屏直接引出馈线时,其截面不应太小。

b. 短延时脱扣器的动作时间一般为 0.1 ~ 0.8 s,根据经验选用带延时脱扣器的断路器所保护的配电干线截面不会太小,一般能满足式(5.38) 的要求,可不校验。

4. 过负载保护和保护电器选择

(1) 一般要求。

① 保护电器应在过负载电流引起的导体温升对导体的绝缘、接头、端子或导体周围的物质造成损害之前分断该过负载电流。

② 对于突然断电比过负载造成的损失更大的线路,如消防水泵之类的负荷,其过负载保护作用于信号而不应作用于切断电路。

(2) 过负载保护电器的动作特性。过负载保护电器的动作特性应同时满足

$$I_c \leqslant I_r \leqslant I_z \quad \text{或} \quad I_c \leqslant I_{set1} \leqslant I_z \tag{5.39}$$

$$I_2 \leqslant 1.45 I_z \tag{5.40}$$

式中,I_c 为线路计算电流,A;I_r 为熔断器熔断体额定电流,A;I_{set1} 为断路器长延时脱扣整定电流,A;I_z 为导体允许持续载流量,A;I_2 为保证保护电器可靠动作的电流,A。当保护电器为断路器时,I_2 为约定时间内的约定动作电流;当保护电器为熔断器时,I_2 为约定时间内的约定熔断电流。

I_2 由产品标准给出或由制造厂给出。如按 GB 14048.2—2001《低压开关设备和控制设备 低压断路器》规定,约定动作电流 I_2 为 1.3I_{set1},只要满足 $I_{set1} \leqslant I_z$,则满足 $I_2 \leqslant 1.45I_z$。即要求满足 $I_c \leqslant I_{set1} \leqslant I_z$ 即可。

采用熔断器保护时,由于式(5.40)中有约定熔断电流 I_2,使用不方便,变换如下:

① 根据 GB 13539.2—2002《低压熔断器基本要求 —— 专职人员使用熔断器补充要求》,16 A 及以上过流选择比为 1.6∶1 的"g"熔断体的约定熔断电流 $I_2 = 1.6I_r$。 按 GB 500454—1995 的条文说明第 4.3.4 条中指出,因熔断器产品标准测试设备的热容量比实际使用的大许多,即测试所得的熔断时间较实际使用中的熔断时间为长,这时 I_2 应乘以 0.9 的系数,则 $I_2 = 0.9 \times 1.6I_r = 1.44I_r$,将此式代入式(5.40) 得 1.44$I_r \leqslant 1.45I_z$,近似认为 $I_r \leqslant I_z$。

② 小于 16 A 的熔断器:

a. 螺栓连接熔断器:$I_2 = 1.6I_r$。

b. 刀型触头熔断器和圆筒 V 形帽熔断器:$I_2 = 1.9I_r(4\text{ A} < I_r < 16\text{ A})$;$I_2 = 2.1I_r(I_r \leqslant 4\text{ A})$。

c. 偏置触刀熔断器:$I_2 = 1.6I_r(4\text{ A} < I_r < 16\text{ A})$;$I_2 = 2.1I_r(I_r \leqslant 4\text{ A})$。

综合 ① 和 ②,将计算结果列于表 5.48。

表 5.48　用熔断器做过载保护时熔断电流(I_r) 与导线载流量(I_z) 的关系

专职人员用熔断器类型	I_r 值范围 /A	I_r 与 I_z 的关系
螺栓连接熔断器	全值范围	$I_r \leqslant I_z$
刀型触头熔断器和圆筒 V 形帽熔断器	$I_r \geqslant 16$	$I_r \leqslant I_z$
	$16 > I_r > 4$	$I_r \leqslant 0.85I_z$
	$I_r \leqslant 4$	$I_r \leqslant 0.77I_z$
偏置触刀熔断器	$I_r > 4$	$I_r \leqslant I_z$
	$I_r \leqslant 4$	$I_r \leqslant 0.77I_z$

5. 接地故障保护电器选择

(1) 按 TN 系统接地故障保护要求选择保护电器。

①TN 系统配电线路接地故障保护的动作特性应符合

$$Z_s I_a \leqslant U_o \tag{5.41}$$

式中,Z_s 为接地故障回路的阻抗,Ω;I_a 为保证保护电路在规定时间内切断故障回路的电流,A;U_o 为相线对地标称电压,V。规定时间:对配电线路及仅供固定用电设备的末端回路不大于 5 s;对供给手握式、移动式用电设备的末端回路或插座回路不应大于 0.4 s。

②TN 系统采用过电流保护电器(即熔断器或断路器) 兼做接地故障保护;当不能满足式

(5.41)要求时,宜采用零序电流保护,或剩余电流动作保护。

③采用熔断器做接地故障保护时,符合下式条件,即满足式(5.41)的要求

$$I_d \geqslant K_r I_r \qquad (5.42)$$

式中,I_d 为线路末端接地故障电流,A;I_r 为熔断器的熔断体额定电流,A;K_r 为故障电流为 I_r 值的倍数,其值不小于表 5.49 的规定。

表 5.49   熔断器做接地故障保护的 K_r 最小值

熔断体额定电流/A		4 ~ 10	12 ~ 32	40 ~ 63	80 ~ 200	250 ~ 500
熔断接地故障回路	5	4.5	5		6	7
最大允许时间/s	0.4	8	9	10	11	—

④采用断路器做接地故障保护

a.用熔断器的瞬时过电流脱扣器做接地故障保护,应满足

$$I_d \geqslant 1.3 I_{set3} \qquad (5.43)$$

式中,I_d 为线路末端接地故障电流,A;I_{set3} 为瞬时过电流脱扣器整定电流,A;1.3 为按 GB 50054—1995 规定的可靠系数。

b.用断路器的延时过电流脱扣做接地故障保护,符合下式要求,即满足式(5.41)的要求

$$I_d \geqslant 1.3 I_{set2} \qquad (5.44)$$

式中,I_{set2} 为短延时脱扣器整定电流,A,其他同式(5.43)。

c.用带接地故障保护的断路器时,又分两种方式,即零序电流保护和剩余电流保护。

(a)零序电流保护。三相四线制配电线路正常工作时,如三相负载完全平衡,无谐波电流,忽略正常泄漏电流,则流过中性线(N)的电流为 0,即零序电流 $I_N = 0$;如果三相负载不平衡则产生零序电流,$I_N \neq 0$;如果某一相发生接地故障时,零序电流 I_N 将大大增加,达到 $I_N(G)$。则使零序电流电流值发生变化,可取得接地故障信号。

检测零序电流通常是在断路器后三个相线(或母线)上各装一只电流互感器(TA)。取 3 只 TA 二次电流矢量和乘以变比,即零序电流 $\dot{I}_N = \dot{I}_U + \dot{I}_V + \dot{I}_W$。

零序电流保护整定值 I_{set0} 必须大于正常运行时 PEN 线中流过的最大三相不平衡电流,谐波电流,正常泄漏电流之和;而在发生接地故障时必须动作。零序电流保护整定值 I_{set0} 应符合下两式要求

$$I_{set0} \geqslant 2.0 I_N \qquad (5.45)$$

$$I_{N(G)} \geqslant 1.3 I_{set0} \qquad (5.46)$$

式中,$I_N(G)$ 为发生接地故障检测的零序电流。

零序电流保护适用于 TN – C,TN – C – S,TN – S 系统,但不适用于谐波电流较大的配电线路。

(b)剩余电流保护。剩余电流保护所检测的是三相电流加中性线电流的向量和,即剩余电流为 $\dot{I}_{PE} = \dot{I}_U + \dot{I}_V + \dot{I}_W + \dot{I}_N$。

三相四线配电线路正常运行时,即使三相负载不平衡,剩余电流只是线路泄漏电流,当某一相发生接地故障时,检测的三相电流加中性电流的向量和不为零,而等于接地故障电流 $I_{PE(G)}$。

检测剩余电流通常是在断路器后三相线和中性线上各装一只 TA,取 4 只 TA 二次电流相量和,或采用专用的剩余电流互感器,乘以变比,即剩余电流 $\dot{I}_{PE} = \dot{I}_U + \dot{I}_V + \dot{I}_W + \dot{I}_N$。

为避免误动作,断路器剩余电流保护整定值 I_{set4} 应大于正常运行时线路和设备的泄漏电流总和的 2.5 ~ 4 倍,同时,断路器接地故障保护的整定值 I_{set4} 还应满足

$$I_{PE(G)} \geq 1.3 I_{set4} \tag{5.47}$$

可见,采用剩余电流保护比零序电流保护的动作灵敏度更高。

剩余电流保护用于 TN – S 系统,但不适用于 TN – C 系统。

(2) 按 TT 系统接地故障保护要求选择保护电器。TT 系统的接地故障电流比较小,应用剩余电流动作保护器(RCD)。对于供电给手握式或移动式用电设备的末端回路和插座回路,RCD 的动作电流($I_{\Delta N}$) 应不大于 30 mA,瞬时动作;而上一级装设的 RCD 的建筑线处装设的 RCD 应有不大于 1.0 s 的延时;对于有火灾危险的场所,RCD 的 $I_{\Delta N}$ 值应选为 100 ~ 500 mA,对于一般场所可大于 500 mA。

(3) 按 IT 系统接地故障保护要求选择保护电器。IT 系统发生第一次接地故障时,故障电流更小,不构成人身的危害,也不影响用电设备运行,不需要切断电源,这是 IT 系统的优点。但是应装绝缘监测器,监测器能及时发出信号,以便及时排除接地故障,以避免继续运行中再发生另外两相接地故障而酿成相间短路,从而破坏了其可靠性。

如果发生第二次接地故障(异相),当各用电设备的外露导电部分共用接地时,其保护电器和 TN 系统相同;当外露导电部分单独接地时,则和 TT 系统相同。

6. 按设备启动时不误动作要求选择保护电路

保护电器的选型和整定电流等参数,应保证设备启动过程中不致动作,这是起码要求。这种动作,就是误动作,将导致无法正常运行。

(1) 按用电设备启动要求选择熔断器。

① 单台笼型电动机直接启动时

a. 选用 aM 型熔断器时,应满足

$$I_r \geq (1.05 ~ 1.10) I_M \tag{5.48}$$

式中,I_r 为 aM 型熔断器熔断体额定电流,A;I_M 为笼型电动机额定电流,A。

b. 选用 gG 型熔断器时,应使其安秒特性曲线计及偏差后略高于电动机的启动电流和启动时间的交点。根据经验,一般不应小于电动机额定电流(I_M) 的 1.5 ~ 2.3 倍。

② 笼型电动机启动时配电线路的熔断体选择应满足

$$I_r \geq K_r [I_{rM1} + I_{c(n-1)}] \tag{5.49}$$

式中,I_r 为熔断体的额定电流,A;I_{rM1} 为线路中启动电流最大的一台电动机的额定电流,A;$I_{c(n-1)}$ 为除启动电流最大的一台电动机以外的线路计算电流,A;K_r 为配电线路熔断体选择计算系数,取决于最大一台电动机额定电流(I_{rM1}) 与计算电流(I_c) 的比值,见表 5.50。

③ 照明线路熔断体(I_r) 选择应满足

$$I_r \geq K_m I_C \tag{5.50}$$

式中,K_m 为照明线路熔断体选择计算系数,取决于电光源启动状况和熔断时间 – 电流特性,其值见表 5.51;I_c 为线路的计算电流,A。

表 5.50 K_r 值

I_{rM1}/I_c	≤ 0.25	$0.25 \sim 0.4$	$0.4 \sim 0.6$	$0.6 \sim 0.8$
K_r	1.0	$1.0 \sim 1.1$	$1.1 \sim 1.2$	$1.2 \sim 1.3$

表 5.51 K_m 值

熔断器型号	熔断体额定电流/A	K_m		
		白炽灯、卤钨灯、荧光灯	高压钠灯、金属卤化物灯	荧光高压汞灯
RL7、NT	≤ 63	1.0	1.2	$1.1 \sim 1.5$
RL6	≤ 63	1.0	1.5	$1.3 \sim 1.7$

（2）按用电设备启动要求选择断路器。

① 反时限（即长延时）过电流脱扣器整流电流（I_{set1}）应符合以下要求。

a. 对于单台笼型电动机直接启动时,应满足

$$I_{set1} \geq I_M \tag{5.51}$$

式中,I_M 为笼型电动机额定电流,A。

b. 对于配电线路,应符合下式要求

$$I_{set1} \geq I_c \tag{5.52}$$

式中,I_c 为线路的负荷计算电流,A。

② 定时限（指短延时）过电流脱扣器的整定值（I_{set2}）。定时限过电流脱扣器主要用于保证保护电器动作的选择性。

a. 定时限过电流脱扣器整定电流,应避开短时间出现的负荷电流尖峰电流,即

$$I_{set2} \geq K_{rel2}\left[I_{stM1} + I_{c(n-1)} \right] \tag{5.53}$$

式中,K_{rel2} 为低压断路器定时限过电流脱扣器可靠系数,取 1.2;I_{stM1} 为线路中最大一台电动机的启动电流,A;$I_{c(n-1)}$ 为除启动电流最大的一台电动机以外的线路计算负载电流,A。

b. 对于单台笼型电动机直接启动时,应避开启动电流,即

$$I_{set2} \geq K_{rel2} I_{stM1} \tag{5.54}$$

式中参数同式（5.53）。

c. 定时限过电流脱扣器的整定时间通常有 0.1 s（或 0.2 s）、0.3 s、0.4 s、0.5 s 等几种,根据需要确定。其整定时间要比下级任一组熔断器可能出现的最大熔断时间大一个量级。上下级时间级差不小于 0.1 ~ 0.2 s。

③ 瞬时过电流脱扣器整定值。

a. 瞬时过电流脱扣器整定电流 I_{set3},应避开配电线路的尖峰电流,即

$$I_{set3} \geq K_{rel3}\left[I'_{stM1} + I_{c(n-1)} \right] \tag{5.55}$$

式中,K_{rel3} 为低压断路器瞬时脱扣器可靠系数,考虑电动机启动电流误差和断路器瞬动电流误差,取 1.2;I'_{stM1} 为线路中最大一台电动机全启动电流,A,它包括了周期分量和非周期分量,其值取电动机启动电流 I_{stM1} 的 1.5 ~ 2.2 倍;$I_{c(n-1)}$ 为除启动电流最大的一台电动机以外的线路计算电流,A。

b. 对于单台笼型电动机直接启动时,I_{set3} 应避开该电动机的全启动电流按 GB

· 150 ·

50055—1993《通用用电设备配电设计规范》第 2.4.4 条规定，I_{set3} 应取电动机启动电流（I_{stM1}）的 2～2.5 倍，即

$$I_{set3} = (2 \sim 2.5)I_{stM1} \tag{5.56}$$

c. 为满足被保护线路各级间选择性要求，选择型低压断路器的瞬时脱扣器电流整定值 I_{set3}，还应大于下一级保护电器所保护线路的故障电流。

④ 保护照明线路的断路器的过电流脱扣器的整定。

反时限过电流脱扣器整定电流（I_{set1}）和瞬时过电流脱扣器整定电流（I_{set3}）应分别满足

$$I_{set1} \geqslant K_{rel1}I_c \tag{5.57}$$
$$I_{set3} \geqslant K_{rel3}I_c \tag{5.58}$$

式中，I_c 为照明线路的计算电流，A；K_{rel1}、K_{rel3} 分别为反时限和瞬时过电流脱扣器可靠系数，取决于电光源启动特性和断路器特性，其值见表 5.52。

表 5.52　照明线路保护的断路器反时限和瞬时过电流脱扣器可靠系数

低压断路器种类	可靠系数	白炽灯、卤钨灯	荧光灯	高压钠灯、金属卤化物灯	荧光高压汞灯
反时限过电流脱扣器	K_{rel1}	1.0	1.0	1.0	1.1
瞬时过电流脱扣器	K_{rel3}	10～12	4～7	4～7	4～7

7. 保护电器的分断能力

（1）每一级配电线路的保护电器都应校验其分断能力。要求保护电器的额定分断能力大于其出线端最大短路电流周期分量有效值。

（2）当短路点附近所接电动机额定电流之和超过短路电流的 1% 时，应计入电动机反馈电流的影响。

（3）靠近配电变压低压出线处，特别是大容量变压器低压出线处的短路电流很大，因此出线低压断路器的低压配电盘上馈电线熔断器或断路器，应特别注意校验其分断能力。微型断路器的额定分断能力较小，只能用于末端回路的保护，不能装设在大容量变电所内。

（4）同一型号断路器往往有几种不同分断能力的产品，分别有一般型、较高分断型、高分断型，还有经济型，应注意选择合适的类型。

8. 各级保护电器间的选择性

（1）选择性动作的意义和要求。低压配电线路发生短路、过负荷或接地故障时，既要保证可靠地分断故障电路，又要尽可能地缩小断电范围，减少不必要的停电，即有选择性地分断。这就要求合理设计低压配电系统，准确计算故障电流，恰当选择保护电器，正确整定保护电器的动作电流和动作时间，才能保证有选择性地切断故障回路。

下面具体分析各类保护电器的上下级间选择性配合特性。

（2）熔断器与熔断器的级间配合。熔断器之间的选择性在 GB 13539.1—2002 中已有规定。标准规定了当弧前时间大于 0.1 s 时，熔断体的过电流选择性用"弧前时间 – 电流"特性校验；当弧前时间小于 0.1 s 时，其过电流选择性则以 I^2t 特性校验。当上级熔断体的弧前 I^2t_{min} 值大于下级熔断体的熔断 I^2t_{max} 值时，可认为在弧前时间大于 0.01 s 时，上下级熔断体的选择性可得到保证。标准规定额定电流 16 A 及以上的串联熔断体的过电流选择比为 1.6∶1。也就是在一定条件下，上级熔断体电流不小于下级熔断体电流的 1.6 倍，就能实现有选择性的熔断。标准规定熔断体额定电流值也是近似按这个比例制定的，如 25 A、40 A、63 A、100 A、

260 A、250 A 相邻级间,以及 32 A、50 A、80 A、125 A、200 A、315 A 相邻级间,均有选择性。

（3）熔断器与非选择型断路器的级间配合。

①过载时,只要断路器长延时脱扣器的反时限动作特性和熔断器的反时限特性计入误差后不相交,且熔断体的额定电流值比长时间脱扣器的额定电流值大一定数值,即能满足选择性的要求。

②短路时,要求熔断器的时间－电流特性曲线上对应于预期短路电流值的熔断时间,比断路器瞬时脱扣器的动作时间大 0.1 s 以上,则下级断路器瞬时脱扣,而上级熔断器不会动作,能满足选择性的要求。

（4）非选择型断路器与熔断器的级间配合。

①过载时,只要熔断器的反时限特性和断路器长延时脱扣器的反时限动作特性计入误差后不相交,且长延时脱扣器的整定电流值比熔断体的额定电流值大一定数值,即能满足选择性的要求。

②短路时,当故障电流大于非选择型断路器的瞬时脱扣器整流电流 I_{set3}（通常为该断路器长延时整定电流 I_{set1} 的 5 ~ 10 倍）时,则上级断路器瞬时脱扣,因此没有选择性;当故障电流小于 I_{set3} 时,下级熔断器先熔断,具有部分选择性。这种方案仅用于允许无选择性断电的情况下,不予推荐。

（5）选择型断路器与熔断器的级间配合。

①过载时,只要熔断器的反时限特性和断路器长延时脱扣器的反时限动作特性不相交,且长延时脱扣器的整定电流值比熔断体的额定电流值大一定数值,即能满足选择性要求。

②短路时,由于上级断路器具有短延时功能,一般能实现选择性动作。但必须整定正确,不仅是短延时脱扣整流电流 I_{set2} 及延时时间要合适,而且还要正确整定其瞬时脱扣整定电流值 I_{set3}。确定这些参数的原则是:

a. 下级熔断器额定电流 I_r 不宜太大。

b. 上级断路器的 I_{set2} 值不宜太小,在满足 $I_d \geqslant 1.3 I_{set2}$ 要求前提下,宜整定大些,如在 I_r 为 200 A 时,I_{set2} 不宜小于 2 500 ~ 3 000 A。

c. 短路时时间应整定长一些,如 0.4 ~ 0.8 s。

d. I_{set3} 在满足动作灵敏性条件下,尽量整定大一些,以免破坏选择性。

具体方法是:在多个下级熔断器中找出额定电流最大的,其值为 I_r,假设熔断器后发生故障电流 $I_d \geqslant I_{set2}$ 时,在熔断器时间－电流特性曲线上查出其熔断时间 t;再使断路器脱扣器的延时时间比 t 值长 0.15 ~ 0.2 s。

（6）非选择型断路器与非选择型断路器的级间配合。上级断路器 A 和下级断路器 B 的延时整定电流值 I_{set1} 和瞬时整定值 I_{set3} 示例如图 5.1 所示。

当断路器 B 后任一点（如 D 点）发生故障时,在不考虑 1.3 倍可靠系数的前提下,若故障电流 $I_d < 1\ 000$ A 时,断路器 A、B 均不能瞬时动作,不符合保护灵敏性要求;当 1 000 A < I_d < 2 000 A 时,则 B 动作,A 不动作,有选择性;当 I_d > 2 000 A 时,A、B 均动作,无选择性,如图 5.2 所示。总体上说,这种配合不能保证选择性,不推荐采用。

（7）选择型断路器与非选择型断路器的级间配合。这种配合应该具有良好的选择性,但必须正确整定各项参数,以图 5.3 为例,若下级断路器 B 的长延时整定值 $I_{set1.B} = 300$ A,瞬时整定值 $I_{set3.B} = 3\ 000$ A;上级断路器 A 的 $I_{set1.A}$ 应根据其计算电流确定,由于选择型断路器多用于

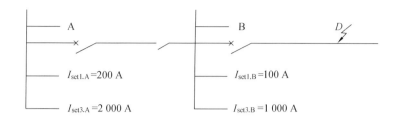

图5.1 上下级均为非选择型断路器保护示例

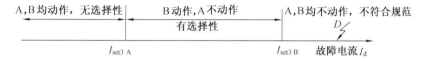

图5.2 上下级均为非选择型断路器的选择性分析

馈电干线,通常 $I_{set1.A}$ 比 $I_{set1.B}$ 大很多。

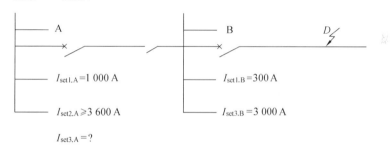

图5.3 选择型断路器与非选择型断路器配合示例

设 $I_{set1.A} = 1\ 000$ A,其 $I_{set2.A}$ 及 $I_{set3.A}$ 整定原则如下:

① $I_{set2.A}$ 整定值应满足

$$I_{set2.A} \geq 1.2 I_{set3.B} \tag{5.59}$$

若 $I_{set2.A} < I_{set3.B}$,当故障电流达到 $I_{set2.A}$ 值,而小于 $I_{set3.B}$ 时,则断路器 B 不能瞬时动作,而断路器 A 经短延时动作,破坏选择性。1.2 是可靠系数,考虑脱扣器动作误差的需要。

② 短延时的时间没有特殊要求,主要是按与下级熔断器的选择性配合确定。

③ $I_{set3.A}$ 应在满足动作灵敏性前提下,尽量整定得大一些,以免在故障电流很大时导致 A、B 均瞬时动作,破坏选择性。

(8)上级用带专用接地故障保护的断路器。

① 零序保护方式。零序保护整定电流 I_{set0} 一般为 I_{set1} 的 20% ~ 100%,多为几百安到 1 000 A,与下级熔断器和一般断路器很难有选择性。只有后者的额定电流很小(如几十安)时,才有可能。

使用零序保护时,在满足动作灵敏性要求的前提下,I_{set0} 应整定得大一些,延时时间尽量长一些。

② 剩余电流保护方式。这种方式的整定电流更小,对于 TN-S 系统,在发生接地故障时,和下级熔断器、断路器之间很难有选择性。这种保护只能要求和下级剩余电流动作保护器之间具有良好选择性。这种方式多用于安全防护要求高的场所,所以应在末端电路装设剩余电

流动作保护器,以减少非选择性切断电路。

对为了防止接地故障引起电器火灾而设置的剩余电流动作保护器,其整定电流一般为 0.5 A,应是延时动作,同时末端电路应设有剩余电流动作保护器,并瞬时动作。有条件时(有专人值班维护的工业场所),前者可不切断电路而发出报警信号。

对于 TT 系统,由于下级都使用了剩余电流动作保护,只要各级的整定电流和延时时间有一定级差,就能保证有较好的选择性。

(9) 区域选择性连锁(Zone Selective Interlocking,ZSI)。现在的智能断路器(如 DW45),具有"区域选择连锁"的功能,这是利用微电子技术使保护更为完善,保证了动作灵活性和选择性。

9. 保护电器选择的总结

(1) 保护电器的选择应同时满足上述各项要求。

① 正常工作不动作;

② 用电设备启动时不动作;

③ 保护电器的动作时间满足导体热稳定要求;

④ 整定值满足过负荷保护要求;

⑤ 满足接地故障保护要求;

⑥ 满足分断能力要求;

⑦ 上级保护电器应符合选择性动作要求。

(2) 设计中选择保护电器的程序。

① 根据计算电流 I_c 初步选择 I_r 或 I_{set1};

② 按用电设备启动条件校验保护电器,确定 I_r 或 I_{set1} 及 I_{set3}。

③ 按过负载保护条件选择导体截面。

④ 计算保护电器处三相短路电流和所保护线路末端的接地故障电流 I_d。

⑤ 按短路保护要求校验导体热稳定。

⑥ 校验接地故障时,保护电器动作的灵敏性。

⑦ 校验保护电器的分断能力。

⑧ 分析上下级保护电器选择性动作要求。

⑨ 以上各步骤,如达不到规定要求,应调整参数或采取其他措施。

5.5   电气设备选择实例

【例】   设有如图 5.4 所示的配电系统,试选择母干线保护电器类型及各项参数的整定。已知 10 kV 侧短路容量为 300 MV·A;变压器为 1 000 kV·A,10 / 0.4 kV,Dyn11 接线;变压器至低压主断路器母线长 10 cm,引出母干线长 165 m,母干线计算电流为 1 050 A,采用 TN - s 接地系统。

解   (1)确定母干线截面。要求 $I_z \geq I_c$,考虑母干线配电范围大,并考虑发展,应预留较大余量,拟采用铝母排 LMY—3(100 × 10) + 2(80 × 8),其 I_z = 1 600 A(环境温度为 35 ℃)。

(2)计算三相短路电流 I_{k3} 和接地故障电流 I_d 值。计算几个点的三相短路电流 I_{k3} 和接地故障电流 I_d 值,标记在图 5.4 中。

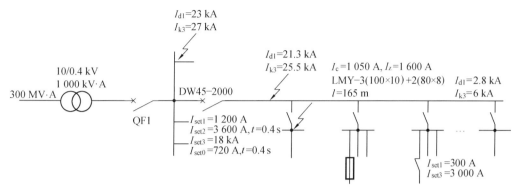

图 5.4　树干式配电系统示例

（3）母干线保护电器选型。考虑到该生产车间的重要性及这种较大的树干式配电系统的复杂性,选用一台 DW45 型智能熔断器,框架电流 2 000 A 可以得到良好的保护性能。两种断路器的分断能力都远大于最大的三相短路电流 I_{k3} 值。

（4）母干线断路器参数整定。

① 长延时过电流脱扣器整定电流 I_{set1}。按过载保护要求,应符合 $I_c \leqslant I_{set1} \leqslant I_z$,即 I_{set1} 应大于 1 050 A,小于 1 600 A,取 $I_{set1} = 1 200$ A,也可取 1 400 A。

② 短延时过电流脱扣器整定电流 I_{set2} 及短延时动作时间整定。为保证可靠动作,应符合接地故障电流 $I_d \geqslant 1.3 I_{set2}$ 要求,鉴于这个要求难以满足,可以利用 DW45 型断路器所带接地故障保护脱扣器作为接地故障保护,则符合末端时间短路电流 $I_{k3} \geqslant 1.3 I_{set2}$ 即可,即 $I_{set2} \leqslant 6 000$ A / $1.3 \approx 4 615$ A,取 $I_{set2} = 3 600$ A(即 I_{set1} 的 3 倍)。

该短延时动作整定电流 I_{set2} 与下级保护电器选择性分析:

a. 该短延时动作整定电流 $I_{set2} = 3 600$ A,为下级最大断路器瞬时动作整定电流 $I_{set3} = 3 000$ A 的 1.2 倍,符合选择性要求。

b. 该短延时动作整定电流 $I_{set2} = 3 600$ A,为下级最大熔断器熔体电流 $I_r = 315$ A 的 11.4 倍,是否符合选择性要求,主要取决于短延时动作时间整定值。

短延时时间整定:下级最大熔断器故障电流等于或大于 3 600 A(按 I_{set2} 值)时,能使上级短延时过电流脱扣器动作,而 315 A 熔断体的熔断时间约为 0.22 s,因此短延时动作时间应整定为 0.4 s。

【注意】　若主断路器不带接地故障保护,则短延时过电流脱扣器整定电流 I_{set2} 必须保证末端的接地故障电流 I_d 能可靠动作,即 $I_d \geqslant 1.3 I_{set2}$,即 $I_{set2} \leqslant 2800$ A/1.3 $\approx 2 150$ A。取 $I_{set2} = 1.5 I_{set1} = 1 800$ A,其短延时动作时间就要长得多,否则将无法保证与下级熔断器的选择性。

③ 瞬时过电流脱扣器整定电流 I_{set3}。由于有短延时过电流保护,为了保证更好的选择性,I_{set3} 值可以整定得大一些,如为 I_{set1} 的 1.5 倍,则 $I_{set3} = 15 \times 1 200$ A $= 18$ kA,这样,当最近一个配电箱母线处产生接地故障时,不致瞬时脱扣。根据运行经验,母干线相间短路极少。

④ 热稳定校验。由于瞬时脱扣器的全分断时间(包括灭弧时间)极短,母干线截面积较大,没有绝缘层,可不作校验。

⑤ 接地故障保护整定。

a. 采用零序电流保护。动作电流整定值 I_{set0} 应满足 $I_{set0} \geqslant 2.0 I_N$ 及 $I_{N(d)} \geqslant 1.3 I_{set0}$ 要求,设

该母线正常运行时的三相不平衡电流 I_N 为 200 A,而最小接地故障电流为 2.8 kA,取 I_{set0} = $0.6I_{set1}$ =0.6 × 1 200 A = 720 A。

由于 I_{set0} 整定值很小,与下级 315 A 熔断器和 I_{set3} = 3 000 A 的熔断器之间很难有选择性,但与下级更小的熔断器($I_{set3} \leqslant 600$ A)和熔断器($I_r \leqslant 63$ A)之间可有选择性。零序电流保护应有较长的延时。

b. 采用剩余电流保护。动作电流整定值 I_{set4} 应满足 $I_{d1} \geqslant 1.3I_{set4}$ 要求。因此可取 I_{set4} = $0.2 \times 1\,200$ A =240 A,动作时间不小于0.4 s。这样更难以与下级断路器和熔断器有选择性。在供电可靠性要求高的场所,该接地故障保护可不切断电路而只发出报警信号。

对于以上两种接地故障保护有两个要求:第一,必须延时动作,延时不小于 0.4 s;第二,最好在末端回路设有剩余电流动作保护。

(5) 变压器低压侧主断路器 QF1 的保护设置。

① 为使变压器容量得到充分利用又不影响变压器的寿命,变压器低压侧主断路器 QF1 过负荷整定应与变压器准许的正常过负荷相适应,长延时过电流脱扣器整定电流宜等于或接近于变压器低压侧额定电流,即

$$I_{set1} = I_{rT}$$

式中,I_{rT} 为变压器低压侧额定电流,I_{rT} = 1 443 A。

故 I_{set1} 取 1 500 A。

② 断路器 QF1 可设置短延时过电流保护,取 $I_{set2} = 4 \times I_{set1} = 6\,000$ A,短延时时间整定为 0.6 s,作为母干线短延时过电流保护的后备。

③ 断路器 QF1 与各馈出线的保护电器都装在低压配电屏内,距离不过几米,在此范围内发生短路和接地故障的概率很小,不设置瞬时过电流保护,以避免馈出线故障时 QF1 无选择性动作。

第6章 工厂供电系统的过电流保护

工厂供电系统中常用的几种过电流保护装置有熔断器保护、低压断路器保护和继电保护。熔断器保护适用于高低压供电系统,因其装置简单经济,应用非常广泛,但断流能力较小,选择性较差,在供电可靠性要求较高场所不宜采用。低压断路器(低压自动开关)保护,适用于供电可靠性要求较高和操作灵活方便的低压供电系统中。继电保护适用于供电可靠性要求较高、操作灵活方便,广泛应用于自动化程度较高的高压供电系统中,因此将予以重点介绍。

6.1 过电流保护的基本要求

为了使保护能及时、正确地完成任务,供电系统保护装置必须满足选择性、迅速性、灵敏性和可靠性四个基本要求。

(1)选择性。保护的选择性指的是当供电系统发生故障时,只有离故障点最近的保护装置动作,切除故障,而供电系统的其他部分仍然正常运行,使停电范围尽量缩小;当故障元件的保护或断路器拒绝动作时,则应由本级或上一级的后备保护切断故障。保护装置满足这一要求的动作,称为选择性动作。

(2)迅速性。迅速性又称快速性或速动性,是指保护装置的动作速度要快。快速切除故障可以提高电力系统并列运行的稳定性;可以加速系统电压的恢复,为电动机自启动创造条件;可以避免大事故,减轻故障元件的损毁程度。

(3)灵敏性。灵敏性是指保护对其保护范围内的故障或其不正常运行状态的反映能力,通常用灵敏度(Sensitivity)或灵敏度系数表征。如果保护装置对其保护区内极轻微的故障动能及时地反应动作,就说明保护装置的灵敏度高。

过电流保护的灵敏度或灵敏度系数,用其保护区内在电力系统最小运行方式时的最小短路电流 $I_{k.min}$ 与保护装置一次动作电流(即保护装置动作电流 I_{op} 换算到一次电路的值) $I_{op.1}$ 的比值来表示,即

$$S_p = \frac{I_{k.min}}{I_{op.1}} \tag{6.1}$$

在 GB 50062—1992《电力装置的继电保护和自动装置设计规范》中,对各种继电保护装置包括过电流保护的灵敏度都有一个最小值的规定,这将在后面讲述各部分保护时再分别介绍。

(4)可靠性

可靠性是指在规定的保护范围内发生故障时,保护装置在应该动作时,就应该动作,不应该拒动;而在保护范围外发生故障以及在正常运行时,保护装置不应误动。保护装置的可靠程

度,与保护装置的元件质量、接线方案以及安装、整定和运行维护等多种因素有关。

以上四项基本要求是研究电力保护的基础,它们之间既相互联系又相互矛盾,应根据系统接线和运行的特点及实际情况,合理确定被保护线路及电气设备的保护方案,在选择保护装置时应力求技术先进、经济合理。

6.2 熔断器保护

6.2.1 熔断器在供配电系统中的配置

熔断器在供配电系统中的配置应符合选择性保护的原则,也就是熔断器要配置得能使故障范围缩小到最低限度。此外应考虑经济,即供电系统中配置的熔断器数量要尽量地少。

图 6.1 是车间低压放射式配电系统中熔断器配置的合理方案,该方案既可满足保护选择性的要求,又使配置的熔断器数量较少。图中熔断器 FU5 用来保护电动机及其支线,当 k－5 处发生短路时,FU5 熔断。熔断器 FU4 主要用来保护动力配电箱母线,当 k－4 处发生短路时,FU4 熔断。同理,熔断器 FU3 主要用来保护配电干线,FU2 主要用来保护低压配电屏母线,FU1 主要用来保护电力变压器。在 k－1 ~ k－3 处发生短路时,也都是靠近短路点的熔断器熔断。

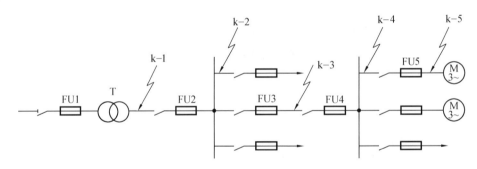

图 6.1 熔断器在低压放射式线路中的配置

必须注意:在低压系统中的 PE 线和 PEN 线上,不允许装设熔断器,以免 PE 线或 PEN 线因熔断器熔断而短路时,致使所有接 PE 线或 PEN 线的设备的外露可导电部分带电,危及人身安全。

6.2.2 熔断器熔体电流的选择

1. 保护电力线路的熔断器熔体电流的选择

保护线路的熔断器熔体电流应满足下列条件:

(1) 熔体额定电流 $I_{N.FE}$ 应不小于线路的计算电流 I_{30},以使熔体在线路正常运行时不致熔断,即

$$I_{N.FE} \geqslant I_{30} \tag{6.2}$$

(2) 熔体额定电流 $I_{N.FE}$ 还应避开线路的尖峰电流 I_{PK},以使熔体在线路上出现正常的尖峰电流时也不致熔断。由于尖峰电流是短时最大电流,而熔体加热熔断需一定时间,所以满足的

条件为

$$I_{\text{N.FE}} \geq K I_{\text{PK}} \qquad (6.3)$$

式中,K 为小于 1 的计算系数。

对供单台电动机的线路熔断器来说,系数 K 应根据熔断器的特性和电动机的启动情况决定:启动时间在 3 s 以下(轻载启动),宜取 $K = 0.25 \sim 0.35$;启动时间在 $3 \sim 8$ s(重载启动),宜取 $K = 0.35 \sim 0.5$;启动时间超过 8 s 或频繁启动、反接制动,宜取 $K = 0.5 \sim 0.8$。对供多台电动机的线路熔断器来说,此系数应视线路上容量最大的一台电动机的启动情况、线路尖峰电流与计算电流的比值及熔断器的特性而定,取为 $K = 0.5 \sim 1$;如果线路尖峰电流与计算电流的比值接近于 1,则可取 $K = 1$。但必须说明,由于熔断器品种繁多,特性各异,因此上述有关计算系数 K 的统一取值方法不一定都很恰当,故 GB 50055—1993《通用用电设备配电设计规范》规定:保护交流电动机的熔断器熔体额定电流"应大于电动机的额定电流,且其安秒特性曲线计及偏差后略高于电动机启动电流和启动时间的交点;当电动机频繁启动和制动时,熔体的额定电流应再加大 $1 \sim 2$ 级"。

(3)熔断器保护还应与被保护的线路相配合,使之不致发生因过负荷和短路引起绝缘导线或电缆过热起燃而熔体不熔断的事故,因此还应满足

$$I_{\text{N.FE}} \leq K_{\text{OL}} I_{\text{al}} \qquad (6.4)$$

式中,I_{al} 为绝缘导线和电缆的允许载流量;K_{OL} 为绝缘导线和电缆的允许短时过负荷倍数。

如果熔断器只做短路保护时,对电缆和穿管绝缘导线,取 $K_{\text{OL}} = 2.5$;对明敷绝缘导线,取 $K_{\text{OL}} = 1.5$。如果熔断器不只做短路保护,而且要求做过负荷保护时,例如住宅建筑、重要仓库和公共建筑中的照明线路,有可能长时过负荷的动力线路,以及在可燃建筑物构架上明敷的有延燃性外层的绝缘导线线路等,则应取 $K_{\text{OL}} = 1$;当 $I_{\text{N.FE}} \leq 25$ A 时则取 $K_{\text{OL}} = 0.85$。对有爆炸性气体和粉尘的区域内的线路,应取 $K_{\text{OL}} = 0.8$。

如果按式(6.2)和式(6.3)两个条件选择的熔体电流不满足式(6.4)的配合要求,应改选熔断器的型号规格,或者适当增大导线或电缆的芯线截面。

2. 保护电力变压器的熔断器熔体电流的选择

根据经验,保护变压器的熔断器熔体电流应满足

$$I_{\text{N.FE}} = (1.5 \sim 2) I_{\text{1N.T}} \qquad (6.5)$$

式中,$I_{\text{1N.T}}$ 为变压器的额定一次电流。

式(6.5)考虑了以下三个因素:

①熔体电流要避开变压器允许的正常过负荷电流。油浸式变压器的正常过负荷,在室内可达 20%,室外可达 30%。正常过负荷下熔断器不应熔断。

②熔体电流要避开来自变压器低压侧的电动机自启动引起的尖峰电流。

③熔体电流还要避开变压器自身的励磁涌流。励磁涌流又称空载合闸电流,是变压器在空载投入时或者在外部故障切除后突然恢复电压时所产生的一个电流。

当变压器空载投入或突然恢复电压时,由于变压器铁芯中的磁通不能突变,因此在变压器加上电压的初瞬间($t = 0$ 时),其铁芯中磁通 Φ 应维持为零,从而与三相电路突然短路时所发生的物理过程(参看 3.2 节)相类似,铁芯中将同时产生两个磁通:一个是符合磁路欧姆定律的周期分量 Φ_{p}(与短路的 i_{p} 相当);另一个是符合楞次定律的非周期分量 Φ_{np}(与短路的 i_{np} 相当)。这两个磁通分量在 $t = 0$ 时大小相等,极性相反,使合成磁通 $\Phi = 0$,如图 6.2 所示。经半

个周期即 0.01 s 后, Φ 达到最大值(与短路的 i_{sh} 相当)。这时铁芯将严重饱和,励磁电流迅速增大,可达 $I_{1N.T}$ 的 8 ~ 10 倍,形成类似涌浪的冲击电流,因此这一励磁电流称为励磁涌流。

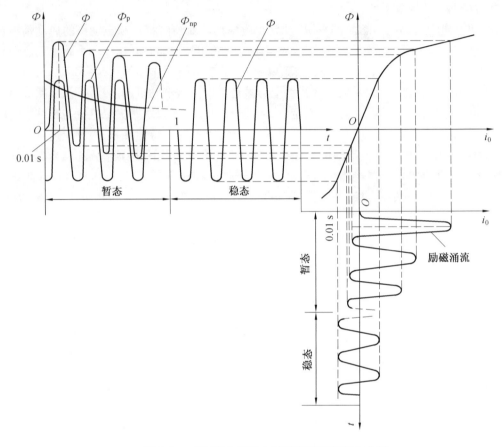

图 6.2   变压器空载投入时励磁涌流的变化曲线

由图 6.2 可以看出,励磁涌流中含有数值很大的非周期分量,而且衰减较慢(与短路电流非周期分量相比),因此其波形在过渡过程中相当长一段时间内,都偏向时间轴的一侧。很明显,熔断器熔断,破坏了供电系统的正常运行。

3. 保护电压互感器的熔断器熔体电流的选择

由于电压互感器二次侧的负荷很小,因此保护电压互感器的 RN2 型熔断器的熔体额定电流一般为 0.5 A。

6.2.3   熔断器的选择与校验

选择熔断器时应满足下列条件:

①熔断器的额定电压应不低于线路的额定电压。对于高压熔断器,其额定电压应不低于线路的最高电压。

②熔断器的额定电流应不小于它所装熔体的额定电流。

③熔断器的类型应符合安装条件(户内或户外)及被保护设备对保护的技术要求。

熔断器还必须进行断流能力的校验:

① 对限流式熔断器(如 RN1、RT0 等),由于限流式熔断器能在短路电流达到冲击值之前完全熔断并熄灭电流、切除短路故障,因此满足条件

$$I_{oc} \geqslant I''^{(3)} \tag{6.6}$$

式中,I_{oc} 为熔断器的最大分断电流;$I''^{(3)}$ 为熔断器安装地点的三相次暂态短路电流有效值,在无限大容量系统中,$I''^{(3)} = I_\infty^{(3)} = I_k^{(3)}$。

② 对非限流式熔断器(如 RN4、RM10 等),由于非限流式熔断器不能在短路电流达到冲击值之前熄灭电弧,切除短路故障,因此需满足条件

$$I_{oc} \geqslant I_{sh}^{(3)} \tag{6.7}$$

式中,$I_{sh}^{(3)}$ 为熔断器安装地点的三相短路冲击电流有效值。

(3) 对具有断流能力上下限的熔断器(如 RW4 等跌开式熔断器),其断流能力的上限应满足式(6.7)的校验条件,其断流能力的细线应满足

$$I_{oc.min} \leqslant I_k^{(2)} \tag{6.8}$$

式中,$I_{oc.min}$ 为熔断器的最小分断电流;$I_k^{(2)}$ 为熔断器所保护线路末端的两相短路电流(这是对中性点不接地系统而言的,如果是中性点直接接地系统,应改为线路末端的单相短路电流 $I_k^{(1)}$)。

6.2.4   熔断器保护灵敏度的校验

为了保证熔断器在其保护区内发生短路故障时可靠地熔断,按规定,熔断器保护的灵敏度应满足

$$S_p = \frac{I_{k.min}}{I_{N.FE}} \geqslant K \tag{6.9}$$

式中,$I_{N.FE}$ 为熔断器熔体的额定电流;$I_{k.min}$ 为熔断器所保护线路末端在最小运行方式下的最小短路电流(对 TN 系统和 TT 系统,为线路末端的单相短路电流或单相接地故障电流;对 IT 系统和中性点不接地系统,为线路末端的两相短路电流;对保护降压变压器的高压熔断器来说,为低压侧母线的两相短路电流折算到高压侧的值);K 为灵敏度系数的最小比值,见表 6.1。

表 6.1   检验熔断器保护灵敏度的最小比值 K

熔体额定电流/A		4 ~ 10	16 ~ 32	40 ~ 63	80 ~ 200	250 ~ 500
熔断时间	5 s	4.5	5	5	6	7
	0.4 s	8	9	10	11	—

【例 6.1】   有一台 Y 型电动机,其额定电压为 380 V,额定功率为 18.5 kW,额定电流为 35.5 A,启动电流倍数为 7。现拟采用 BLV 型导线穿焊接钢管敷设。该电动机采用 RT0 型熔断器做短路保护,短路电流 $I_k^{(3)}$ 最大可达 13 kA。当地环境温度为 30 ℃。试选择该熔断器及其熔体的额定电流,并选择导线截面和钢管直径。

解   (1) 选择熔体及熔断器的额定电流

$$I_{N.FE}/A \geqslant I_{30} = 35.5$$

$$I_{N.FE}/A \geqslant KI_{PK} = 0.3 \times 35.5 \times 7 = 74.55$$

由此查附表 9,可选 RT0 - 100 型熔断器,即 $I_{N.FU} = 100$ A,而熔体选 $I_{N.FE} = 80$ A。

（2）校验熔断器的断流能力。查附表9，得 RT0 – 100 型熔断的 I_{oc} = 50 kA > $I_k^{(3)}$ = 13 kA，其断流能力满足要求。

（3）选择导线截面和钢管直径。按发热条件选择，查附表10得 A = 10 mm² 的 BLV 型铝芯塑料线三根穿钢管时，$I_{al(30℃)}$ =41 A > I_{30} = 35.5 A，满足发热条件，相应地选择穿线钢管 SC 20 mm。

校验机械强度，查附录表11知，穿管铝芯线的最小截面为 2.5 mm²。现 A = 10 mm²，故满足机械强度要求。

（4）校验导线与熔断器保护的配合。假设该电动机安装在一般车间内，熔断器只做短路保护用，因此导线与熔断器保护的配合条件为

$$I_{N.FE} \leqslant 2.5 I_{al}$$

现 $I_{N.FE}$ = 80 A < 2.5 × 41 A = 102.5 A，故满足熔断器保护与导线的配合要求。

6.2.5 前后熔断器之间的选择性配合

前后熔断器的选择性配合，就是要求在线路上发生短路故障时，靠近故障点的熔断器首先熔断，切除故障部分，从而使系统的其他部分恢复正常运行。

前后熔断器的选择性配合，宜按其保护特性曲线（安秒特性曲线）进行校验。

如图 6.3(a) 所示线路中，设支线 WL2 的首端 k 点发生三相短路，则三相短路电流 I_k 要通过熔断器 FU2 和 FU1。但按保护选择性要求，应该是 FU2 的熔体首先熔断，切断故障线路 WL2，而 FU1 不再熔断，使干线 WL1 恢复正常运行。但是熔体实际熔断时间与其产品的标准特性曲线查得的熔断时间可能有 ±30% ~ ±50% 的偏差，从最不利的情况考虑，设 k 点短路时，FU1 的实际熔断时间 t'_1 比标准特性曲线查得的时间 t_1 小50%（为负偏差），即 t'_1 = 0.5t_1；而 FU2 的实际熔断时间 t'_2 又比标准特性曲线查得的时间 t_2 大50%（为正偏差），即 t'_2 = 1.5t_2。这时由图 6.3(b) 可以看出，要保证前后两熔断器 FU1 和 FU2 的保护选择性，必须满足的条件是 t'_1 > t'_2，或 0.5t_1 > 1.5t_2，因此

$$t_1 > 3t_2 \tag{6.10}$$

上式说明：在后一熔断器所保护线路的首端发生最严重的三相短路时，前一熔断器按其保护特性曲线查得的熔断时间，至少应为后一熔断器按其保护特性曲线查得的熔断时间的 3 倍，才能确保前后两熔断器动作的选择性。如果不能满足这一要求，应将前一熔断器的熔体电流提高 1 ~ 2 级，再进行校验。

如果不用熔断器的保护特性曲线来校验选择性，则一般只有前一熔断器的熔体电流大于后一熔断器的熔体电流 2 ~ 3 级以上，才有可能保证其动作的选择性。

【例 6.2】 在图 6.3 所示电路中，设 FU1(RT0 型) 的 $I_{N.FE1}$ = 100 A，FU2(RM10 型) 的 $I_{N.FE2}$ = 60 A。k 点的三相短路电流 $I_k^{(3)}$ = 1 000 A。试检验 FU1 和 FU2 是否能选择性配合。

解 用 $I_{N.FE1}$ = 100 A 和 $I_k^{(3)}$ = 1 000 A 查附图2 中曲线得 t_1 ≈ 0.3 s。

用 $I_{N.FE2}$ = 60 A 和 $I_k^{(3)}$ = 1 000 A 查附图3 曲线得 t_2 ≈ 0.08 s。

$$t_1 = 0.3 \text{ s} > 3t_2 = 3 \times 0.08 \text{ s} = 0.24 \text{ s}$$

由此可见 FU1 和 FU2 能保证选择性动作。

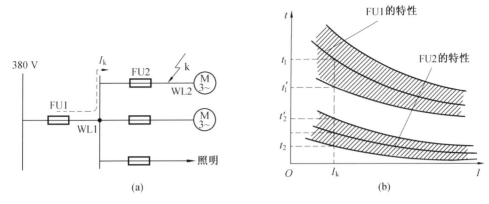

图 6.3　熔断器保护的配置和选择性校验

6.3　低压断路器保护

6.3.1　低压断路器在低压配电系统中的配置

低压断路器(自动开关)在低压配电系统中的配置,通常有下列三种方式:

(1)单独接低压断路器或低压断路器 – 刀开关的方式。

① 对于只装设一台主变压器的变电所,低压侧主开关采用低压断路器,如图 6.4(a)所示。

② 对于装有两台主变压器的变电所,低压侧主开关采用低压断路器时,低压断路器容量应考虑到一台主变压器退出工作时,另一台主变压器要供电给变电所60% ~ 70%以上的负荷及全部一、二级负荷,而且这时两段母线都带电。为了保证检修主变压器和低压断路器的安全,低压断路器的母线侧应装设刀开关或隔离开关,如图 6.4(b)所示,以隔离来自低压母线的反馈电源。

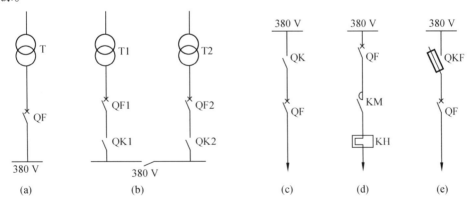

图 6.4　低压断路器的配置方式

③ 对于低压配电出线上装设的低压断路器,为了保证检修配电出线和低压断路器的安全,在低压断路器的母线侧应加装刀开关,如图 6.4(c)所示,以隔离来自低压母线的电源。

(2)低压断路器与磁力启动器或接触器配合的方式。对于频繁操作的低压电路,宜采用如图6.4(d)所示的接线方式。这里的低压断路器主要用于电路的短路保护,而磁力启动器或接触器用做电路频繁操作的控制,其上的热继电器用做过负荷保护。

(3)低压断路器与熔断器配合的方式。如果低压断路器的断流能力不足以断开电路的短路电流,可采用如图6.4(e)所示接线方式。这里的低压断路器作为电路的通断控制及过负荷和失压保护,只装热脱扣器和失压脱扣器,不装过流脱扣器,利用熔断器或刀开关来实现短路保护。

6.3.2 低压断路器脱扣器额定电流的选择

1.低压断路器过流脱扣器额定电流的选择

过流脱扣器(Over-current Release)的额定电流 $I_{N.OR}$ 应不小于线路的计算电流 I_{30},即

$$I_{N.OR} \geq I_{30} \tag{6.11}$$

2.低压断路器过流脱扣器动作电流的整定

(1)瞬时过流脱扣器动作电流的整定。瞬时过流脱扣器的动作电流(Operating Current) $I_{op(0)}$ 应避开线路的尖峰电流 I_{pk},即

$$I_{op(0)} \geq K_{rel}I_{pk} \tag{6.12}$$

式中,K_{rel} 为可靠系数,对动作时间在 0.02 s 以上的万能式(DW 型)断路器,可取 1.35 s;对动作时间在 0.02 s 及以下的塑壳式(DZ 型)断路器宜取 2 ~ 2.5 s。

(2)短延时过流脱扣器动作电流和动作时间的整定。短延时(Short-delay)过流脱扣器的动作电流 $I_{op(s)}$ 应避开线路短时间出现的负荷尖峰电流 I_{pk},即

$$I_{op(s)} \geq K_{rel}I_{pk} \tag{6.13}$$

式中,K_{rel} 为可靠系数,一般取 1.2。

短延时过流脱扣器的动作时间通常分0.2 s、0.4 s和0.6 s三级,应按前后保护装置配合选择性要求来确定,应使前一级保护的动作时间比后一级保护的动作时间至少长一个时间级差0.2 s。

(3)长延时过流脱扣器动作电流和动作时间的整定。长延时(Long-delay)过流脱扣器主要用于过负荷保护,因此其动作电流 $I_{op(1)}$ 只需避开线路的最大负荷电流即计算电流 I_{30},即

$$I_{op(1)} \geq K_{rel}I_{30} \tag{6.14}$$

式中,K_{rel} 为可靠系数,一般取 1.1。

长延时过流脱扣器的动作时间,应避开允许过负荷的持续时间。其动作特性通常是反时限的,即过负荷电流越大,动作时间越短。一般动作时间可达 1 ~ 2 h。

(4)过流脱扣器与被保护线路的配合要求。为了不致发生因过负荷或短路引起绝缘导线或电缆过热起燃而其低压断路器不跳闸的事故,低压断路器过电流脱扣器的动作电流 I_{op} 还应满足条件

$$I_{op} \leq K_{OL}I_{al} \tag{6.15}$$

式中,I_{al} 为绝缘导线和电缆允许载流量;K_{OL} 为绝缘导线和电缆的允许短时过负荷倍数:对瞬时和短延时的过流脱扣器,一般取 4.5;对长延时的过流脱扣器,可取 1;对有爆炸性气体和粉尘区域内的线路,应取 0.8。

如果不满足上式的配合要求,则应改选过流脱扣器动作电流,或者适当加大导线或电缆芯线的截面。

3. 低压断路器热脱扣器的选择和整定

（1）热脱扣器额定电流的选择。热脱扣器（Thermal Release）的额定电流 $I_{N.TR}$ 应不小于线路的计算电流 I_{30}，即

$$I_{N.TR} \geq I_{30} \tag{6.16}$$

（2）热脱扣器动作电流的整定。热脱扣器用于过负荷保护，其动作电流 $I_{op.TR}$ 按下式整定

$$I_{op.TR} \geq K_{rel}I_{30} \tag{6.17}$$

式中，K_{rel} 为可靠系数，可取 1.1，但一般应通过实际运行进行检验。

6.3.3 低压断路器的选择与校验

选择低压断路器时应满足下列条件：

① 低压断路器的额定电压应不低于保护线路的额定电压。

② 低压断路器的额定电流应不小于它所安装的脱扣器的额定电流。

③ 低压断路器的类型应符合安装条件、保护性能及操作方式的要求。因此应同时选择其操作机构形式。

低压断路器还必须进行断流能力的校验：

① 对动作时间在 0.02 s 以上的万能式（DW 型）断路器，其极限分断电流 I_{oc} 应不小于通过它的最大三相短路电流周期分量有效值 $I_k^{(3)}$，即

$$I_{oc} \geq I_k^{(3)} \tag{6.18}$$

② 对动作时间在 0.02 s 及以下的塑料外壳式（DZ 型）断路器，其极限分断电流 I_{oc} 或 i_{oc} 应不小于通过它的最大三相短路冲击电流 $I_{sh}^{(3)}$ 或 $i_{sh}^{(3)}$，即

$$I_{oc} \geq I_{sh}^{(3)} \tag{6.19}$$

或

$$i_{oc} \geq i_{sh}^{(3)} \tag{6.20}$$

【例 6.3】 有一条 380 V 的动力线路，$I_{30} = 120$ A，$I_{pk} = 400$ A，线路首端的 $I_k^{(3)} = 18.5$ kA。当地环境温度为 +30 ℃。试选择此线路的 BLV 型导线的截面、穿线的硬塑料管直径及线路首端装设的 DW16 型低压断路器及其过流脱扣器的规格。

解 （1）选择低压断路器及其过流脱扣器的规格查附表 13 知，DW16 - 630 型低压断路器的过流脱扣器额定电流 $I_{N.OR} = 160$ A $> I_{30} = 120$ A，故初步选 DW16 - 630 型低压断路器，其 $I_{N.OR} = 160$ A。

设瞬时脱扣电流整定为 3 倍，即 $I_{op(0)} = 3 \times 160$ A $= 480$ A。而 $K_{rel}I_{pk} = 1.35 \times 400$ A $= 540$ A，不满足 $I_{op(0)} \geq K_{rel}I_{pk}$ 的要求，因此需增大脱扣电流。如脱扣电流整定为 4 倍，$I_{op(0)} = 4 \times 160$ A $= 640$ A $> K_{rel}I_{pk} = 1.35 \times 400$ A $= 540$ A，满足脱扣电流避开尖峰电流的要求。

检验断流能力：再查附表 13 知，所选 DW16 - 630 型断路器 $I_{oc} = 30$ kA $> I_k^{(3)} = 18.5$ kA，满足要求。

（2）选择导线截面和穿线塑料管直径

查附表 10.3 知，当 $A = 70$ mm² 的 BLV 型铝芯塑料线三根穿管在 30 ℃ 时，其 $I_{al} = 121$ A $> I_{30} = 120$ A，故按发热条件可选 $A = 70$ mm²，管径选为 50 mm。

校验机械强度：由附表 11 可知，最小截面为 2.5 mm²。现 $A = 70$ mm²，故满足机械强度要求。

（3）由于瞬时过流脱扣器整定为 $I_{op(0)} = 640$ A，而 $4.5I_{al} = 4.5 \times 121$ A $= 544.5$ A，不满足 $I_{op(0)} \leqslant 4.5I_{al}$ 的要求。因此将导线截面增大为 95 mm^2，这时其 $I_{al} = 147$ A，$4.5I_{al} = 4.5 \times 147$ A $= 661.5$ A $> I_{op(0)} = 640$ A，满足导线与保护装置配合的要求。相应的穿线塑料管直径改为 65 mm。

6.3.4 低压断路器过电流保护灵敏度校验

在系统最小运行方式下，为了保证低压断路器的瞬时或延时过流脱扣器在其保护区内发生最轻微的短路故障时能可靠地工作，低压断路器保护的灵敏度必须满足下列条件

$$S_p = \frac{I_{k.min}}{I_{op}} \geqslant K \tag{6.21}$$

式中，I_{op} 为瞬时或短延时过流脱扣器的动作电流；$I_{k.min}$ 为其保护线路末端在系统最小运行方式下的单相短路电流（对 TN 和 TT 系统）或两相短路电流（对 IT 系统）；K 为灵敏度系数的最小比值，一般取 1.3。

6.3.5 前后低压断路器之间及低压断路器与熔断器之间的选择性配合

1. 前后低压断路器之间的选择性配合

前后低压断路器之间是否符合选择性配合，应按其保护特性曲线进行校验，按产品样本给出的保护特性曲线考虑其偏差范围 $\pm 20\%$ ~ $\pm 30\%$。如果在后一断路器出口发生三相短路时，前一断路器保护动作时间在计入负偏差、后一断路器保护动作时间在计入正偏差情况下，前一级的动作时间仍大于后一级的动作时间，则能实现选择性配合的要求。对于非重要负荷线路，保护电器允许无选择性动作。

一般来说，要保证前后两低压断路器之间能选择性动作，前一级低压断路器应采用带短延时的过流脱扣器，后一级低压断路器则采用瞬时过流脱扣器，而且动作电流也是前一级大于后一级，前一级的动作电流至少不小于后一级动作电流的 1.2 倍，即

$$I_{op.1} \geqslant 1.2I_{op.2} \tag{6.22}$$

2. 低压断路器与熔断器之间的选择性配合

要检验低压断路器与熔断器之间是否符合选择性配合，只有通过它们的保护特性曲线。前一级低压断路器可按厂家提供的保护特性曲线考虑 -30% ~ -20% 的负偏差，而后一级熔断器可按厂家提供的保护特性曲线考虑 30% ~ 50% 的正偏差。在这种情况下，如果两条曲线不重叠也不交叉，且前一级的曲线总在后一级的曲线之上，则前后两级保护可实现选择性动作；而且两条曲线之间留有的裕量越大，两者动作时间的选择性就越有保证。

6.4 常用的保护继电器

6.4.1 概　述

继电器（Relay）是一种在其输入的物理量（电气量或非电气量）达到规定值时，其电气输出电路被接通或分断的自动电器。继电器按其输入量性质分为电气继电器和非电气继电器两大类；按其用途分为控制继电器和保护继电器两大类，前者用于自动控制电路中，后者用于继

电保护电路中。这里只讲保护继电器。

保护继电器(Protective Relay)按其在继电保护电路中的功能,可分测量继电器(Measuring Relay)和有或无继电器(All-or-nothing Relay)两大类。测量继电器装设在继电保护电路中的第一级,用来反应被保护元件的特性量变化;当其特性量达到继电器动作值时即动作,它属于基本继电器或启动继电器。有或无继电器是一种只按电气量是否在其工作范围内或者为零时而动作的电气继电器,包括时间继电器、信号继电器、中间继电器等,在继电保护装置中用来实现特定的逻辑功能,属辅助继电器,也称逻辑继电器。

保护继电器按其组成元件分,有机电型、晶体管型和微机型。机电型继电器由于具有简单可靠、便于维修等优点,因此工厂供电系统中现在仍普遍应用它。机电型继电器按其结构原理分,有电磁式、感应式等继电器。

保护继电器按其反应的物理量分,有电流继电器、电压继电器、功率继电器、瓦斯(气体)继电器等。

保护继电器按其反应的物理量的数量变化分,有过量继电器和欠量继电器,例如过电流继电器、欠电压继电器等。

保护继电器按其在保护装置中的用途分,有启动继电器、时间继电器、信号继电器、中间(出口)继电器等。图6.5是过电流保护装置的框图。当线路上发生短路时,启动用的电流继电器(Current Relay)KA 瞬时动作,使时间继电器(Timing Relay)KT 启动,经整定的一定时限(延时)后,接通信号继电器(Signal Relay)KS 和中间继电器(Medium Relay)KM,KM 就接通断路器的跳闸回路,使断路器 QF 自动跳闸。

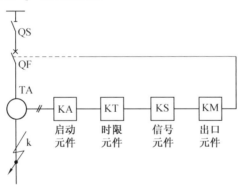

图6.5　过电流保护框图
KA— 电流继电器;KT— 时间继时器;KS— 信号继电器;KM— 中间继电器

保护继电器按其动作于断路器的方式分,有直接动作式(直动式)和间接动作式两大类。断路器操作机构中的脱扣器(跳闸线圈)实际上就是一种直动式继电器,而一般的保护继电器均为间接动作式。

保护继电器按其与一次电路的联系方式分,有一次式继电器和二次式继电器。一次式继电器的线圈是与一次电路直接相连的,例如低压断路器的过流脱扣器和失压脱扣器,实际上就是一次式继电器,并且也是直动式继电器。二次式继电器的线圈连接在电流互感器或电压互感器的二次侧,经过互感器与一次电路联系。高压系统中的保护继电器都属于二次式继电器。

保护继电器型号的表示含义如下:

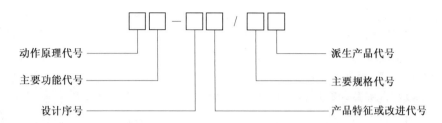

① 动作原理代号:D— 电磁式;G— 感应式;L— 整流式;B— 半导体式;W— 微机式。

② 主要功能代号:L— 电流;Y— 电压;S— 时间;X— 信号;Z— 中间;C— 冲击;CD— 差动。

③ 产品特征或改进代号:用阿拉数字或字母 A、B、C 等表示。

④ 派生产品代号:C— 可长期通电;X— 带信号牌;Z— 带指南针;TH— 温热带用。

⑤ 设计序号和主要规格代号:用阿拉伯数字表示。

下面分别介绍工厂供电系统中常用的保护继电器。

6.4.2　电磁型继电器

电磁型继电器主要由电磁铁、可动衔铁、线圈、接点、反作用弹簧等元件组成。当在继电器的线圈中通入电流 I 时,它经由铁芯、空气隙和衔铁构成闭合磁路产生电磁力矩,当可以克服弹簧的反作用力矩时,衔铁被吸向电磁铁,带动常开触点闭合,称为继电器动作。这是电磁型继电器的基本工作原理。

电磁型继电器由于结构简单,工作可靠,因此可以制作各种用途的继电器,如电流、电压、中间、信号和时间继电器等。

对于电磁型电流继电器,能使其动作的最小电流称为动作电流,用 I_{op} 表示,能使动作状态下的继电器返回的最大电流称为返回电流,用 I_{re} 表示。通常把返回电流与动作电流的比值称为继电器的返回系数 K_{re},即 $K_{re} = \dfrac{I_{re}}{I_{op}}$。

返回系数是继电器的一项重要质量指标。对于反应参数增加的继电器,如过流继电器,K_{re} 总小于1;而对于反应参数减小的继电器,如低压继电器,其 K_{re} 总大于1。继电保护规程规定:过电流继电器的 K_{re} 应不低于0.85,低压继电器的 K_{re} 应不大于1.25。

对于电磁型电压继电器,它与电流继电器的不同之处是线圈导线细且匝数多,阻抗大,以适应接入电压回路的需求。电压继电器分为过电压和低电压两种,过电压继电器与过电流继电器的动作、返回概念相同;低电压继电器是电压降低到一定程度而动作的继电器,故与过电流继电器的动作、返回概念相反。能使低压继电器动作的最大电压,称为动作电压;能使动作后的低压继电器返回的最小电压,称为返回电压。

6.4.3　感应型电流继电器

感应型电流继电器的动作机构主要由部分套有铜质短路环的主电磁铁、瞬动衔铁和可动铝盘等元件组成。

当电磁铁线圈电流在一定范围内时,铝盘因两个不同相位交变磁通所产生的涡流而转动,经延时带动触点系统动作,电流越大,铝盘转动越快,故其动作具有反时限特性。当线圈内电流达到一定数值时,主电磁铁直接吸持瞬动衔铁,使继电器不经延时带动触点系统动作,故具有瞬动特性。

典型的 GL – 10 型过电流继电器动作电流的整定用改变线圈抽头的方法实现。调整瞬动衔铁气隙大小,可改变瞬动电流倍数,调整范围为 2 ~ 8 倍。

6.4.4　静态型继电器

1. 整流型继电器

LL – 10 系列整流型继电器具有反时限特性,可以取代感应型继电器使用。图 6.6 所示是整流型电流继电器的原理框图。图中电压形成回路、整流滤波电路为测量元件,逻辑元件为反时限部分(由启动元件和反比例延时元件组成)和速断元件,它们共用一个执行元件。电压形成回路作用有两个:一是进行信号转换,把从一次回路传来的交流信号进行变换和综合,变为测量所需要的电压信号;二是起隔离作用,用它将交流强电系统与半导体电流系统隔离开。电压形成回路采用电抗变换器,它的结构特点是磁路带有气隙,不易饱和,可保证二次绕组的输出电压与输入一次绕组的电流成正比关系。

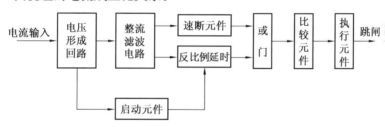

图 6.6　整流型电流继电器的原理框图

2. 晶体管型继电器

晶体管型继电器与电磁型、感应型继电器相比具有灵敏度高、动作速度快、可靠性高、功耗少、体积小、耐震动及易构成复杂的继电保护等特点。

晶体管型与整流型继电器保护的测量原理类似。图 6.7 为晶体管反时限过电流继电器的原理框图,一般由电压形成回路、比较电路(反时限和速断部分)、延时电路和执行元件等组成。

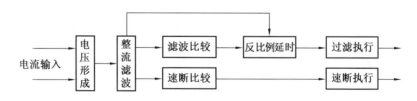

图 6.7　晶体管反时限过电流继电器的原理框图

现代的晶体管保护已为集成电路保护取代,成为第二代静态型保护,称为模拟式保护装置。

3. 微机保护

微型计算机和微处理器的出现,使继电保护进入数字化时代,目前微机保护已日趋成熟并得到广泛的应用。微机保护的硬件系统框图如图 6.8 所示,其中 S/H 表示采样／保持,A/D 表

示模／数转换。其保护原理不再阐述。

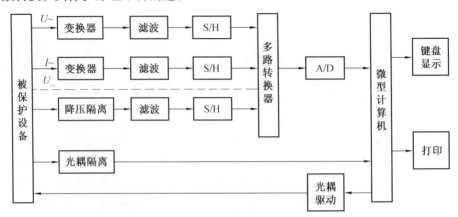

图 6.8　微机保护的硬件系统框图

6.5　工厂电力线路的继电保护

6.5.1　概　　述

按 GB 50062—1992《电力装置的继电保护和自动装置设计规范》规定：对 3 ～ 66 kV 电力线路,应装设相间短路保护、单相接地保护和过负荷保护。

由于一般工厂的高压电力线路不是很长,容量不是很大,因此其继电保护装置通常比较简单。

作为线路的相间短路保护,主要采用带时限的过电流保护和瞬时动作的电流速断保护。如果过电流保护动作时限不大于 0.5 ～ 0.7 s 时,可不装设电流速断保护。相间短路保护应动作于断路器的跳闸机构,使断路器跳闸,切除短路故障部分。

作为线路的单相接地保护,有两种方式:一是绝缘监视装置,装设在变配电所的高压母线上,动作于信号(将在 7.3 节介绍);另一种是有选择性的单相接地保护(零序电流保护),也动作于信号,但是当单相接地故障危及人身和设备安全时,则动作于跳闸。

对可能经常过负荷的电缆线路,按 GB 50062 规定,应装设过负荷保护,动作于信号。

6.5.2　继电保护装置的接线方式

高压电力线路的继电保护装置中,启动继电器与电流互感器之间的连接方式,主要有两相两继电器式和两相一继电器式两种。

1. 两相两继电器式接线(图 6.9)

两相两继电器式接线,如果一次电路发生三相短路或两相短路时,都至少有一个继电器要动作,从而使一次电路的断路器跳闸。

为了表述这种接线方式中继电器电流 I_{KA} 与电流互感器二次电流 I_2 的关系,特引入一个接线系数(Wiring Coefficient)K_W,即

$$K_{\mathrm{W}} = \frac{I_{\mathrm{KA}}}{I_2} \tag{6.23}$$

两相继电器式接线在一次电路发生任意相间短路时，$K_{\mathrm{W}} = 1$，即其保护灵敏度都相同。

2. 两相一继电器式接线

两相一继电器式接线接线又称两相电流差接线。正常工作时，流入继电器的电流为两相电流互感器二次电流之差，如图 6.10 所示。

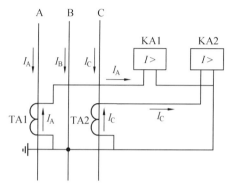

图 6.9　两相两继电器式接线

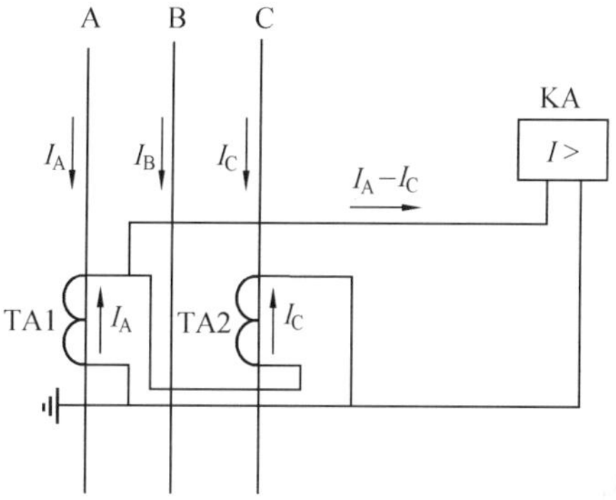

图 6.10　两相一继电器式接线

在其一次电路发生三相短路时，流入继电器的电流为电流互感器二次电流的 $\sqrt{3}$ 倍，即 $K_{\mathrm{W}}^{(3)} = \sqrt{3}$。

在一次电路 A、C 两相发生短路时，由于两相短路电流反应在 A 相和 C 相中大小相等、相位相反（参看图 6.11(b)），因此流入继电器的电流（两相电流差）为互感器二次电流的 2 倍，即 $K_{\mathrm{W}}^{(\mathrm{A,C})} = 2$。

在一次电路的 A、B 两相或 B、C 两相发生短路时，流入继电器的电流只有一相（A 相或 C 相）互感器的二次电流（参看图 6.11(c)、(d)），即 $K_{\mathrm{W}}^{(\mathrm{A,B})} = K_{\mathrm{W}}^{(\mathrm{B,C})} = 1$。

由以上分析可知，两相一继电器式接线能反应各种相间短路故障，但不同的保护灵敏度有所不同，有的甚至相差一倍，因此不如两相两继电器式接线。但是它少用一个继电器，较为简单经济，主要用于高压电动机保护。

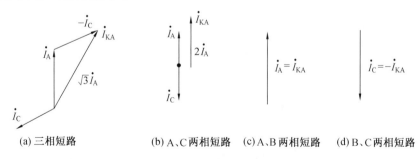

(a) 三相短路　　　(b) A、C 两相短路　(c) A、B 两相短路　(d) B、C 两相短路

图 6.11　两相一继电器式接线不同相间短路的相量分析

6.5.3　继电保护装置的操作方式

继电保护装置的操作电源，有直流操作电源和交流操作电源两大类。由于交流操作电源具有投资少、运行维护方便及二次回路简单可靠等优点，因此它在中小工厂供电系统中应用广

泛。交流操作电源供电的继电保护装置主要有以下两种操作方式：

1. 直接动作式（图 6.12）

利用断路器手动操作机构内的过流脱扣器（跳闸线圈）YR 作为直动式过流继电器 KA，接成两相一继电器式或两相两继电器式。正常运行时，YR 通过的电流远小于其动作电流，因此不动作。而在一次电路发生相间短路时，YR 动作，使断路器 QF 跳闸。这种操作方式简单经济，但保护灵敏度低，实际上较少应用。

2. "去分流跳闸"的操作方式（图 6.13）

正常运行时，电流继电器 KA 的常闭触点将跳闸线圈 YR 短路分流，YR 无电流通过，所以断路器 QF 不会跳闸。当一次电路发生相间短路时，电流继电器 KA 动作，其常闭触点断开，使跳闸线圈 YR 的短路分流支路被去掉（即所谓"去分流"），从而使电流互感器的二次电流全部通过 YR，致使断路器 QF 跳闸，即所谓"去分流跳闸"。这种操作方式的接线也比较简单，且灵敏度可靠，但要求电流继电器 KA 触点的分段能力足够大才行。现在生产的 GL $-\dfrac{15\text{、}16}{25\text{、}26}$ 等型电流型继电器，其触点容量相当大，短时分断电流可达 150 A，完全能满足短路时"去分流跳闸"的要求。因此，这种去分流跳闸的操作方式现在在工厂供电系统中应用相当广泛。但是图 6.13 所示接线并不完善，实际的接线将在下面讲述反时限过电流保护时予以介绍（参看图 6.15）。

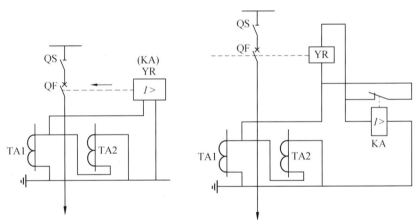

图 6.12　直接动作式过电流保护电路　图 6.13　"去分流跳闸"的过电流保护电路

6.5.4　带时限的过电流保护

带时限的过电流保护，按其动作时限特性分，有定时限过电流保护（Specified Time Over-current Protection）和反时限过电流保护（Inverse Time Over-current Protection）两种。定时限就是保护装置的动作时限是按预先整定的动作时间固定不变的，与短路电流大小无关；而反时限就是保护装置的动作时限原先是按 10 倍动作电流来整定的，而实际的动作时间则与短路电流呈反比关系变化，短路电流越大，动作时间越短。

1. 定时限过电流保护装置的组成和工作原理

定时限过电流保护的原理电路如图 6.14 所示，其中图 6.14（a）为集中表示的原理电路图，通常称为接线图，这种电路图中的所有电器的组成部件是各自归总在一起的，因此过去也

称为归总式电路图。图 6.14(b) 为分开表示的原理电路图,通常称为展开图,这种电路图中的
所有电器的组成部件按各部件所属回路分开绘制。从原理分析的角度来说,展开图简明清晰,
在二次回路(包括继电保护、自动装置、控制、测量回路) 中应用最为普遍。

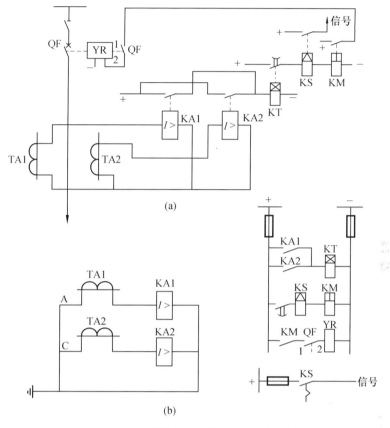

图 6.14　定时限过电流保护的原理电路图

下面分析图 6.14 所示定时限过电流保护的工作原理。

当一次电路发生相间短路时,电流继电器 KA 瞬时动作,闭合其触点,使时间继电器 KT 动
作。KT 经过整定的时限后,其延时触点闭合,使串联的信号继电器(电流型)KS 和中间继电器
KM 动作。KS 动作后,其指示牌掉下,同时接通信号回路,给出灯光信号和音响信号。KM 动
作后,接通跳闸线圈 YR 回路,使断路器 QF 跳闸,切除短路故障。QF 跳闸后,其辅助触点
QF1 – 2 随之切断跳闸回路。在短路故障被切除后,继电保护装置除 KS 外的其他所有继电器
均自动返回起始状态,而 KS 可手动复位。

2. 反时限过电流保护装置的组成和工作原理

反时限过电流保护装置由 GL 型感应式电流继电器组成,其原理电路图如图 6.15 所示。

当一次电路发生相间短路时,电流继电器 KA 动作,经过一定延时后(反时限特性),其常
开触点闭合,紧接着其常闭触点断开,这时断路器 QF 因其跳闸线圈 YR 被"去分流"而跳闸,切
除短路故障。在继电器 KA 去分流跳闸的同时,其信号牌掉下,指示保护装置已经动作。在短
路故障被切除后,继电器自动返回,其信号牌可利用外壳上的旋钮手动复位。

比较图 6.15 与前面图 6.13 可以看出,图 6.15 中的电流继电器 KA 增加了一对常开触点,

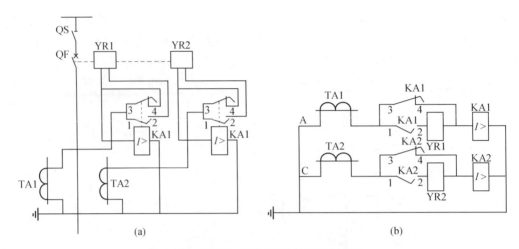

图 6.15　反时限过电流保护的原理电路图

与跳闸线圈 YR 串联,其目的是防止电流继电器的常闭触点在一次电路正常运行时由于外界振动的偶然因素使之断开而导致断路器误跳闸的事故。增加一对常开触点后,即使常闭触点偶然断开,也不会造成断路器误跳闸。但是,继电器这两对触点的动作程序必须是常开触点先闭合,常闭触点后断开,即必须采用先合后断的转换触点。否则,假如常闭触点先断开,将造成电流互感器二次侧带负荷开路,这是不允许的,同时将使继电器失电返回,不起保护作用。

3. 过电流保护的整定

带时限过电流保护(含定时限和反时限)的动作电流 I_{op},应避开被保护线路的最大负荷电流(包括正常过负荷电流和尖峰电流)$I_{L. max}$,以免 $I_{L. max}$ 通过时使保护装置误动作;而且其返回电流 I_{re} 也应避开被保护线路的最大负荷电流 $I_{L. max}$,否则保护装置还可能发生误动作。

如图 6.16(a)所示电路,假设线路 WL2 的首端 k 点发生相间短路,由于短路电流远大于线路上的所有负荷电流,所以沿线路的过电流保护装置包括 KA1、KA2 均要动作。按照保护选择性的要求,应使靠近故障点 k 的保护装置 KA2 首先动作,断开 QF2,切除故障线路 WL2。这时由于故障线路 WL2 已被切除,保护装置 KA1 应立即返回起始状态,不致再断开 QF1。但是如果 KA1 的返回电流未避开线路 WL1 的最大负荷电流,则在 KA2 动作并断开线路 WL2 后,KA1 可能不返回而继续保持动作状态,经过 KA1 所整定的动作时限后,错误地断开断路器 QF1,造成线路 WL1 也停电,扩大了故障停电范围,这是不允许的。所以,过电流保护装置不仅动作电流应避开线路的最大负荷电流,而且其返回电流也应避开线路的最大负荷电流。

设保护装置所连接的电流互感器电流比为 K_i,保护装置的接线系数为 K_w,保护装置的返回系数为 K_{re},则线路的最大负荷电流 $I_{L. max}$ 换算到继电器中的电流为 $\dfrac{K_w I_{L. max}}{K_i}$。由于要求返回电流也避开最大负荷电流,即 $I_{re} > \dfrac{K_w I_{L. max}}{K_i}$。而 $I_{re} = K_{re} I_{op}$,因此 $K_{re} I_{op} > \dfrac{K_w I_{L. max}}{K_i}$。将此式写成等式,计入一个可靠系数 K_{rel},得到过电流保护装置动作电流的整定计算公式,即

$$I_{op} = \frac{K_{rel} K_w}{K_{re} K_i} I_{L. max} \tag{6.24}$$

式中,K_{rel} 为保护装置的可靠系数,对 DL 型电流继电器取 1.2,对 GL 型电流继电器取 1.3;K_w 为保护装置的接线系数,对两相两继电器式接线(相电流接线)为 1,对两相一继电器式接线(两

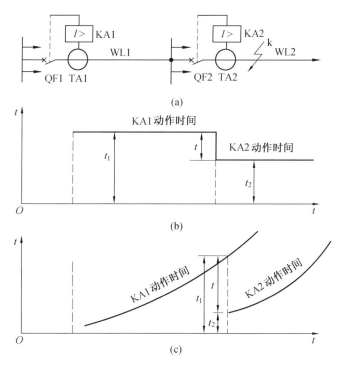

图 6.16　线路过电流保护整定说明

相电流差接线）为 $\sqrt{3}$ ；$I_{L.max}$ 为线路上的最大负荷电流，可取为 $(1.5 \sim 3)I_{30}$，I_{30} 为线路计算电流。

如果采用断路器手动操作机构中的过流脱扣器（跳闸线圈）YR 做过电流保护，则过流脱扣器的动作电流（脱扣电流）应按下式整定

$$I_{op(YR)} = \frac{K_{rel}K_w}{K_i}I_{L.max} \tag{6.25}$$

式中，K_{rel} 为脱扣器的可靠系数，可取 $2 \sim 2.5$，这里的可靠系数已计入脱扣器的返回系数。

4. 过电流保护动作时限整定

过电流保护的动作时限，应按"阶梯原则"进行整定，以保证前后两级保护装置动作的选择性，也就是在后一级保护装置所保护的线路首端（如图 6.16(a) 所示的线路中的 k 点）发生三相短路时，前一级保护的动作时间 t_1 应比后一级保护中最长的动作时间 t_2 大一个时间级差 Δt，如图 6.16(b) 和 6.16(c) 所示，即

$$t_1 \geq t_2 + \Delta t \tag{6.26}$$

这一时间级差 Δt，应考虑到前一级保护动作时间 t_1 可能发生的负偏差（提前动作）Δt_1，考虑后一级保护动作时间 t_2 可能发生的正偏差（延后动作）Δt_2，还要考虑保护装置特别是 GL 型感应式继电器动作时具有的惯性误差 Δt_3。为了确保前后保护装置的动作时间的选择性，还应考虑一个保险时间 Δt_4（可取 $0.1 \sim 0.15$）。因此前后两级保护动作时间级差应为

$$\Delta t = \Delta t_1 + \Delta t_2 + \Delta t_3 + \Delta t_4 \tag{6.27}$$

对于定时限过电流保护，可取 $\Delta t = 0.5$ s；对于反时限过电流保护，可取 $\Delta t = 0.7$ s。

定时限过电流保护的动作时限，利用时间继电器（DS 型）来整定。反时限过电流保护的

动作时限,由于 GL 型电流继电器的时限调节机构是按"10 倍动作电流的动作时限"来标度的,因此要根据前后两级保护的 GL 型继电器的动作特性曲线来整定。

假设 6.16(a) 所示电路中,后一级保护 KA 的 10 倍动作电流的动作时限已经整定为 t_2,现在要整定前一级保护 KA1 的 10 倍动作电流的动作时限 t_1,整定计算的步骤如下(参看图6.17):

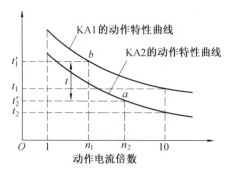

图 6.17　反时限过电流保护的动作时限整定

(1)计算 WL2 首端的三相短路电流 I_k 反应到 KA2 中的电流值

$$I'_{k(2)} = \frac{K_{w(2)}}{K_{i(2)}} I_k \qquad (6.28)$$

式中,$K_{w(2)}$ 为 KA2 与电流互感器相连的接线系数;$K_{i(2)}$ 为 KA2 所连电流互感器的电流比。

(2)计算 $I'_{k(2)}$ 对 KA2 的动作电流 $I_{op(2)}$ 的倍数,即

$$n_2 = \frac{I'_{k(2)}}{I_{op(2)}} \qquad (6.29)$$

(3)确定 KA2 的实际动作时间。在图 6.17 所示 KA2 的动作特性曲线的横坐标轴上,找出 n_2,然后向上找到该曲线上点 a,该点在纵坐标上对应的动作时间 t'_2 就是 KA2 在通过 $I'_{k(2)}$ 时的实际动作时间。

(4)计算 KA1 必需的实际动作时间。根据保护选择性的要求,KA1 的实际动作时间 $t'_1 = t'_2 + \Delta t$;取 $\Delta t = 0.7$ s,故 $t'_1 = t'_2 + 0.7$ s。

(5)计算 WL2 首端的三相短路电流 I_k 反应到 KA1 中的电流值,即

$$I'_{k(1)} = \frac{K_{w(1)}}{K_{i(1)}} I_k \qquad (6.30)$$

式中,$K_{w(1)}$ 为 KA1 与电流互感器相连的接线系数;$K_{i(1)}$ 为 KA1 所连电流互感器的电流比。

(6)计算 $I'_{k(1)}$ 对 KA1 的动作电流 $I_{op(1)}$ 的倍数,即

$$n_1 = \frac{I'_{k(1)}}{I_{op(1)}} \qquad (6.31)$$

(7)确定 KA1 的 10 倍动作电流的动作时限。从图 6.17 所示 KA1 的动作特性曲线的横坐标轴上找出 n_1,从纵坐标轴上找出 t'_1,然后找到 n_1 与 t'_1 相交的点 b,点 b 所在曲线所对应的 10 倍动作电流的动作时间 t_1 即为所求。

必须注意:有时 n_1 与 t'_1 相交的坐标点不在给出的曲线上,而在两条曲线之间,这时就只有从上下两条曲线来粗略估计其 10 倍动作电流时限。

5. 过电流保护的灵敏度及提高灵敏度的措施 —— 低电压闭锁

（1）过电流保护的灵敏度。根据式（6.1），保护灵敏度 $S_\mathrm{p} = \dfrac{I_\mathrm{K.\,min}}{I_\mathrm{op.\,1}}$。对于线路过电流保护，

$I_\mathrm{K.\,min}$ 应取被保护线路末端在系统最小运行方式下的两相短路电流 $I_\mathrm{K.\,min}^{(2)}$。而 $I_\mathrm{op.\,1} = \dfrac{I_\mathrm{op} K_\mathrm{i}}{K_\mathrm{w}}$，因此

按规定过电流保护的灵敏度必须满足的条件为

$$S_\mathrm{p} = \frac{K_\mathrm{w} I_\mathrm{K.\,min}^{(2)}}{K_\mathrm{i} I_\mathrm{op}} \geqslant 1.5 \tag{6.32}$$

如果过电流保护是作为后备保护时，则其灵敏度 $S_\mathrm{p} \geqslant 1.2$ 即可。当过电流保护灵敏度达不到上述要求时，可采用下述的低电压闭锁保护来提高灵敏度。

（2）低电压闭锁的过电流保护。如图 6.18 所示保护电路，在线路过电流保护的过电流继电器 KA 的常开触点回路中，串入低电压继电器 KV 的常闭触点，而 KV 经过电压互感器 TV 接在被保护线路的母线上。

在供电系统正常运行时，母线电压接近于额定电压，因此电压互感器 KV 的常闭触点是断开的。这时的过电流继电器 KA 即使由于线路过负荷而误动作（即 KA 触点闭合），也不致造成断路器 QF 误跳闸。正因为如此，凡装有低电压闭锁的过电流保护装置的动作电流 I_op，不必避开线路的最大负荷电流 $I_\mathrm{L.\,max}$ 来整定，而只需按避开线路的计算电流 I_{30} 来整定。当然，保护装置的返回电流 I_re 也应避开 I_{30}。因此，装有低电压闭锁的过电流保护的动作电流整定公式为

$$I_\mathrm{op} = \frac{K_\mathrm{rel} K_\mathrm{w}}{K_\mathrm{re} K_\mathrm{i}} I_{30} \tag{6.33}$$

式中，各系数的含义和取值与前面式（6.30）相同。由于 I_op 的减小，从而有效地提高了保护的灵敏度。

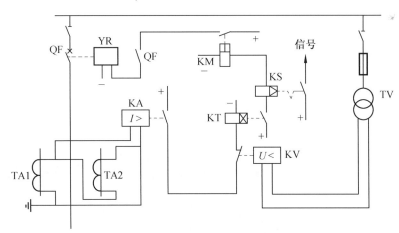

图 6.18　低电压闭锁的过电流保护

上述低电压继电器 KV 的动作电压 U_op，按避开母线正常最低工作电压 U_min 来整定，当然其返回电压也应避开 U_min。因此低电压继电器动作电压的整定计算公式为

$$U_\mathrm{op} = \frac{U_\mathrm{min}}{K_\mathrm{rel} K_\mathrm{re} K_\mathrm{u}} \approx 0.6 \frac{U_\mathrm{N}}{K_\mathrm{u}} \tag{6.34}$$

式中，U_min 为母线最低工作电压，取 $(0.85 \sim 0.95) U_\mathrm{N}$；$U_\mathrm{N}$ 为线路额定电压；K_rel 为保护装置的

可靠系数,可取 1.2;K_{re} 为低电压继电器的返回系数,一般取 1.25;K_u 为电压互感器的电压比。

6.定时限过电流保护与反时限过电流保护的比较

定时限过电流保护的优点是:动作时间比较精确,整定简单,且动作时间与短路电流大小无关,不会因短路电流小而使故障时间延长。但缺点是:所需继电器多,接线复杂,且需直流电源,投资较大。此外,越靠近电源处的保护装置,其动作时间越长,这是带时限过电流保护共有的一大缺点。

反时限过电流保护的优点是:继电器数量大为减少,而且可同时实现电流速断保护,加之可采用交流操作,因此相当简单经济,投资大大降低,故它在中小工厂供电系统中得到广泛的应用。但缺点是:动作时限的整定比较麻烦,而且误差较大;当短路电流小时,其动作时间可能相当长,延长了故障持续时间;同样存在越靠近电源、动作时间越长的缺点。

【例 6.4】 某 10 kV 电力线路如图 6.19 所示。已知 TA1 的电流比为 100A/5A,TA2 的电流比为 50A/5A。WL1 和 WL2 的过电流保护均采用两相两继电器式接线,继电器均为 GL – 15/10 型。今 KA1 已经整定,其动作电流为 7 A,10 倍动作电流的动作时限为 1 s。WL2 的计算电流为 28 A,WL2 首端 k – 1 点的三相短路电流为 500 A,其末端 k – 2 点的三相短路电流为 160 A。试整定 KA2 的动作电流和动作时限,并校验其保护灵敏度。

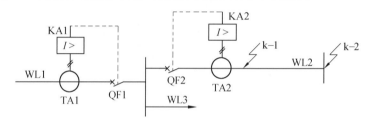

图 6.19　例 6.4 的电力线路

解 (1)整定 KA2 的动作电流。

取 $I_{L.max} = 2I_{30} = 2 \times 28\ \text{A} = 56\ \text{A}, K_{rel} = 1.3, K_{re} = 0.8, K_i = \dfrac{50}{5} = 10, K_w = 1$,故

$$I_{op(2)}/\text{A} = \frac{K_{rel}K_w}{K_{re}K_i}I_{L.max} = \frac{1.3 \times 1}{0.8 \times 10} \times 56 = 9.1$$

根据 GL – 15/10 型继电器的规格,动作电流整定为 9 A。

(2)整定 KA2 的动作时限。先确定 KA1 的实际动作时间。由于 k – 1 点发生三相短路时 KA1 中的电流为

$$I'_{k-1(1)}/\text{A} = \frac{K_{w(1)}}{K_{i(1)}}I_{k-1} = \frac{1}{20} \times 500 = 25$$

故 $I'_{k-1(1)}$ 对 KA1 的动作电流倍数为

$$n_1 = \frac{I'_{k-1(1)}}{I_{op(1)}} = \frac{25\ \text{A}}{7\ \text{A}} = 3.6$$

利用 $n_1 = 3.6$ 和 KA1 已经整定的时限 $t_1 = 1$ s,查附图 4 的 GL – 15 型继电器的动作特性曲线,得 KA1 的实际动作时间 $t'_1 \approx 1.6$ s。

由此可得 KA2 的实际动作时间应为

$$t'_2/\text{s} = t'_1 - \Delta t = 1.6 - 0.7 = 0.9$$

由于 k - 1 点发生三相短路时 KA2 中的电流为

$$I'_{\text{k}-1(2)}/\text{A} = \frac{K_{\text{w}(2)}}{K_{\text{i}(2)}}I_{\text{k}-1} = \frac{1}{10} \times 500 = 50$$

故 $I'_{\text{k}-1(2)}$ 对 KA2 的动作电流倍数为

$$n_2 = \frac{I'_{\text{k}-1(2)}}{I_{\text{op}(2)}} = \frac{50\ \text{A}}{9\ \text{A}} \approx 5.6$$

利用 $n_2 = 5.6$ 和 KA2 的实际动作时间 $t'_2 = 0.9$ s,查附图 4 的 GL - 15 型继电器的动作特性曲线,得 KA2 应整定的 10 倍动作电流的动作时限为 $t_2 \approx 0.8$ s。

（3）KA2 的保护灵敏度校验。KA2 保护的线路 WL2 末端 k - 2 的两相短路电流为其最小短路电流,即

$$I^{(2)}_{\text{k.min}}/\text{A} = 0.866I^{(3)}_{\text{k}-2} = 0.866 \times 160 = 139$$

因此 KA2 的保护灵敏度为

$$S_{\text{p}(2)} = \frac{K_{\text{w}}I^{(2)}_{\text{k.min}}}{K_{\text{i}}I_{\text{op}(2)}} = \frac{1 \times 139\ \text{A}}{10 \times 9\ \text{A}} = 1.54 > 1.5$$

由此可见,KA2 整定的动作电流满足保护灵敏度的要求。

6.5.5　电流速断保护

上述带时限的过电流保护有一个明显的缺点,就是越靠近电源的线路过电流保护,其动作时间越长,而短路电流则是越靠近电源越大,其危害也更加严重。因此 GB 50062—1992 规定,在过电流保护动作时间超过 0.5 ～ 0.7 s 时,应装设瞬动的电流速断保护装置。

1. 电流速断保护的组成及速断电流的整定

电流速断保护就是一种瞬时动作的过电流保护。对于采用 DL 系列电流继电器的速断保护,相当于在定时限过电流保护中抽去时间继电器,即在启动用的电流继电器之后,直接接信号继电器和中间继电器,最后由中间继电器触点接通断路器的跳闸回路。图 6.20 是高压线路上同时装有定时限过电流保护和电流速断保护的电路图,其中 KA1、KA2、KT、KS1 和 KM 属定时限过电流保护,KA3、KA4、KS2 和 KM 属电流速断保护,其中 KM 是两种保护共用的。

如果采用 GL 系列电流继电器,则利用该继电器的电磁元件来实现电流速断保护,而其感应元件则用来做反时限过电流保护,因此非常简单经济。

为了保证前后两级瞬动的电流速断保护的选择性,电流速断保护的动作电流即速断电流 I_{qb} 应按避开它所保护线路的末端最大短路电流 $I_{\text{k.max}}$ 来整定。因为只有如此整定,才能避免在后一级速断保护所保护的线路首端发生三相短路时前一级速断保护误动作的可能性,以保证保护的选择性。

以图 6.21 所示装有前后两级电流速度保护的线路为例,前一段线路 WL1 末端 k - 1 点的三相短路电流 $I^{(3)}_{\text{k}-1}$,实际上与后一段线路 WL2 首端 k - 2 点的三相短路电流 $I^{(3)}_{\text{k}-2}$ 几乎相等,因此 KA1 的速断电流 I_{qb} 只有避开 $I^{(3)}_{\text{k}-1}$,才能避开 $I^{(3)}_{\text{k}-2}$,防止 k - 2 点短路时 KA1 误动作。故电流速断保护的动作电流的整定计算公式为

$$I_{\text{qb}} = \frac{K_{\text{rel}}K_{\text{w}}}{K_{\text{i}}}I_{\text{k.max}} \tag{6.35}$$

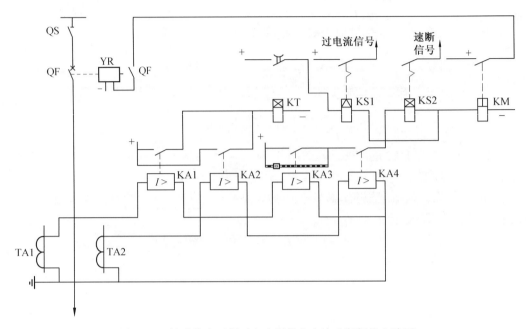

图 6.20　线路的定时限过电流保护和电流速断保护电路图

式中，K_{rel} 为可靠系数，对 DL 型电流继电器，取 1.2～1.3；对 GL 型电流继电器，取 1.4～1.5；对过流脱扣器，取 1.8～2。

2. 电流速断保护的"死区"及其弥补

由于电流速断保护的动作电流避开了线路末端的最大短路电流，因此在靠近末端的相当长一段线路上发生的不一定是最大短路电流的短路（例如两相短路）时，电流速断保护不会动作。这说明，电流速断保护不可能保护线路的全长。这种保护装置不能保护的区域，称为"死区"，如图 6.21 所示。

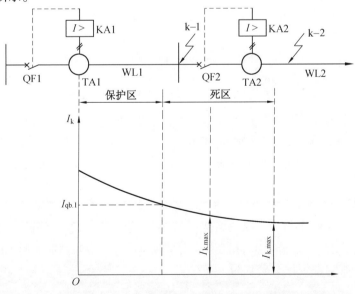

图 6.21　线路电流速度保护的动作电流整定说明及保护区和死区

为了弥补死区得不到保护的缺陷,凡是装设有电流速断保护的线路,必须配备带时限的过电流保护,过电流保护的动作时间比电流速断保护至少长一个时间级差 $\Delta t = 0.5 \sim 0.7\ \text{s}$,而且前后的过电流保护的动作时间又要符合"阶梯原则",以保证选择性。

3. 电流速断保护的灵敏度

电流速断保护的灵敏度按其安装处(即线路首端)在系统最小运行方式下的两相短路电流 $I_k^{(2)}$ 作为最小短路电流 $I_{k.\,min}$ 来校验。因此电流速断保护的灵敏度必须满足的条件为

$$S_p = \frac{K_w I_k^{(2)}}{K_i I_{qb}} \geq 1.5 \sim 2 \tag{6.36}$$

按 GB 50062—1992 规定,$S_p \geq 1.5$;按 JBJ 6—1996 规定,$S_p \geq 2$。

【例 6.5】　试整定例 6.4 中 KA2 继电器(GL - 15 型)的速断电流倍数,并检验其灵敏度。

解　(1) 整定 KA2 的速断电流倍数。由例 6.4 知,WL2 末端 k - 2 点的 $I_{k.\,max} = 160\ \text{A}$;又 $K_w = 1$,$K_i = 10$,取 $K_{rel} = 1.4$,因此速断电流整定为

$$I_{qb}/\text{A} = \frac{K_{rel} K_w}{K_i} I_{k.\,max} = \frac{1.4 \times 1}{10} \times 160 = 22.4$$

而 KA2 的 $I_{op} = 9\ \text{A}$,故整定的速断电流倍数为

$$n_{qb} = \frac{I_{qb}}{I_{op}} = \frac{22.4\ \text{A}}{9\ \text{A}} \approx 2.5$$

(2) 校验 KA2 的速断保护灵敏度。$I_{k.\,min}$ 取 WL2 首端 k - 1 点的两相短路电流,则

$$I_{k.\,min}/\text{A} = 0.866 I_{k-1}^{(3)} = 0.866 \times 500 = 433$$

故 KA2 的电流速断保护灵敏度为

$$S_p = \frac{K_w I_k^{(2)}}{K_i I_{qb}} = \frac{1 \times 433\ \text{A}}{10 \times 22.4\ \text{A}} \approx 1.93 \approx 2$$

由此可见,其灵敏度基本满足要求。

6.5.6　有选择性的单相接地保护

在小接地电流的电力系统中,若发生单相接地故障时,则只有很小的接地电容电流,而相间电压不变,因此可暂时继续运行。但是这毕竟是一种故障,而且由于非故障相的对地电压要升高为原来对地电压的 $\sqrt{3}$ 倍,一次对线路绝缘是一种威胁,如果长此下去,可能引起非故障相的对地绝缘击穿而导致两相接地短路,这将引起开关跳闸,线路停电。因此,在系统发生单相接地故障时,必须通过无选择性的绝缘监视装置或有选择性的单相接地保护装置,发出报警信号,以便值班人员及时发现和处理。

1. 单相接地保护的基本原理

单相接地保护又称零序电流保护,它利用单相接地所产生的零序电流使保护装置动作,发出信号。当单相接地危及人身和设备安全时,则动作于跳闸。

单相接地保护必须通过零序电流互感器将以此电路发生单相接地时所产生的零序电流反应到其二次侧的电流继电器中去。

单相接地保护装置能够相当灵敏地监视小接地电流系统的对地绝缘状况,而且能具体地判断发生单相接地故障的线路,因此 GB 50062—1992 规定:对 3 ~ 66 kV 中性点直接接地的线路上,宜装设有选择性的接地保护,并动作于信号;当危及人身和设备安全时,动作于跳闸。

这里必须强调指出,电缆头的接地线必须穿过零序电流互感器的铁芯,否则接地保护装置不起作用。

关于架空线路的单相接地保护,可采用由三个相装设的同型号规格的电流互感器同极性

并联所组成的零序电流过滤器。但一般工厂的高压架空线路不长,很少装设。

2. 单相接地保护装置的动作电流的整定

当供电系统某一线路发生单相接地故障时,其他线路上都会出现不平衡电流的电容电流,而这些线路因本身是正常的,其接地保护装置不应该动作,因此单相接地保护的动作电流$I_{op(E)}$应该避开在其他线路上发生单相接地在本线路上引起的电容电流I_C,即单相接地保护动作电流的整定计算公式为

$$I_{op(E)} = \frac{K_{rel}}{K_i} I_C \tag{6.37}$$

式中,I_C为其他线路发生单相接地时,在被保护线路产生的电容电流,可按式

$$I_C = \frac{U_N(l_{oh} + 35l_{cab})}{350}$$

计算,其中U_N为系统额定电压,kV;l_{oh}为同一电压U_N的具有电联系的架空线路长度,km;l_{cab}为同一电压U_N的具有电联系的电缆线路总长度,km。只是式中l_{oh}和l_{cab}应取被保护线路的长度;K_i为零序电流互感器的电流比;K_{rel}为可靠系数,保护装置不带时限时,取$4 \sim 5$,以避开被保护线路发生两相短路时所出现的不平衡电流;保护装置带时限时,取$1.5 \sim 2$,这时接地保护的动作时间应比相间短路的过电流保护动作时间大一个Δt,以保证选择性。

3. 单相接地保护的灵敏度

单相接地保护的灵敏度,应按被保护线路末端发生单相接地故障时流过接地线的不平衡电流作为最小故障电流来校验,而这一电容电流为与被保护线路有电联系的总电网电容电流$I_{C.\Sigma}$与该线路本身的电容电流I_C之差。$I_{C.\Sigma}$按式$I_C = \frac{U_N(l_{oh} + 35l_{cab})}{350}$计算,而$I_C = 0.1U_N l$,$l$为被保护电缆的长度。因此单相接地保护的灵敏度校验公式为

$$S_p = \frac{I_{C.\Sigma} - I_C}{K_i I_{op(E)}} \geqslant 1.5 \tag{6.38}$$

式中,K_i为零序电流互感器的电流比。

6.5.7 电力线路的过负荷保护

电力线路的过负荷保护(Over-load Protection),只对可能经常出现过负荷的电缆线路才予以装设,一般延时动作于信号。其接线如图6.22所示。

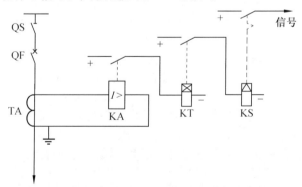

图6.22 过负荷保护电路

TA— 电流互感器;KA— 电流继电器;KT— 时间继电器;KS— 信号继电器

过负荷保护的动作电流 $I_{op(OL)}$ 按避开线路的计算电流 I_{30} 来整定,即其整定计算公式为

$$I_{op(OL)} = \frac{1.2 \sim 1.3}{K_i} I_{30} \tag{6.39}$$

式中,K_i 为电流互感器的电流比。

电力线路过负荷保护的动作时间一般取 $10 \sim 15$ s。

6.6　电力变压器保护

变压器是电力系统的重要设备之一,它的正常运行对供电系统的可靠性意义重大,电力变压器常用的保护装置有气体保护、纵联差动保护(简称差动保护)、过电流保护和过负荷保护等,本节重点介绍电力变压器差动保护的原理与整定计算。

6.6.1　变压器的气体保护

气体保护主要用于变压器油箱内部故障的主保护以及油面过低保护。变压器的内部故障,如匝间或层间短路、单相接地短路等,有时故障电流较小,可能不会使反应电流的保护动作。对于油浸变压器,油箱内部故障时,由于短路电流和电弧的作用,变压器油和其他绝缘物会因受热而分解出气体,这些气体上升到最上部的油枕。故障越严重,产气越多,形成的气流越强烈。能反应此气体变化的保护装置,称气体保护,气体保护利用安装于油箱和油枕间管道中的机械式气体继电器来实现。

图 6.23 为气体保护接线图。图中的中间继电器 4 是出口元件,它是带有电流自保线圈的中间继电器,这是考虑到重气体时,油流速度不稳定而采用的。切换片 5 是为了在变压器换油或进行气体继电器试验时,防止误动作而设的,可利用切换片 5 使重气体保护临时只作用于信号回路。

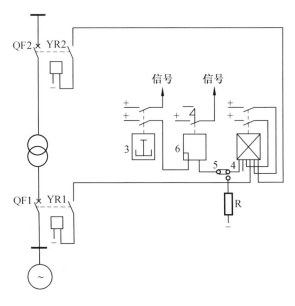

图 6.23　气体保护接线

气体保护的主要优点是动作快,灵敏度高,稳定可靠,接线简单,能反应变压器油箱内部的各种类型故障,特别是短路匝数很少的匝间短路,其他保护可能不动作,对这种故障,气体保护具有特别重要的意义,所以气体保护是变压器内部故障的主要保护之一。根据有关规定,800 kV·A 以上的油浸变压器,均应装设气体保护。

6.6.2　变压器的电流速断保护

气体保护不能反应变压器外部故障,尤其是变压器接线端子绝缘套管的故障。因而,对于较小容量的变压器(如 5 600 kV·A 以下),特别是车间配电用变压器(容量一般不超过 1 000 kV·A),广泛采用电流速断保护作为电流侧绕组、套管及引出线故障的保护。再用时限过电流保护装置保护变压器的全部,并作为外部短路所引起的过电流及变压器内部故障的后备保护。

图 6.24 为变压器电流速断保护的单相原理接线图。电流互感器装于电源侧,电源侧为中性点直接接地系统时,保护采用完全星形接线方式;电源侧为中性点不接地或经消弧线圈接地的系统时,则采用两相式不完全星形接线。

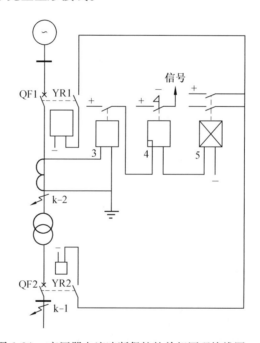

图 6.24　变压器电流速断保护的单相原理接线图

速断保护的动作电流,按避开变压器外部故障(如 k − 1 点)的最大短路电流整定,则

$$I_{\text{op. qb}} = K_{\text{co}} I_{\text{k. max}}^{(3)} \tag{6.40}$$

式中,$I_{\text{k.max}}^{(3)}$ 为变压器二次侧母线最大三相短路电流;K_{co} 为可靠系数,取 1.2 ~ 1.3。

变压器电流速断保护的动作电流,还应避开励磁涌流。根据实际经验及实验数据,保护装置的一次侧动作电流必须大于 $(3 \sim 5) I_{\text{N.T}}$。$I_{\text{N.T}}$ 是保护安装侧变压器的额定电流。

变压器电流速断保护的灵敏系数为

$$K_{\text{S}} = \frac{I_{\text{k. min}}^{(2)}}{I_{\text{op. qb}}} \tag{6.41}$$

式中，$I_{\mathrm{k.min}}^{(2)}$ 为保护装置安装处（如 k – 2 点）最小运行方式时的两相短路电流。

电流速断保护接线简单、动作迅速，但作为变压器内部故障保护存在以下缺点：

① 当系统容量不大时，保护区很短，灵敏度达不到要求。

② 在无电源的一侧，套管引出线的故障不能保护，要依靠过电流保护，这样切除故障时间长，对系统安全运行影响较大。

③ 对于并列运行的变压器，负荷侧故障时，如无母联保护，过流保护将无选择性地切除所有变压器。

所以，对并联运行变压器，容量大于 6 300 kV·A 和单独运行容量大于 10 000 kV·A 的变压器，不采用电流速断，而采用差动保护。对于 2 000 ~ 6 300 kV·A 的变压器，当电流速断保护灵敏度小于 2 时，也可采用差动保护。

6.6.3　变压器的差动保护

1. 保护原理及不平衡电流

差动保护主要用于变压器内部绕组、绝缘套管及引出线相间短路的主保护。

变压器差动保护原理与电网纵差保护相同，如图 6.25 所示。在正常运行和外部故障时，流入继电器的电流为两侧电流之差，即，$\dot{I}_{\mathrm{r}} = \dot{I}_{\mathrm{I}2} - \dot{I}_{\mathrm{II}2} \approx 0$，其值很小，继电器不动作。当变压器内部发生故障时，若仅 I 侧有电源，则 $\dot{I}_{\mathrm{r}} = \dot{I}_{\mathrm{I}2}$，其值为短路电流，继电器动作，使两侧断路器跳闸。由于差动保护无须与其他保护配合，因此可瞬动切除故障。

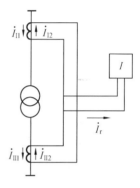

图 6.25　变压器差动保护原理

由于诸多因素的影响，在正常运行和发生外部故障时，在继电器中会流过不平衡电流，影响差动保护的灵敏度。一般有以下三种影响因素。

（1）电流互感器的影响。由于变压器两侧电压不同，装设的电流互感器形式便不同，它们的特性必然不同，因此引起不平衡电流。另外由于选择的电流互感器变比不同，也将产生不平衡电流。例如，图 6.25 中，变压器的变比为 K_{T}，为使两侧互感器二次电流相等，应满足

$$I_{\mathrm{I}2} = \frac{I_{\mathrm{I}1}}{K_{\mathrm{TA\,I}}} = I_{\mathrm{II}2} = \frac{I_{\mathrm{II}1}}{K_{\mathrm{TA\,II}}}$$

由此得

$$\frac{K_{\mathrm{TA\,II}}}{K_{\mathrm{TA\,I}}} = \frac{I_{\mathrm{II}1}}{I_{\mathrm{I}1}} = K_{\mathrm{T}}$$

上式表明，两侧互感器变比的比值等于变压器的变比时，才能消除不平衡电流。但是由于互感器产品变比的标准化，这个条件很难满足，由此产生不平衡电流。

另外，变压器带负荷调压时，改变分接头其变比也随之改变，将使不平衡电流增大。

（2）变压器接线方式的影响。对于 Ydl1 接线方式的变压器，其两侧电流有 30° 相位差。为消除相位差造成的不平衡电流，通常采用相位补偿的方法，即变压器 Y 侧的互感器二次接成 d 形，变压器 d 侧的互感器接成 Y 形，使相位得到校正，如图 6.26（a）所示。图 6.26（b）是电流互感器一次侧电流相量图，$\dot{I}_{\mathrm{A}1}$ 与 $\dot{I}_{\mathrm{ab}1}$ 有 30° 相位差，图 6.26（c）是电流互感器二次侧电流相量图，通过补偿后 $\dot{I}_{\mathrm{AB}2}$ 与 $\dot{I}_{\mathrm{ab}2}$ 同相。

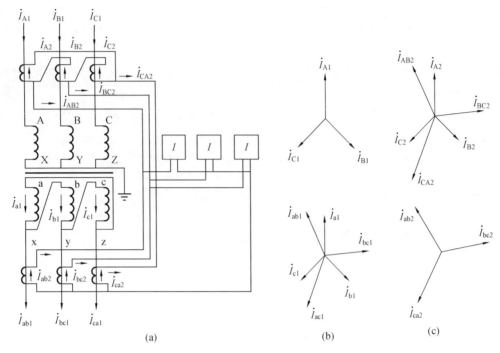

图 6.26　Yd 变压器差动保护接线和相量图

相位补偿后，为了使每相两差动臂的电流数值相等，在选择电流互感器的变比时，应考虑电流互感器的接线系数 K_{wc}。电流互感器按三角形接线的 $K_{wc} = \sqrt{3}$，按星形接线的 $K_{wc} = 1$。两侧电流互感器变比可按下式计算。

变压器三角形侧电流互感器变比

$$K_{TA(d)} = \frac{I_{N.T(d)}}{5} \tag{6.42}$$

变压器星形侧电流互感器变比

$$K_{TA(Y)} = \frac{\sqrt{3}\,I_{N.T(Y)}}{5} \tag{6.43}$$

式中，$I_{N.T(d)}$ 为变压器三角形侧额定线电流；$I_{N.T(Y)}$ 为变压器星形侧额定线电流。

（3）变压器励磁涌流的影响。变压器的励磁电流只在电源侧流过。它反应到变压器差动保护中，就构成不平衡电流。不过正常运行时变压器的励磁电流只不过是额定电流的 3% ～ 5%。当外部短路时，由于电压降低，则此时的励磁电流也相应减小，其影响就更小。

在变压器空载投入或外部短路故障切除后电压恢复时，都可能产生很大的励磁电流。这是由于变压器突然加上电压或电压突然升高时，铁芯中的磁通不能突变，必然引起非周期分量磁通的出现。与电路中的过渡过程相似，在磁路中引起过渡过程，在最不利的情况下，合成磁通的最大值可达正常磁通的两倍。如果考虑铁芯剩磁的存在，且方向与非周期分量一致，则总合成磁通更大。虽然磁通只为正常时的两倍多，但由于磁路高度饱和，所对应的励磁电流却急剧增加，其值可达变压器额定电流的 6 ～ 10 倍，故称为励磁涌流，其波形如图 6.27 所示。它有如下特点。

①励磁涌流中含有很大的非周期分量，波形偏于时间轴的一侧，并且衰减很快。对于中、

小型变压器经 0.5 ~1 s 后,其值一般不超过额定电流的 25% ~ 50%。

② 涌流波形中含有高次谐波分量,其中二次谐波可达基波的 40% ~ 60%。

③ 涌流波形之间出现间断,在一个周期中间断角为 θ。

（4）减小不平衡电流的措施。

① 对于电流互感器特性和变比不同而产生的不平衡电流,可在继电器中采取补偿的办法减小,并且可用提高整定值的办法来避开。

② 对于励磁涌流可利用它所包含的非周期分量,采用具有速饱和变流器的差动继电器来避开涌流的影响,

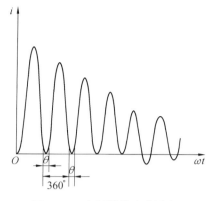

图 6.27　变压器的励磁涌流

或者利用励磁涌流具有间断角和二次谐波等特点制成避开涌流的差动继电器。

2. 差动继电器

目前我国生产的差动保护继电器形式有电磁型的 BCH 系列、整流型的 LCD 系列和晶体管型的 BCD 系列。变压器保护常用的是 BCH – 2 型差动继电器。差动继电器必须具有避开励磁涌流和外部故障时所产生的不平衡电流的能力,而在保护区内故障时,应有足够的灵敏度和速动性。

BCH – 2 型差动继电器原理图如图 6.28 所示。它由一个 DL – 1l/0.2 型电流继电器和一个带短路线圈的速饱和变流器组成。速饱和变流器铁芯的中间柱 B 上绕有差动线圈 W_d 和两个平衡线圈 W_{bI}、W_{bII},右边柱 C 上绕有线圈 W_2 与电流继电器相连,还有两个短路线圈 W_k'' 和 W_k' 分别绕在中间柱 B 和左侧柱 A 上,W_k'' 和 W_k' 的匝数比为 2∶1,缠绕时使它们产生的磁通对左边窗口来说是同方向的。

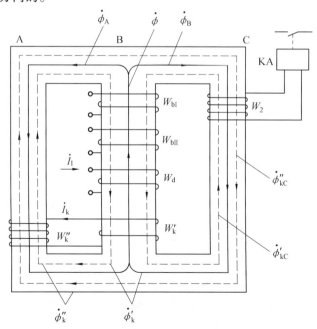

图 6.28　BCH – 2 型差动继电器原理图

速饱和变流器的作用是避开励磁涌流,流过差动电流的差动线圈是其主线圈,平衡线圈用来消除由于两组电流互感器二次电流有差异而引起的不平衡电流,短路线圈的作用则是进一步改善速饱和变流器避开非周期分量的性能。

图 6.29 是 BCH – 2 型继电器内部接线及用于双绕组变压器差动保护的单相原理接线图。两个平衡线圈 W_{bI} 和 W_{bII} 分别接于差动保护的两臂上,W_d 接在差动回路中,它们都有插头可以调整匝数,匝数的选择应满足在正常运行和外部故障时使中间柱内的合成磁势为零的条件,即 $I_{I2}(W_{bI} + W_d) = I_{II2}(W_{bII} + W_d)$,从而 W_2 上没有感应电动势,电流继电器中没有电流。这就补偿了因两臂电流不等所引起的不平衡电流。但由于平衡线圈匝数不能平滑调节,所以仍有一定的不平衡电流存在。

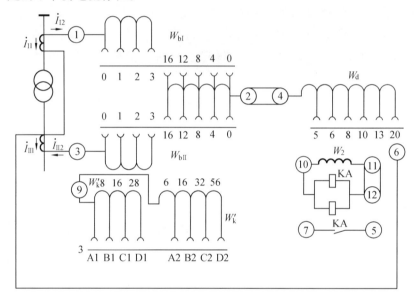

图 6.29　BCH – 2 型继电器内部接线及用于双绕组变压器差动保护的单相原理接线图

3. 差动保护的整定计算

（1）计算变压器两侧额定电流。由变压器的额定容量及平均电压计算出变压器两侧的额定电流 $I_{N.T}$,按 $K_{wc}I_{N.T}$ 选择两侧电流互感器一次额定电流,然后按下式算出两侧电流互感器二次回路的额定电流

$$I_{N2} = \frac{K_{wc}I_{N.T}}{K_{TA}} \tag{6.44}$$

式中,K_{wc} 为接线系数,电流互感器为星形接线时 $K_{wc} = 1$,三角形接线时 $K_{wc} = \sqrt{3}$;K_{TA} 为电流互感器变比。

取二次额定电流 I_{N2} 最大的一侧为基本侧。

（2）按下述三个条件确定保护装置的动作电流 I_{op}。

① 避开变压器的励磁涌流为

$$I_{op} = K_{co}I_{N.T} \tag{6.45}$$

式中,K_{co} 为可靠系数,取 1.3;$I_{N.T}$ 为变压器额定电流。

② 避开外部故障时的最大不平衡电流为

$$I_{op} = K_{co}I_{dsq.m} = K_{co}(K_{sm}f_i + \Delta U + \Delta f)I_{k.max}^{(3)} \tag{6.46}$$

式中,K_{co} 为可靠系数,取 1.3;$I_{dsq.m}$ 为最大不平衡电流;$I_{k.max}^{(3)}$ 为外部故障时最大三相短路电流的周期分量;K_{sm} 为电流互感器同型系数,型号相同时取 0.5,不同时取 1;f_i 为电流互感器的容许最大相对误差,为 0.1;ΔU 为变压器改变分接头调压引起的相对误差,一般采用调压范围一半,取 5%;Δf 为由于继电器的整定匝数与计算的不相等而产生的相对误差,初算时可取中间值 0.05(最大值为 0.091)。

在确定了两侧匝数后,计算式为

$$\Delta f = \frac{W_b - W_{b.s}}{W_b + W_{d.s}} \tag{6.47}$$

式中,W_b 为平衡线圈计算匝数;$W_{b.s}$ 为平衡线圈整定匝数;$W_{d.s}$ 为差动线圈整定匝数。

③ 避开电流互感器二次回路断线引起的不平衡电流。考虑到电流互感器二次回路可能断线,这时应避开变压器正常运行时最大负荷电流所造成的不平衡电流其值为

$$I_{op} = K_{co}I_{l.max} \tag{6.48}$$

式中,K_{co} 为可靠系数,取 1.3;$I_{l.max}$ 为变压器的最大工作电流,在无法确定时,可采用变压器的额定电流。

根据以上三个条件计算的结果,取其最大者作为基本侧的动作电流整定值。

(3) 基本侧差动线圈匝数的确定。继电器的动作电流为

$$I_{op.r} = \frac{K_{wc}I_{op}}{K_{TA}} \tag{6.49}$$

基本侧线圈匝数的计算式为

$$W_{ac} = \frac{AW_0}{I_{op.r}} = \frac{60}{I_{op.r}} \tag{6.50}$$

式中,AW_0 是 BCH - 2 型继电器的额定动作安匝,$AW_0 = 60$。

按照继电器线圈的实有抽头,选用差动线圈 $W_{d.s}$ 与接在基本侧的平衡线圈 $W_{bi.s}$ 匝数之和比 W_{ac} 小且相近,作为基本侧的整定匝数 W_I,即

$$W_I = W_{d.s} + W_{bI.s} \leqslant W_{ac}$$

再计算出实际的继电器动作电流和一次动作电流

$$I'_{op.r} = \frac{60}{W_I} \tag{6.51}$$

$$I_{op} = \frac{I'_{op.r}K_{TA}}{K_{wc}} \tag{6.52}$$

(4) 非基本侧平衡线圈匝数的确定。

$$W_{bII} = W_I\frac{I_{N2I}}{I_{N2II}} - W_d \tag{6.53}$$

式中,I_{N2I} 为基本侧二次额定电流;I_{N2II} 为非基本侧二次额定电流。

选用接近 W_{bII} 的匝数作为非基本侧平衡线圈的整定匝数 $W_{bII.s}$,则非基本侧工作线圈的匝数为

$$W_{II} = W_{bII.s} + W_d \tag{6.54}$$

(5) 计算 Δf。由于非基本侧平衡线圈整定匝数与计算匝数不等引起的相对误差,按式

（6.29）计算,将各匝数计算值代入后计算出 Δf,若 $\Delta f > 0.05$,则应以计算得到的 Δf 值代入式（6.28）重新计算动作电流值。

（6）确定短路线圈的匝数。如图 6.26 所示,继电器短路线圈有四组抽头,匝数越多,避开励磁涌流的性能越好,然而内部故障时,电流中所含的非周期分量衰减则较慢,继电器的动作时间就延长。因此,要根据具体情况考虑短路线圈匝数的多少。对于中、小型变压器,由于励磁涌流倍数大,内部故障时非周期分量衰减快,对保护的动作时间要求较低,一般选较多的匝数,如 C1 - C2 或 D1 - D2。对于大型变压器则相反,励磁涌流倍数较小,非周期分量衰减较慢,而又要求动作快,则应采用较少的匝数,如 B1 - B2 或 C1 - C2。所选抽头匝数是否合适,最后应通过变压器空载投入试验确定。

（7）灵敏系数校验。按差动保护范围内的最小两相短路电流来校验

$$K_s = \frac{I_{k.min.r}^{(2)}}{I_{op.r}} \geqslant 2 \tag{6.55}$$

式中, $I_{k.min.r}^{(2)}$ 为保护范围内部短路时,流过继电器的最小两相短路电流; $I_{op.r}$ 为继电器的动作电流。

【例 6.6】 以 BCH - 2 作为单侧电流降压变压器的差动保护。已知: $S_{N.T} = 15$ MV·A, $35 \pm 2 \times 2.5\%/6.6$ kV,Y,d 接线, $U_k\% = 8\%$,35 kV 母线 $I_{k.max}^{(3)} = 3\,570$ A, $I_{k.min}^{(3)} = 2\,140$ A,6 kV 母线 $I_{k.max}^{(3)} = 9\,420$ A, $I_{k.min}^{(3)} = 7\,250$ A,归算至 35 kV 侧后, $I_{k.max}'^{(3)} = 1\,600$ A, $I_{k.min}'^{(3)} = 1\,235$ A,6 kV 侧最大长时负荷电流 $I_{l.max} = 1\,300$ A。试按 BCH - 2 进行整定计算。

解 （1）计算参数。首先算出变压器各侧一次额定电流,选出电流互感器,确定二次回路额定电流,结果见 6.2。

表 6.2　二次回路额定电流计算值

名　称	各侧数值		名　称	各侧数值	
额定电压 /kV	35	6	电流互感器计算变比	$\frac{\sqrt{3} \times 248}{5} \approx \frac{429}{5}$	1 315/5
变压器额定电流 /A	$\frac{15\,000}{\sqrt{3} \times 35} \approx 248$	$\frac{15\,000}{\sqrt{3} \times 6.6} \approx 1\,315$	选择电流互感器变比	600/5	1 500/5
电流互感器接线方式	d	Y	电流互感器二次回路额定电流 /A	$\sqrt{3} \times \frac{248}{120} \approx 3.57$	1 315/300 ≈ 4.38

由表6.2可以看出,6 kV 侧电流互感器二次回路额定电流大于35 kV 侧。因此,以6 kV 侧为基本侧。

（2）计算保护装置6 kV 侧的一次动作电流。

①按避开外部故障不平衡电流

$$I_{op}/A = K_{co}I_{dsq.m} = K_{co}(K_{sm}f_i + \Delta U + \Delta f)I_{k.max}^{(3)} =$$
$$1.3 \times (1 \times 0.1 + 0.05 + 0.05) \times 9\,420 \approx 2\,450$$

②按避开励磁涌流

$$I_{op}/A = K_{co}I_{N.T} = 1.3 \times 1\,315 \approx 1\,710$$

③按避开电流互感器二次断线引起的不平衡电流。因为最大工作电流为 1 300 A，小于变压器额定电流，故不予考虑。

综合考虑，应按避开外部故障不平衡电流条件，选用 6 kV 侧一次动作电流 $I_{op} = 2\,450$ A。

（3）确定线圈接线与匝数。平衡线圈 Ⅰ、Ⅱ 分别接于 6 kV 侧和 35 kV 侧。

计算基本侧继电器动作电流为

$$I_{op.r}/A = \frac{K_{wc}I_{op}}{K_{TA.I}} = \frac{1 \times 2\,450}{300} \approx 8.17$$

基本侧工作线圈计算匝数为

$$W_{ac} = \frac{AW_0}{I_{op.r}} = \frac{60}{8.17} = 7.34$$

据 BCH - 2 内部实际接线，选择实际整定匝数为 $W_{\text{I}} = 7$ 匝，其中取差动线圈匝数 $W_d = 6$，平衡线圈 Ⅰ 的匝数 $W_{bI} = 1$。

（4）确定 35 kV 侧平衡线圈的匝数。

$$W_{bII} = W_{\text{I}}\frac{I_{N2I}}{I_{N2II}} - W_d = 7 \times \frac{4.38}{3.57} - 6 \approx 2.6$$

确定平衡线圈 Ⅱ 实际匝数 $W_{bII.s} = 3$ 匝。

（5）计算由于实际匝数与计算匝数不等产生的相对误差 Δf。

$$\Delta f = \frac{W_{bII} - W_{bII.s}}{W_{bII} + W_{d.s}} = \frac{2.6 - 3}{2.6 + 6} = -0.046\,5$$

因为 $|\Delta f| < 0.05$，且相差很小，故不需核算动作电流。

（6）初步确定短路线圈的抽头。短路线圈选用 C1 - C2 抽头。

（7）计算最小灵敏系数。按最小运行方式下，6 kV 侧两相短路校验。因为基本侧互感器二次额定电流最大，故非基本侧灵敏系数最小。35 kV 侧通过继电器的电流为

$$I_{k.min.r}/A = \frac{\sqrt{3}I'^{(2)}_{k.min}}{K_{TA.II}} = \frac{\sqrt{3} \times 1\,235 \times \frac{\sqrt{3}}{2}}{120} \approx 15.4$$

继电器的整定电流为

$$I_{op.r}/A = \frac{AW_0}{W_d + W_{bII.s}} = \frac{60}{6 + 3} \approx 6.67$$

则最小灵敏系数为

$$K_{s.min} = \frac{I_{k.min.r}}{I_{op.r}} = \frac{15.4}{6.67} \approx 2.3 > 2$$

满足要求。

6.6.4　变压器的过流保护

为了防止外部短路引起变压器绕组的过电流，并作为差动和气体保护的后备，变压器还必须装设过电流保护。

对于单侧电源的变压器，过电流保护安装在电源侧，保护动作时切断变压器各侧开关。过电流保护的动作电流应按避开变压器的正常最大工作电流整定（考虑电动机自启动，并联工

作的变压器突然断开一台等原因而引起的正常最大工作电流),即

$$I_{op} = \frac{K_{co}}{K_{re}} I_{l.max} \tag{6.56}$$

式中,K_{co} 为可靠系数,取 1.2 ~ 1.3;K_{re} 为返回系数,一般取 0.85;$I_{l.max}$ 为变压器可能出现的正常最大工作电流。

保护装置灵敏度为

$$K_s = \frac{K_{k.min}^{(2)}}{I_{op}} \tag{6.57}$$

式中,$I_{k.min}^{(2)}$ 为最小运行方式下,在保护范围末端发生两相短路时的最小短路电流,A。

当保护到变压器低压侧母线时,要求 $K_s = 1.5$ ~ 2,在远后备保护范围末端短路时,要求 $K_s \geqslant 1.2$。

过电流保护按避开正常最大工作电流整定,启动值比较大,往往不能满足灵敏度的要求。为此,可以采用低电压闭锁的过电流保护,以提高保护的灵敏度,其接线如图 6.30 所示。

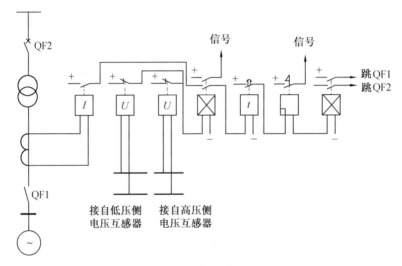

图 6.30　低电压闭锁过电流保护

当采用低电压闭锁的过电流保护时,保护中电流元件的动作电流按大于变压器的额定电流来整定,即

$$I_{op} = \frac{K_{co}}{K_{re}} I_{N.T} \tag{6.58}$$

式中,$I_{N.T}$ 为变压器额定电流;可靠系数,取 1.2;K_{re} 为返回系数,取 0.85。

低电压继电器的动作电压可按正常运行的最低工作电压整定,即

$$U_{op} = \frac{U_{w.min}}{K_{co}K_{re}} \tag{6.59}$$

式中,$U_{w.min}$ 为最低工作电压,取 $U_{w.min} = 0.9U_N$。

过电流保护的动作时限整定,要求与变压器低压侧所装保护相配合,比它大一个时限阶段,取 $\Delta t = 0.5$ ~ 0.7 s。

6.6.5　变压器的过负荷保护

变压器过负荷大都是三相对称的,所以过负荷保护可采用单电流继电器接线方式,经过一定延时作用于信号,在无人值班的变电所内,也可作用于跳闸或自动切除一部分负荷。变压器过负荷保护的动作时间通常取 10 s,保护装置的动作电流,按避开变压器额定电流整定,即

$$I_{\text{op. ol}} = \frac{K_{\text{co}}I_{\text{N. T}}}{K_{\text{re}}} \tag{6.60}$$

式中,K_{co} 为可靠系数,取 1.05;K_{re} 为返回系数,一般为 0.85;$I_{\text{N. T}}$ 为变压器的额定电流。

6.7　高压电动机的保护

3 ～ 10 kV 异步和同步电动机应装设相间短路保护,并根据生产工艺过程的需要装设过负荷保护、低电压保护以及单相接地保护等。同步电动机还应有失步保护。

相间短路保护一般采用电流速断保护,容量在 2 000 kW 以上或电流速断保护灵敏度不够的重要电动机,具有 6 个引出线时,可装设纵差保护。

6.7.1　电流速断及过负荷保护

电动机的电流速断保护通常用两相式接线,如图 6.31(a) 所示。当灵敏度允许时,应采用两相电流差的接线方式,如图 6.31(b) 所示。

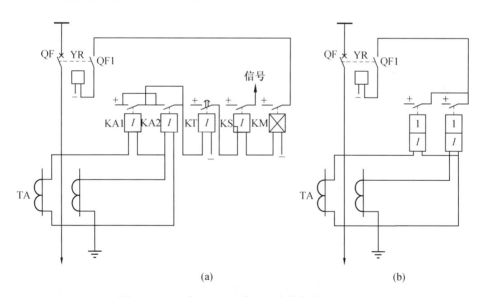

(a)　　　　　　　　　　　　　　(b)

图 6.31　电动机电流速断及过负荷保护原理接线图

对于可能过负荷的电动机,可采用具有反时限特性的电流继电器。反时限部分用做过负荷保护,一般作用于信号;速断部分用做相间短路保护,作用于跳闸。

1.电流速断保护的整定计算

电流速断保护装置的动作电流应满足如下条件。

(1)避开电动机的启动电流,即

$$I_{\text{op. qb}} = K_{\text{co}} I_{\text{st. M}} \qquad (6.61)$$

继电器的动作电流为

$$I_{\text{op. qb. r}} = K_{\text{co}} K_{\text{wc}} \frac{I_{\text{st. M}}}{K_{\text{TA}}} \qquad (6.62)$$

式中,K_{co} 为可靠系数,对 DL 型和晶体管型继电器取 1.4 ~ 1.6,GL 型取 1.8 ~ 2;K_{wc} 为接线系数,不完全星形接线为 1,两相电流差接线为 $\sqrt{3}$;K_{TA} 为电流互感器变比;$I_{\text{st. M}}$ 为电动机启动电流。

(2)对于同步电动机还应避开外部短路时的反馈电流,若反馈电流大于式(6.61)中的 $I_{\text{st. M}}$,则

$$I_{\text{op. qb. r}} = K_{\text{co}} K_{\text{wc}} \frac{I_{\text{sh. M}}}{K_{\text{TA}}} \qquad (6.63)$$

式中,$I_{\text{sh. M}}$ 为外部三相短路时电动机反馈电流,其计算式为

$$I_{\text{sh. M}} = \left(\frac{1.05}{X''_{\text{M}}} + 0.95 \sin \varphi_{\text{N}} \right) I_{\text{N. M}} \qquad (6.64)$$

式中,X''_{M} 为同步电动机次暂态电抗(标幺值);φ_{N} 为电动机额定功率因数角;$I_{\text{N. M}}$ 为电动机额定电流。

(3)灵敏系数校验

$$K_{\text{s}} = \frac{I^{(2)}_{\text{k. min}}}{I_{\text{op. qb}}} > 2 \qquad (6.65)$$

式中,$I^{(2)}_{\text{k. min}}$ 为系统最小运行方式下,电动机出口处两相短路电流。

2. 过负荷保护的整定计算

过负荷保护按电动机的额定电流整定,继电器动作电流为

$$I_{\text{op. ol. r}} = \frac{K_{\text{co}} K_{\text{wc}}}{K_{\text{re}} K_{\text{TA}}} I_{\text{N. M}} \qquad (6.66)$$

式中,K_{co} 为可靠系数,作用于信号时取 1.1,作用于跳闸时取 1.2 ~ 1.4;K_{wc} 为接线系数;K_{re} 为继电器返回系数,取 0.85;K_{TA} 为电流互感器变比;$I_{\text{N. M}}$ 为电动机额定电流。

过负荷保护动作时限的整定,应大于电动机的启动时间,一般取 10 ~ 15 s。用反时限特性继电器保护过负荷时,应按启动电流整定时限。

6.7.2 电动机的低电压保护

供电网络电压下降,异步电动机的转速也相应下降,同步电动机则可能失步。当电压恢复时,由于大量电动机自启动,电流很大,以致电网电压不能迅速恢复,增加了自启动时间,甚至使自启动成为不可能。因此,当电压降低到使电动机的最大转矩接近于负载转矩,受到颠覆威胁时,应将次要电动机用低电压保护装置从电网切除,以保证重要电动机的自启动。对于那些因生产工艺过程不允许自启动的电动机,也应利用低电压保护切除。

1. 低电压保护的整定

一般电动机最大转矩倍数 $m = M_{\text{N. max}}/M_{\text{N}} = 1.8 ~ 2.2$,所以低电压保护的动作电压 U_{op} 应为

$$U_{\text{op}} = U_{\text{N}} \sqrt{\frac{M_{\max}/M_{\text{N}}}{M_{\text{N. max}}/M_{\text{N}}}} = U_{\text{N}} \sqrt{\frac{0.9 ~ 1}{1.8 ~ 2.2}} \approx (0.6 ~ 0.7) U_{\text{N}} \qquad (6.67)$$

式中,$M_{\max}$ 为电压为 U_{op} 时的电动机最大转矩;$M_{N.\max}$ 为额定电压时的电动机最大转矩;M_N 为电动机额定转矩。

为了保证重要电动机的自启动而需要切除次要电动机,其低压保护的动作电压按 $(0.6 \sim 0.7)U_N$ 整定,可带 0.5 s 的时限动作。对于不允许或不需要自启动的电动机,其低电压保护的动作电压一般按 $(0.4 \sim 0.5)U_N$ 整定,动作时限为 0.5 ~ 1.5 s。对于需要自启动,但根据保安条件在电源电压长时间消失后,需从电网自动断开的电动机,其整定电压一般为 $(0.4 \sim 0.5)U_N$,时限一般为 5 ~ 10 s。

2. 低电压保护的接线

电动机低电压保护接线图如图 6.32 所示,它由接于电压互感器二次回路的电压继电器 KV1、KV2、KV3 及接于直流回路的时间继电器 KT、中间继电器 KM 等组成。当电源电压对称下降至整定值以下时,KV1、KV2、KV3 均释放,其常闭接点闭合,通过 KM1 的常闭接点启动继电器 KT,经一定延时启动出口中间继电器 KM2,使之作用于跳闸。

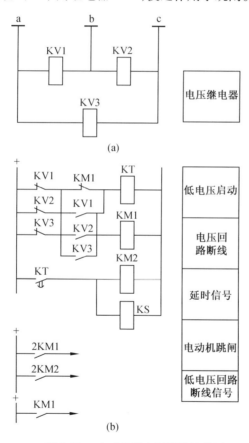

图 6.32　电动机低电压保护接线图

当电压互感器一相断线时,在 KV1、KV2、KV3 中总有一个释放(其他吸合),则 KM1 接通,发出电压回路断线信号,同时 KM1 的常闭接点断开 KT 回路,防止将电动机误跳闸。

【例 6.7】　某车间有 6 kV、850 kW 电动机两台,一台带重要负荷,根据保安条件电压长时间消失后需自动切断电源,第二台不允许自启动。试对其保护装置进行整定。

已知:$I_{N.M} = 97$ A,$I_{st.M}/I_{N.M} = 5.8$,$U_{N.\max}/M_N = 2.2$,$I_{k.\max}^{(3)} = 9$ kA,$K_{TV} = 6\ 000/100$,$K_{TA} =$

150/5(不完全星形接线)。

解 过负荷与相间短路速断保护选用 GL – 10 系列继电器。

(1)过负荷保护。作用于跳闸,继电器动作电流为

$$I_{\text{op. ol. r}}/\text{A} = \frac{K_{\text{co}}K_{\text{wc}}}{K_{\text{re}}K_{\text{TA}}}I_{\text{N. M}} = \frac{1.25 \times 1}{0.85 \times 150/5} \times 97 \approx 4.75$$

整定取 5 A。

一次动作电流为

$$I_{\text{op. ol}}/\text{A} = 5 \times \frac{150}{5} = 150$$

时限整定:根据启动条件整定 GL – 10 型继电器反时限特性,在 $\dfrac{I_{\text{st. M}}}{I_{\text{op. ol}}} = 97 \times \dfrac{5.8}{150} \approx 3.75$ 时,延时为 $t \geqslant 15\ \text{s}$。

(2)电流速断保护

$$I_{\text{op. qb}}/\text{A} = K_{\text{co}}I_{\text{st. M}} = 1.8 \times 5.8 \times 97 \approx 1\ 012$$

瞬动电流为过负荷动作电流的倍数

$$K = \frac{1\ 012}{150} \approx 6.7$$

整定值取 7。

灵敏系数为

$$K_{\text{s}} = \frac{9\ 000 \times 0.87}{150 \times 7} \approx 7.5 > 2$$

符合要求。

3.低电压保护

不允许自启动的电动机动作电压为

$$U_{\text{op}}/\text{V} = U_{\text{N}}\sqrt{\frac{M_{\text{max}}/M_{\text{N}}}{M_{\text{N. max}}/M_{\text{N}}}} = U_{\text{N}}\sqrt{\frac{1}{2.2}} \approx 0.67 U_{\text{N}} = 4\ 020$$

$$U_{\text{op. r}}/\text{V} = 0.67 \times \frac{6\ 000}{6\ 000/100} = 67$$

时限 $t = 0.5\ \text{s}$。

需要自启动的电动机动作电压为

$$U_{\text{op}}/\text{V} = 0.5 U_{\text{N}} = 3\ 000$$

$$U_{\text{op. r}}/\text{V} = \frac{3\ 000}{6\ 000/100} = 50$$

时限 $t = 10\ \text{s}$。

第7章　供配电系统二次接线

7.1　二次接线的基本概念

在用户供配电系统中,通常将电气设备分为一次设备和二次设备。直接生产、输送和分配使用电能的设备称为一次设备,如用户的供电系统中变压器、断路器、母线和电动机等属于一次设备。由一次设备构成的电路称为变电所的主电路或一次接线,是变电所的主体。对一次设备的工作状态进行监视、测量、控制和保护的辅助电气设备称为二次设备。

二次设备包括测量仪器、控制与信号设备、继电保护装置以及自动和远动装置等。根据测量、控制、保护和信号显示的要求,表示二次设备互相连接关系的电路,称为二次回路或二次接线,也称二次系统,包括控制系统、信号系统、监测系统及继电保护和自动化系统等。

二次接线按照电源性质分,有直流回路和交流回路。直流回路是由直流电源供电的控制、保护和信号回路;交流回路又分为交流电流回路和交流电压回路。交流电流回路由电流互感器供电,交流电压回路由电压互感器或所用变压器供电,构成测量、控制、保护、监视及信号等回路。

二次接线按照用途分,有断路器控制回路、信号回路、测量回路、继电保护回路和自动装置回路等。

二次接线在用户供配电系统中虽然是一次电路的辅助系统,但它对一次电路的安全、可靠、优质、经济地运行有着十分重要的作用,因此必须予以充分的重视。

7.2　二次接线的原理图和安装图

用户供配电系统的电气接线图,可分为一次接线图和二次接线图。用规定的图形符号和文字符号表示一次设备及其相互连接顺序的图称为一次接线图,即主接线图;用规定的图形符号和文字符号表示二次设备的元件及其相互连接顺序的图称为二次接线图,分为原理接线图和安装接线图。

7.2.1　二次接线的原理图

在供配电系统中,用来表示继电保护、监视和测量仪表以及自动装置的工作原理的电路图称为原理接线图,它可按归总式和展开式两种方式绘制。

1.归总式原理接线图

图 7.1 所示为 6～10 kV 线路保护原理接线图,图 7.1(a)所示为归总式原理接线图,图中

每个元器件以整体形式绘出,它对整个装置的构成有一个明确的概念,便于掌握其相互关系和工作原理。其优点是较为直观;缺点是当元器件较多时电路的交叉多,交直流回路、控制与信号回路均混合在一起,清晰度差。

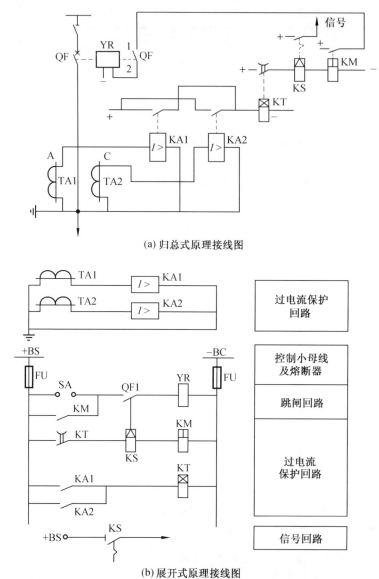

图 7.1　6~10 kV 线路保护原理接线图

归总式原理接线图可用来分析工作原理,但对于复杂线路,看图较困难,因此,广泛应用展开式原理接线图。

2. 展开式原理接线图

图 7.1(b)所示为展开式原理接线图。它是按二次接线使用电源来分别画出交流电流回路、交流电压回路、直流操作回路及信号回路中各元件的线圈和触点,所以,属于同一个设备或元件的电流线圈、电压线圈、控制触点分别画在不同的回路里。为了避免混淆,属于同一元件的线圈和触点采用相同的文字符号,但各支路需标上不同的数字回路标号。

　　展开图分为交流电流回路、交流电压回路、直流控制操作回路和信号回路等几个主要部分。每一部分又分行排列,交流回路按 A,B,C 的相序排列,控制回路按继电器的动作顺序由上向下分别排列,各回路右侧通常有文字说明。图中各元件和回路按统一规定的图形、文字符号绘制。较简单图形可省略回路标号。

　　二次接线图中所有开关电器和继电器触点都按照开关断开时的位置和继电器线圈中无电流时的状态绘制。展开图优点是接线清晰,回路次序明显,便于了解整个装置的动作程序和工作原理,目前工程中主要采用这种图形。它是运行和安装中一种常用的图纸,又是绘制安装接线图的依据。

7.2.2　二次接线的安装图

　　根据电气施工安装的要求,用来表示二次设备的具体位置和布线方式的图形,称为二次回路的安装接线图。安装图是二次回路设计的最后阶段,用来作为设备制造、现场安装的实用二次接线图,也是运行、调试、检修的主要图纸。在安装图上设备均按实际位置布置,设备的端子和导线、电缆的走向均用符号、标号加以标志。二次接线安装图由屏面元件布置图、屏后接线图和端子板接线图等几部分组成。这里以安装接线图为例介绍二次接线基本要求及二次接线图的绘制方法。

1. 二次接线基本要求

　　按《电气装置安装工程盘、柜及二次回路接线施工及验收规范》(GB 50171—1992)规定,二次回路的接线应符合下列要求。

　　①按图施工,接线正确。

　　②导线与电气元件间采用螺栓、插接、焊接或压接等方法连接,均应牢固可靠。

　　③盘、柜内的导线不应有接头,导线芯线应无损伤。

　　④电缆芯线和所配导线的端部均应标明其回路编号,编号应正确,字迹清晰且不易褪色。

　　⑤配线应整齐、清晰、美观,导线绝缘良好,无损伤。

　　⑥每个接线端子的每侧接线宜为 1 根,不得超过 2 根;对于插接式端子,不同截面的两根导线不得接在同一端子上;对于螺栓连接端子,当接两根导线时,中间应加平垫片。

　　⑦二次回路接地应设专用螺栓。

　　⑧盘、柜内的二次回路配线:电流回路应采用电压不低于 500 V 的铜芯绝缘导线,其截面不应小于 2.5 mm²;其他回路截面不应小于 1.5 mm²;对于电子元件回路、弱电回路采用锡焊连接时,在满足载流量和电压降及有足够机械强度的情况下,可采用不小于 0.5 mm² 截面的绝缘导线。

2. 二次回路的编号

　　为了在安装接线、检查故障等接线、查线过程中,不至于混淆,需对二次回路进行编号。表 7.1 和表 7.2 分别为直流回路和交流回路编号范围。交流电压、电流回路的编号前附上该点所属相别(A,B,C,N)。直流回路在每行主要压降元件左侧使用奇数号、右侧使用偶数号,后两位为 33 的回路为断路器跳闸回路专用,03 为合闸回路专用,安装、调试、检修时应特别注意。

表7.1　直流回路编号范围

回路类别	保护回路	控制回路	励磁回路	信号及其他回路
编号范围	01～099	1～599	601～699	701～999

表7.2　交流回路编号范围

回路类别	控制保护及信号回路	电流回路	电压回路
编号范围	1～399	400～599	600～799

3. 安装接线图的绘制

安装接线图一般应表示出各个项目(指元件、器件、部件、组件和成套设备等)的相对位置、项目代号、端子号、导线号、导线类型和导线截面等内容。

(1)二次设备的表示方法。由于二次设备是从属于某一次设备或电路的,而一次设备或电路又从属于某一成套装置,因此为避免混淆,所有二次设备都必须按 GB/T 5094.2—2003 标明其项目种类代号。电气图中的项目种类代号具体要求如下:

①电气图中每个用图形符号表示的项目,应有能识别其项目种类和提供项目层次关系、实际位置等信息的项目代号。

②项目代号可分为 4 个代号段,每个代号段应由前缀符号和字符组成,各代号段的名称及其前缀符号应符合下列规定:

第 1 段为高层代号,其前缀符号为"="；

第 2 段为位置代号,其前缀符号为"+"；

第 3 段为种类代号,其前缀符号为"–"；

第 4 段为端子代号,其前缀符号为":"。

每个代号段的字符可由拉丁字母或阿拉伯数字构成,或二者组合构成,字母应大写。可使用前缀符号将各代号段以适当方式进行组合。

③项目代号应以一个系统、成套装置的依次分解为基础。一个代号表示的项目应是前一个代号所表示项目的一部分。

例如,某高压线路的测量仪表,本身的种类代号为 P。现有有功电能表、无功电能表和电流表,它们的代号分别为 P1,P2,P3。而这些仪表又从属于某一线路,线路的种类代号为 WL,因此对不同线路又要分别标为 WL1,WL2,WL3 等。假设此有功电能表 P1 属于线路 WL3 上使用的,则此有功电能表的项目种类代号应标为"+WL3–P1"。假设对整个变电所来说,线路 WL3 又是 3 号开关柜内的线路,而开关柜的种类代号为 A,因此有功电能表 P1 的项目种类代号,可以更详尽地标为"=A3+WL3–P1"。

(2)接线端子的表示方法。屏(柜)外的导线或设备与屏上二次设备相连时,必须经过端子排。端子排由专门的接线端子板组合而成。

端子排的一般形式如图 7.2 所示,最上面标出安装项目名称、端子排代号和安装项目代号。下面的端子在图上画为三格,中间一格注明端子排的序号,一侧列出屏内设备的代号及其端子代号,另一侧标明引至设备的代号和端子号或回路编号。端子排的文字代号为 X,端子的前缀符号为":"。若上述有功电能表 P1 有 8 个端子,则端子 1 应标为"=A3+WL3–P1:1"。

接线端子板分为普通端子、连接端子、试验端子和终端端子等形式。普通端子板用来连接由屏外引至屏上或由屏上引至盘外的导线;连接端子板有横向连接片,可与邻近端子板相连,用来连接有分支的二次回路导线;试验端子板用来在不断开二次回路的情况下,对仪表、继电器进行试验;终端端子板用来固定或分隔不同安装项目的端子排。

(3)连接导线的表示方法。接线图中端子之间的连接导线有下面两种表示方法。

①连续线是指表示两端子之间的连接导线的线条是连续的。用连续线表示的连接导线需要全线画出,连线多时显得过于复杂。

②中断线是指表示两端子之间的连接导线的线条是中断的,如图 7.3 所示。在线条中断处必须标明导线的去向,即在接线端子出线处标明对方端子的代号,这种标号方法称为"相对标号法"。此法简明清晰,对安装接线和维护检修都很方便。

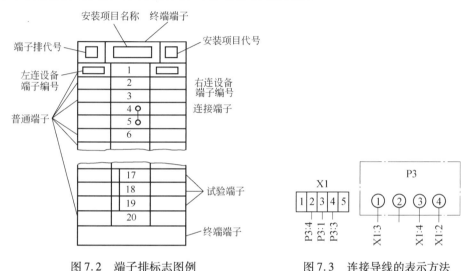

图 7.2　端子排标志图例　　　　　　图 7.3　连接导线的表示方法

4.二次接线的安装图举例

在用户供配电系统中,6~10 kV 线路的二次接线比较简单,往往将控制、信号、保护和测量设备与一次接线装在同一台高压开关柜上,测量和继电保护装置根据实际需要设计。

图 7.4 是 10 kV 电源进线 WL1 测量及保护屏二次回路安装接线图。为了阅读方便,另给出该高压线路二次回路的展开式原理接线图,如图 7.5 所示,供对照参考。

7.3　变电所二次回路的操作电源

二次回路的操作电源是指控制、信号、监测及继电保护和自动装置等二次回路系统所需的电源。对操作电源的要求,首先必须安全可靠,不应受供电系统运行情况的影响,保持不间断供电;其次容量要足够大,应能够满足供电系统正常运行和事故处理所需要的容量。

二次回路的操作电源,分直流操作电源和交流操作电源两大类。直流操作电源,按供电电源的性质又可分为独立直流电源(蓄电池组)和交流整流电源(带电容的储能硅整流装置和复式整流装置);交流操作电源又有由所用变压器供电和由仪用互感器供电之分。

1.直流操作电源

过去多采用铅酸蓄电池组,目前大多采用镉镍蓄电池组、带电容储能的硅整流装置或复式整流装置。

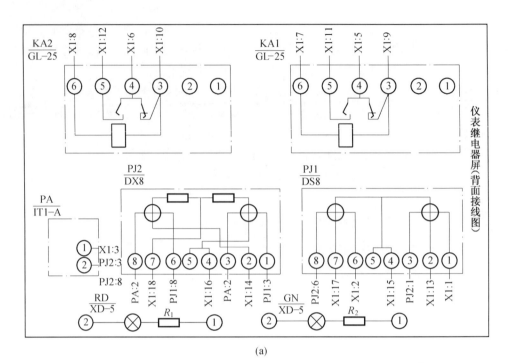

(a)

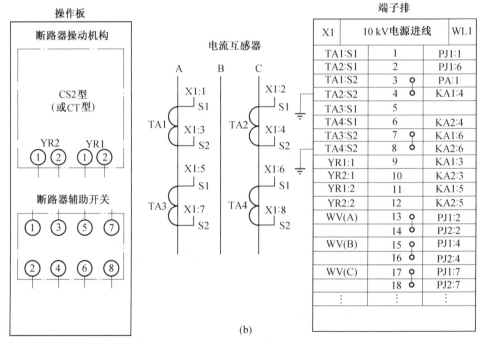

(b)

图 7.4　高压线路测量及保护回路安装接线图

（1）铅酸蓄电池组。铅酸蓄电池由二氧化铅（PbO_2）的正极板、铅（Pb）的负极板和密度为 $1.2 \sim 1.3$ g/cm^3 的稀硫酸（H_2SO_4）电解液构成，容器多为玻璃。它在放电和充电时的化学方程式为

$$PbO_2 + Pb + 2H_2SO_4 \rightleftharpoons 2PbSO_4 + 2H_2O$$

铅酸蓄电池的额定端电压（单个）为 2 V。但是蓄电池充电终了时，其端电压可达 2.7 V；

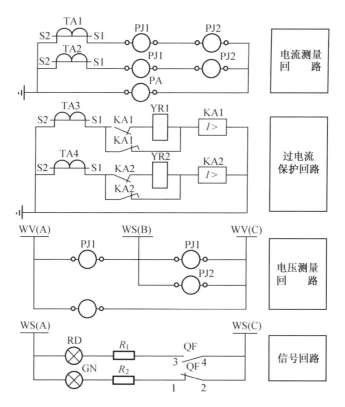

图7.5 高压线路测量及保护回路展开式原理接线图

而放电后,其端电压可降到 1.95 V。为获得 220 V 的操作电压,需要蓄电池个数为 $n = 230/1.95 \approx 118$ 个。考虑到充电终了时端电压的升高,因此长期接入操作电源的蓄电池个数为 $n_1 = 230/2.7 \approx 86$ 个,而 $n_2 = n - n_1 = 32$ 个蓄电池用于调节电压,接于专门的调节开关上。

采用铅酸蓄电池组做操作电源,优点是它与交流供电系统无直接关系,不受供电系统运行情况的影响,工作可靠。缺点是设备投资大,还需设置专门的蓄电池室,且有较大的腐蚀性,运行维护也相当麻烦。现在一般变配电所已很少采用。

(2)镉镍蓄电池组。镉镍蓄电池的正极板为氢氧化镍[$Ni(OH)_3$]或三氧化二镍(Ni_2O_3)的活性物,负极板为镉(Cd),电解液为氢氧化钠($NaOH$)等碱溶液。它在放电和充电时的化学方程式为

$$Cd + 2Ni(OH)_3 \Longleftrightarrow Cd(OH)_2 + 2Ni(OH)_2$$

由以上反应式可以看出,电解液并未参与反应,它只起传导电流的作用,因此在放电和充电的过程中,电解液的密度不会改变。

镉镍蓄电池的额定端电压(单个)为 1.2 V,充电终了时端电压可达 1.75 V。采用铅酸蓄电池组做操作电源的优点是除了不受供电系统运行情况影响、工作可靠之外,还有它的大电流放电性好,使用寿命长,腐蚀性小,无须设蓄电池室,降低了投资,运行维护也比较简便,因此在变配电所中应用比较普遍。

(3)带电容储能的硅整流装置。图7.6 所示为带有两组不同容量电容储能的硅整流装置。硅整流器的交流电源由不同的变电所用变压器供给,其中一回路工作,另一回路备用,用接触器自动切换。在正常情况下两台硅整流器同时运行,大容量的硅整流器Ⅰ供合闸用,在硅

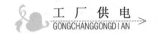

整流器Ⅱ发生故障时还可以通过逆止器件 V3 向控制母线供电,硅整流器Ⅱ只供控制、保护信号电源,一般选用直流电压为 220 V、20 A 的成套整流装置。

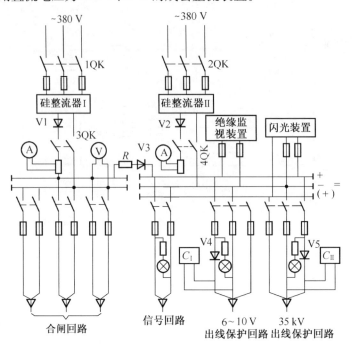

图 7.6　带电容储能的硅整流装置

当电力系统发生故障,380 V 交流电源下降时,直流 220 V 母线电压也相应下降。此时利用并联在保护回路中的电容 $C_Ⅰ$ 和 $C_Ⅱ$ 的储能来动作继电保护装置,使断路器跳闸。正常情况下,各断路器的直流控制系统中的信号灯及重合闸继电器由信号回路供电,使这些元器件不消耗电容器的储能。在保护回路装设逆止器件 V4 和 V5 的目的也是为了使电容器仅用来维持保护回路的电源,而不向其他与保护无关的元件放电。

带电容储能装置的直流系统的优点是设备投资更少,并能减少运行维护工作量。缺点是电容器有漏电问题,且易损坏,可靠性不如蓄电池。

为了提高整流操作电源供电的可靠性,一般至少应有两个独立的交流电源给整流器供电,其中之一最好是与本变电所没有直接联系的电源。

(4)复式整流装置。复式整流是指供直流操作电压的整流器电源有两个,即电压源和电流源。电压源由所用变压器或电压互感器供电,经铁磁谐振稳压器(当稳压要求较高时装设)和硅整流器向控制等二次回路供电;电流源由电流互感器供电,同样经铁磁谐振稳压器(当稳压要求较高时装设)和硅整流器向控制等二次回路供电。图 7.7 所示为复式整流装置接线示意图。由于复式整流装置有电压源和电流源,因此能保证供电系统在正常和事故情况下直流系统均能可靠地供电。

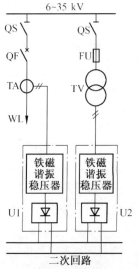

图 7.7　复式整流装置接线示意图

2. 交流操作电源

交流操作电源比整流电源更简单,它不需设置直流回路,可以采用直接动作式继电器,工作可靠,二次接线简单,便于维护。交流操作电源广泛用于中小型变电所中断路器采用手动操作和继电保护采用交流操作的场合。

交流操作电源可以从电压互感器、电流互感器或所用变压器取得。在使用电压互感器作为操作电源时必须注意:在某些情况下,当发生短路时,母线上的电压显著下降,以致加到断路器线圈上的电压过低,不能使操作机构动作。因此,用电压互感器作为操作电源,只能作为保护内部故障的气体继电器的操作电源。

相反,对于短路保护的保护装置,其交流操作电源可取自电流互感器,在短路时,短路电流本身可用来使断路器跳闸。交流操作电源供电的继电保护装置,根据跳闸线圈供电方式的不同,分为去分流跳闸式和直接动作式两种,这在第 6 章已有介绍。

7.4　高压断路器的控制与信号回路

变电所在运行时,由于负荷的变化或系统运行方式的改变,需要改变变压器、线路的投入和切除状态,这都要用断路器进行操作。断路器的操作通过它的操作机构来完成,断路器的控制回路就是用以控制操作机构动作的电路。

对断路器的控制,按控制的地点可分为就地控制和集中控制。就地控制就是在断路器安装地点进行控制;集中控制就是集中在控制室内进行控制,即运行人员在几十米或几百米以外,用控制开关通过控制回路进行操作,操作完之后,立即由灯光信号反映出断路器的位置状态,这种控制方式,也称为距离控制。

1. 对控制回路的一般要求

断路器的控制回路必须完整、可靠,具体应满足以下要求:

①断路器操作机构的合闸与跳闸线圈都是按短时通电来设计的,操作完成之后,应迅速自动断开合闸或跳闸回路,以免烧坏线圈。

②断路器既能在远处由控制开关进行手动合闸或跳闸,又能在自动装置或继电保护装置作用下自动合闸或跳闸。

③控制回路应具有反映断路器位置的信号。一般采用灯光信号。

④对控制回路及其电源是否完好,应能进行监视。

⑤具有防止断路器多次合、跳闸的"防跳"装置。控制回路的接线方式较多,按监视方式可分为灯光监视的控制回路和音响监视的控制回路。前者多用于小型变电所,而后者常用于大、中型变电所。

2. 灯光监视的控制回路和信号回路

(1)控制回路的构成。断路器控制回路由控制元件、中间放大器件和操作机构三部分构成。

①控制元件。控制元件包括控制开关和按钮,目前多采用带有操作手柄的控制开关,使断路器合闸或跳闸。如 LW2-Z 型控制开关。

②中间放大器件。因断路器的合闸电流较大,而控制元件和控制回路所能通过的电流只有几安,二者之间需用中间放大器件进行转换,常采用直流接触器去接通合闸回路。

③操作机构。高压断路器的操作机构有电磁式、弹簧式和液压式等,操作机构不同,其控制回路也相同,但基本接线相似。用户变电所的断路器常采用电磁式操作机构。下面以电磁式断路器为例,说明控制回路和信号回路的动作过程,如图7.8所示。图7.9所示为LW2-Z型控制开关触点表的示例,它有6种操作位置。

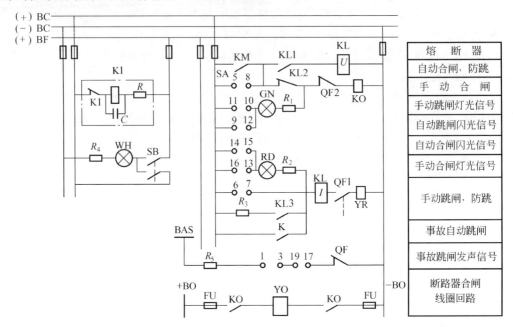

图 7.8　断路器的控制回路和信号回路

SA—控制开关;BC—小母线;BF—闪光母线;KL—防跳继电器;KM—中间继电器;KO—合闸接触器;YO—合闸线圈;YR—跳闸线圈;BAS—事故音响小母线;K—继电保护触点;K1—闪光继电器;SB—试验按钮

在"跳闸后"位置的手柄(正面)的样式和触点盒(背面)接线图		1 2 4 3	5 6 8 7	9 10 12 11	13 14 16 15	17 18 20 19	21 22 24 23
手柄和触点盒形式	F8	1a	4	6a	40	20	20
触　点　号		1-3	2-4	5-8	6-7	9-10	9-12	10-11	13-14	14-15	13-16	17-19	17-18	18-20	21-23	21-22	22-24

	位置		1-3	2-4	5-8	6-7	9-10	9-12	10-11	13-14	14-15	13-16	17-19	17-18	18-20	21-23	21-22	22-24
位 置	跳闸后		—	×	—	—	—	—	×	—	×	—	×	—	—	—	—	×
	预备合闸		×	—	—	—	—	×	—	×	—	—	×	—	—	×	—	—
	合闸		—	—	×	—	—	—	—	—	—	×	×	×	—	—	—	—
	合闸后		×	—	—	×	—	—	—	—	×	—	×	—	—	×	—	—
	预备跳闸		—	×	—	—	—	×	—	×	—	—	×	—	—	×	—	—
	跳闸		—	—	×	—	×	—	—	×	—	—	×	—	×	—	—	×

图 7.9　LW2-Z型控制开关触点表

(2)控制回路和信号回路操作过程分析。

①手动合闸。合闸前,断路器处于"跳闸后"状态,断路器的辅助触点 QF2 闭合,控制开关

206

SA10-11 闭合,绿灯 GN 回路接通发亮。但由于电阻 R_1 的限流,不足以使合闸接触器 KO 动作。绿灯亮表示断路器处于"跳闸"位置,且控制电源和合闸回路完好。

当控制开关扳到"预备合闸"位置时,触点 SA9-10 接通,绿灯改接在闪光母线 BF 上,发出绿灯闪光,说明情况正常,可以合闸。当开关再旋转 45° 至"合闸"位置时,触点 SA5-8 接通,合闸接触器 KO 动作,使合闸线圈 YO 通电,断路器合闸。合闸后,辅助触点 QF2 断开,切断合闸回路,同时 QF1 闭合。

当操作人员将手柄放开之后,在弹簧的作用之下,开关回到"合闸后"位置,触点 SA13-16 闭合,红灯 RD 电路接通,红灯亮表示断路器在合闸状态。

②自动合闸。控制开关在"跳闸后"位置,若自动装置的中间继电器接点 KM 闭合,将使合闸接触器 KO 动作合闸。自动合闸后,信号回路经控制开关中 SA14-15、红灯 RD、辅助触点 QF1,与闪光母线 BF 接通,RD 发出红色闪光,表示断路器是自动合闸的,只有当运行人员将手柄扳到"合闸后"位置,红灯才能发光。

③手动跳闸。首先将开关扳到"预备跳闸"位置,SA13-14 接通,RD 发出红色闪光。再将手柄扳到"跳闸"位置,SA6-7 接通,线圈 YR 通电,断路器跳闸。松手后,开关又自动弹回到"跳闸后"位置。跳闸完成后,辅助触点 QF1 断开,红灯熄灭,QF2 闭合,通过触点 SA10-11 使绿灯亮。

④自动跳闸。如果由于故障继电保护装置动作,使继电保护触点 K 闭合,将引起断路器跳闸。由于"合闸后"位置 SA9-10 已接通,于是绿灯发出闪光。

在事故情况下,除用闪光信号显示外,控制电路还备有音响信号,在图 7.8 中,开关触点 SA1-3 和 SA19-17 与触点 QF 串联,接在事故音响母线 BAS 上,断路器因事故跳闸而出现"不对应"关系时,音响信号回路的触点全部接通而发出声响,引起操作人员的注意。

⑤防跳装置。断路器的"跳跃",是指操作人员手动合闸断路器的故障元件时,断路器又被继电保护动作于跳闸,由于控制开关位于"合闸"位置,则会引起断路器重新合闸。为了防止这一现象,断路器控制回路设有跳跃闭锁继电器 KL。KL 具有电流和电压两个线圈,电流线圈接在断路器跳闸线圈 YR 之前,电压线圈则经过其本身的常开触点 KL1 与合闸接触器线圈 KO 并联。当继电保护装置动作,即触点 K 闭合使断路器跳闸线圈 YR 接通时,同时也接通了 KL 的电流线圈并使之启动,于是防跳继电器的常闭触点 KL2 断开,将 KO 回路断开,避免了断路器再次合闸,同时常开触点 KL1 闭合,通过 SA5-8 触点或自动装置触点 KM 使 KL 的电压线圈接通并自保持,从而防止了断路器的"跳跃"。触点 KL3 与继电器触点 K 并联,用来保护后者,使其不致断开超过其触点容量的跳闸线圈电流。

⑥闪光电源装置。闪光电源装置由 DX-3 型闪光继电器 K1、附加电阻 R 和电容 C 等组成,接线图见图 7.8 左部。当断路器发生事故跳闸后,断路器处于跳闸状态,而控制开关仍保留在"合闸后"位置,这种情况称为"不对应"关系。在此情况下,触点 SA9-10 与断路器辅助触点 QF2 仍接通,电容器 C 开始充电,电压升高,待其升高到闪光继电器 K1 的动作值时,闪光继电器 K1 动作,从而断开通电回路。上述循环不断重复,闪光继电器 K1 触点也不断开闭,闪光母线(+)BF 上便出现断续正电压使绿灯闪光。

控制开关在"预备合闸"位置、"预备跳闸"位置以及断路器自动合闸、自动跳闸时,也同样能启动闪光继电器,使相应的指示灯发出闪光。

SB 为试验按钮,按下时白信号灯 WH 亮,表示本装置电源正常。

7.5 变电所的信号装置

在变电所运行的各种电气设备,随时都有可能发生不正常的工作状态。除了用仪表监视设备的运行之外,还必须装设各种信号装置来反映设备发生的事故或不正常情况,以便及时提醒运行人员。

信号装置的总体称为信号系统,通常由灯光信号装置和音响信号装置两部分组成,前者反映事故或故障设备和故障性质,后者用以引起值班人员的注意。灯光信号通过装设在各控制屏上的信号灯和光字牌表明各电气设备的运行情况,音响信号则通过蜂鸣器(电笛)或电铃发出声音,一般全所使用一套音响设备,设置在控制室里,称为中央信号装置。

信号装置按用途可以分为位置信号、事故信号和预告信号装置。

1. 位置信号

位置信号用来指示设备的运行状态,如断路器的通、断状态,所以位置信号又称为状态信号。它可使在异地进行操作的人员了解该设备现行的位置状态,以避免误动作。对于断路器以红灯亮表示合闸位置,以绿灯亮表示跳闸位置。对隔离开关常采用一种专门的位置指示器(如MK-9型位置信号指示器)表示其位置状态,如图7.10所示。

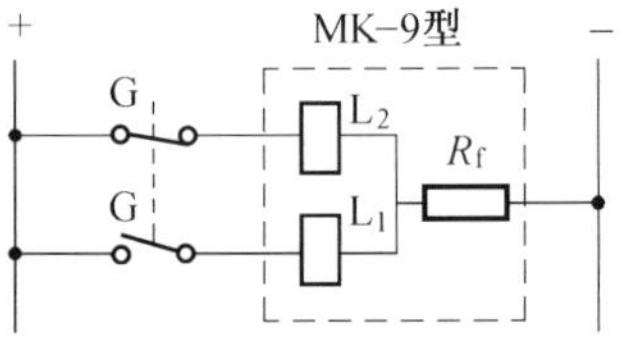

图7.10 隔离开关位置信号指示器

2. 事故信号

事故信号表示供电系统在运行中发生了某种事故而使继电保护动作,同时发出灯光和音响信号,蜂鸣器(电笛)发出声音,相应的光字牌变亮,显示文字告知事故的性质、类别及发生事故的设备。图7.11是由ZC-23型冲击继电器构成的中央复归式且能重复动作的事故音响信号装置回路图。图中KU为冲击继电器,其中包括干簧继电器KR、中间继电器KM和脉冲变流器TA。

当某台继电器(如QF1)事故跳闸时,因其辅助触点与控制开关(SA1)不对应,而使事故音响信号小母线WAS与信号小母线WS(-)接通,从而使脉冲变流器TA的一次侧电流突增,其二次侧感应电动势使干簧继电器KR动作。KR的常开触点闭合,使中间继电器KM1动作,其常开触点KM1(1-2)闭合,使KM1自保持;其常开触点KM1(3-4)闭合,使蜂鸣器(电笛)发出音响信号;同时KM1(5-6)闭合,启动时间继电器KT,KT经整定的时限后,其触点闭合,接通中间继电器KM2,其常闭触点KM2断开,自动解除HA的音响信号。当另一台继电器(如QF2)又自动跳闸时,同时会使HA发出事故音响信号。

3. 预告信号

预告信号是在供电系统发生不正常状态时发出的信号。一是发出音响;二是光字牌变亮,告诉值班人员进行处理。为了区别于事故信号,预告音响信号采用电铃。

预告信号分为瞬时预告信号和延时预告信号。瞬时预告信号装置的接线和原理与事故信号相同,只要将蜂鸣器改为电铃即可。延时预告信号也只需在脉冲继电器动作后启动时间继电器,经过一定的延时后发出声响,其他电路与事故信号电路相同。

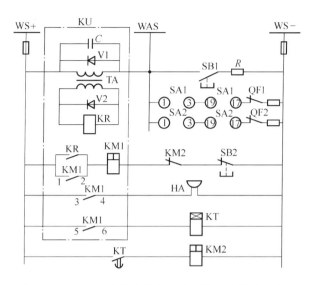

图 7.11　重复动作的中央复归式事故音响信号回路

WS—信号小母线；WAS—事故音响信号小母线；SA—控制开关；SB1—试
验按钮；SB2—音响解除按钮；KU—冲击继电器；KR—干簧继电器；KM—
中间继电器；KT—时间继电器；TA—脉冲变流器

7.6　变电所电气测量仪表

电气测量仪表是指对电力装置回路的电气运行参数做经常测量、选择测量、记录用的仪表和做计费、技术经济分析考核管理用的计量仪表的总称。

为了监视供配电系统一次设备的运行状态和计量所消耗的电能,保证供电系统的安全运行和用户的安全用电,使一次设备安全、可靠、经济地运行,必须在供电系统中装设一定数量的电气测量仪表。

电气测量仪表按用途分为常用测量仪表和电能计量仪表两种类型,前者是对一次电路的电力运行参数做经常测量、选择测量和记录用的仪表,后者是对一次电路进行供用电的技术经济分析考核和对电力用户用电量进行测量、计量的仪表,即各种电能表。

1.对电气测量仪表的一般要求

电气测量仪表,要保证其测量范围和准确度满足变配电设备运行监视和计量的要求,并力求外形美观,便于观测,经济耐用等。具体要求如下:

①准确度高,误差小,其数值应符合所属等级准确度的要求。

②仪表本身消耗的功率越小越好。

③仪表应有足够的绝缘强度,耐压和短时过载能力,以保证安全运行。

④应有良好的读数装置。

⑤结构坚固,使用维护方便。

2.电气测量仪表的准确度等级

准确度是指仪表所测得值与该量实际值的一致程度。按照国家标准《电气测量指示仪表通用技术条件》(GB 776—76),仪表准确度等级可分为如下七级:0.1 级、0.2 级、0.5 级、1.0

级、1.5 级、2.5 级、5.0 级。其中,1.5 级及以下的大都为安装式配电盘表;0.1 级、0.2 级仪表用做校验标准表;0.5 级和 1.0 级仪表供实验室和工作较准确的测量使用;1.5 级至 5.0 级仪表用于一般测量。电气测量仪表的准确度等级越高,仪表的测量误差就越小。电气测量仪表一般按其准确度等级来划分其测量性能,准确度等级与测量误差的关系见表 7.3。

表 7.3 电气测量仪表的准确度等级与测量误差的关系

准确度等级	0.1	0.2	0.5	1.0	1.5	2.5	5.0
测量误差	±0.1	±0.2	±0.5	±1.0	±1.5	±2.5	±5.0

3. 变配电装置中测量仪表的配置

供电系统变配电装置中各部分仪表的配置要求如下:

①在用户的电源进线上,或经供电部门同意的电能计量点,必须装设计费的有功电能表和无功电能表。为了解负荷电流,进线上还应装设一只电流表。

②变配电所的每段母线上,必须装设电压表,用于测量电压。在中性点不接地系统中,各段母线上还应装设绝缘监视装置。

③35 ~ 110 kV 或 6 ~ 10 kV 的电力变压器,应装设电流表、有功功率表、无功功率表、有功电能表和无功电能表各一只,装在哪一侧视具体情况而定。6 ~ 10 kV/0.4 kV 的变压器,在高压侧装设电流表和有功电能表各一只,如为单独经济核算单位的变压器,还应装设一只无功电能表。

④3 ~ 10 kV 的配电线路,应装设电流表、有功和无功电能表各一只。如不是送往单独经济核算单位时,可不装无功电能表。

⑤380 V 的电源进线或变压器低压侧,各相应装一只电流表。如果变压器高压侧未装电能表时,低压侧还应装设有功电能表一只。

⑥低压动力线路上,应装设一只电流表。低压照明线路及三相负荷不平衡率大于 15% 的线路上,应装设三只电流表,分别测量三相电流。如需计量电能,应装设一只三相四线有功电能表。对负荷平衡的三相动力线路,可只装设一只单相有功电能表,实际电能按其计度的 3 倍计。

⑦并联电力电容器组的总回路上,应装设 3 只电流表,分别测量三相电流,并装设一只无功电能表。

4. 三相电路电能的测量

对于电路中电压、电流、有功功率及无功功率等电气参数的测量,已在《电工测量》课程讲述,这里主要对电能的测量作一简要介绍。

我们知道,负荷在一段时间内所消耗的电能 $W = \int_{t_2}^{t_1} P \mathrm{d}t = P(t_2 - t_1)$,即电能是这段时间内平均功率 P 与时间的乘积。这表明电能可用功率和时间的乘积来计量,这是电能测量的基本公式,目前所用的电能测量仪器仪表都是应用这一原理实现的。如测量功率的有电动式功率表、电子乘法器以及微处理机等,相应的测量电能的方式有感应式电能表、电子式(微型计算机式)电能表等。

电能表按不同情况划分如下:按照所测不同电流种类可分为直流式和交流式。按照不同用途可分为单相感应式电能表、三相感应式电能表和特种电能表(包括标准电能表、最大需量表、电子电能表等);其中三相电能表又分为三相三线有功电能表、三相四线有功电能表和三相无功电能表。按照准确度等级可分为普通电能表(3.0、2.0、1.0级)及标准电能表(0.5、0.2、0.1、0.05级)。

电能表名称及型号由4部分组成,其含义如下。

第一部分:D—电能表;

第二部分:D—单相,S—三相三线,T—三相四线,X—无功,B—标准,Z—最大需量,J—直流;

第三部分:S—全电子式;

第四部分:设计序号(阿拉伯数字)。

例如DD862型单相电能表,DS862型三相三线有功电能表,DB2型标准电能表。由于感应式电能表结构简单、工作可靠、维修方便、使用寿命长等一系列优点,至今仍广泛应用。单相电路电能的测量用单相感应式电能表,其接线较简单,这里主要介绍三相电路电能的测量。

(1)三相电路有功电能的测量。

①三相四线制电路有功电能的测量。三相四线有功电能表的接线如图7.12(a)所示。

在对称三相四线制电路中,可以用一个单相电能表测量任何一相所消耗的有功电能,然后乘以3即得三相电路所消耗的有功电能。当三相负荷不对称时,就需用三个单相电能表分别测量出各相所消耗的有功电能,然后把它们加起来,这样很不方便。为此,一般采用三相四线有功电能表,它的结构基本上与单相电能表相同,只是它由三相测量机构共同驱动同一转轴上的1~3个铝盘,这样,铝盘的转速与三相负荷的有功功率成正比,计数装置(计度器)的读数便可直接反映三相所消耗的有功电能。

②三相三线制电路有功电能的测量。三相三线制电路所消耗的有功电能,可以用两个单相电能表来测量,三相所消耗的有功电能等于两个单相电能表读数之和,其原理和三相三线制电路有功功率测量的两表法相同。为方便起见,一般采用三相三线有功电能表,它由两组测量机构共同驱动同一转轴上的铝盘,计数装置(计度器)的读数可以直接反映三相对称或不对称负荷所消耗的有功电能。其接线如图7.12(b)所示。

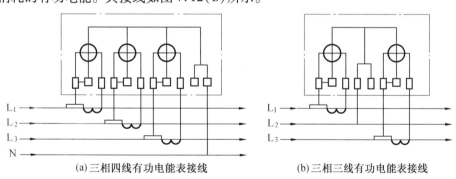

L₁
L₂
L₃
N

(a)三相四线有功电能表接线

L₁
L₂
L₃

(b)三相三线有功电能表接线

图7.12 三相有功电能表接线

(2)三相电路无功电能的测量。感应式无功电能表按照测量原理区分,基本上可分为两大类:一类是完全按无功原理制成的无功电能表,也称为正弦电能表;另外一类是按有功电能表原理,采用跨相电压或采用附加电阻,自耦移相变压器的办法,使之反映三相无功电能。

正弦电能表由于本身消耗功率大,加之制造较困难,所以目前已很少制造和使用了。在供

电系统中,常用的三相无功电能表有两种结构,即带附加电流线圈的三相无功电能表和移相60°型三相无功电能表。无论三相负荷是否对称,只要三相电源电压对称即可正确计量。

①带附加电流线圈的三相无功电能表。这种三相无功电能表由两组测量机构共同驱动同一转轴上的铝盘,它与三相三线有功电能表的区别在于,其电磁铁上除绕有主线圈外,还有附加电流线圈。两个附加电流线圈串联,然后串联到电路第二相断开处,附加线圈的接法与主线圈的极性相反,其接线如图7.13(a)所示。这种接线可以测量三相三线或三相四线制电路的无功电能。DX1型三相无功电能表就属于这种。

②移相60°型三相无功电能表。这种三相无功电能表也是由两组测量机构构成,其特点是在两组测量机构的电压线圈中串联电阻,使电压线圈中的电流与电压的相位差为60°,其接线如图7.13(b)所示,这种接线可以测量三相三线制电路的无功电能。DX2和DX8型三相无功电能表就属于这种。

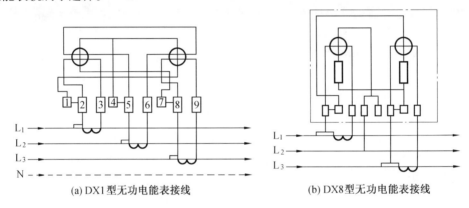

(a) DX1型无功电能表接线　　　　　　　　　　(b) DX8型无功电能表接线

图7.13　三相无功电能表的接线

5.电气测量仪表接线举例

(1)6~10 kV高压电气测量仪表接线。图7.14是6~10 kV高压线路上装设的电气测量仪表接线图。图中通过电压、电流互感器装设有电流表、三相三线有功电能表和无功电能表各一只。

(2)220/380 V低压电气测量仪表接线。图7.15是低压220/380 V照明线路上装设的电测量仪表接线图。图中通过电流互感器装设有电流表3只,三相四线有功电能表1只。

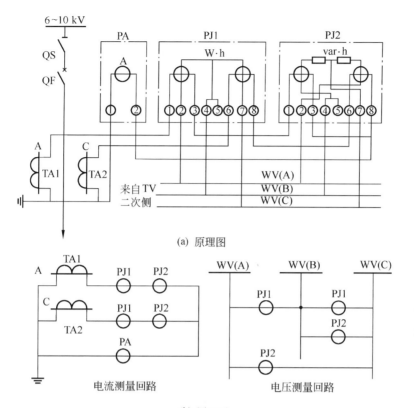

(a) 原理图

(b) 展开图

图 7.14　6 ~ 10 kV 高压线路测量仪表电路图

TA—电流互感器;PA—电流表;TV—电压互感器;PJ1—三相有功电能表;PJ2—三相无功电能表;WV—电压小母线

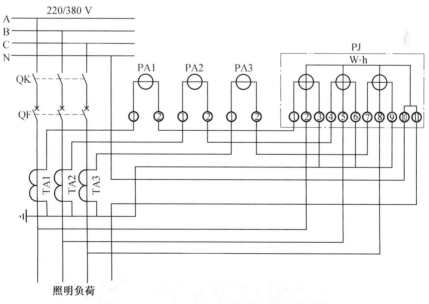

图 7.15　220/380 V 低压线路测量仪表电路图

TA—电流互感器;PA—电流表;PJ—三相四线有功电能表

第8章 工厂照明

本章首先介绍人眼的视觉特性、常用的光度量单位、标准白色光源等基本知识;然后介绍常见电光源的结构、性能参数;最后详细阐述电气照明设计内容、步骤,其中包括电光源的选择、灯具的特性及分类、灯具的选择、灯具布置的要求、照明种类和方式、照度标准、照明质量、照度计算方法、照明配电。

8.1 电气照明

1. 光的辐射

从物理学中电磁波理论的观点来看,光是一种携带电磁辐射能量的电磁波,能被人的眼睛所感知。人眼能看到的那部分可见光只占电磁波波谱的很小一部分,如图8.1所示。

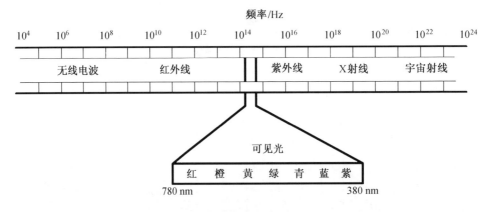

图8.1 电磁辐射波谱分布

由图8.1可看出,在可见光谱中不同波长的光对人眼的刺激不同,表现为不同的颜色感觉。当波长在780~380 nm之间变化时,颜色依次按红、橙、黄、绿、青、蓝、紫变化。

如果一束光只含有单一波长成分则称为单色光,光谱上的谱色光为单色光。有两种及以上波长成分的是复合光,复合光能给人以"混合"的颜色感觉;太阳光就是复合光,它给人以"混合"的白光感觉。

2. 光的度量

① 光通量。光通量是用人眼睛的感觉来衡量的光辐射功率的大小。波长为λ的光,辐射功率为$\Phi(\lambda)\text{W}$,其光通量为

$$\Phi_{\text{v}}(\lambda) = K\Phi(\lambda)V(\lambda) \tag{8.1}$$

式中,$K = 683$ lm/W。

光通量的单位是流明(lm),波长为 555 nm 的光的辐射功率为 1 W 时,光通量是 683 lm(或 1 光瓦)。当光中包含多种频率成分时,总的光通量将是光线中不同波长成分的光通量之和。即

$$\Phi_{v}(\lambda) = K \int_{380}^{780} \Phi_{e}(\lambda) V(\lambda) d\lambda \tag{8.2}$$

式中,$\Phi_{e}(\lambda)$ 为光辐射体的功率波谱。

光通量在法定的计量单位中是一个导出单位,即:1 lm 的光通量等于发光强度为 1 cd(坎德拉)的均匀点光源在立体角为 1 sr(球面度)的空间范围内发出的光通量。

② 发光强度(光强)。表示光源在空间各个方向上发出的光通量的不均匀性而提出的概念是发光强度。发光强度是光源发出光通量的空间角密度。如图 8.2 所示,空间中有一点光源 P 向四周发出光线,从 P 向某个方向取立体角 $d\Omega$,在此角内的光通量为 $d\Phi_{v}$,则两者之比为此方向上的发光强度,即

$$I_{v} = \frac{d\Phi_{v}}{d\Omega} \tag{8.3}$$

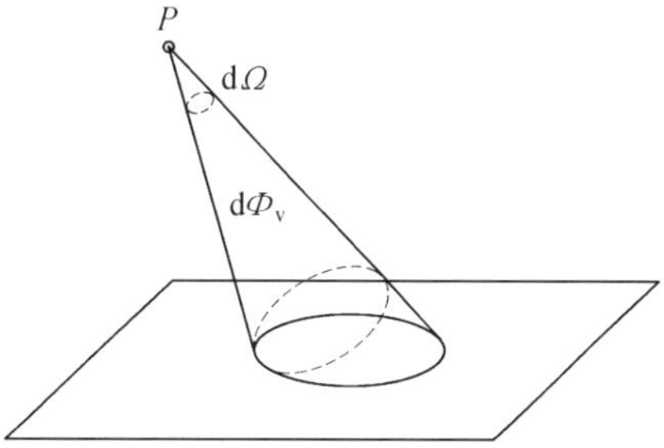

图 8.2　点光源的发光强度示意图

立体角是从空间中一点放射出去而形成的锥体所包含的空间,单位是 sr(球面度)。以锥顶为球心,R 为半径作球面,锥体射出去截切球面。如切出的面积为 dS,则锥体所张开的立体角为

$$d\Omega = \frac{dS}{R^2} \tag{8.4}$$

显然,整个球面对球心所张的立体角为 4π。这种情况可扩展到对任意形状的闭合面(闭合的没有边界的面,球面是特殊的闭合面)。整个闭合面对内部任意一点所张的立体角都是 4π,而对外部点所张的立体角则为 0。

发光强度的单位是 cd,在国际单位制(SI)中是一个基本单位。定义为:辐射频率为 540 × 1 012 Hz(波长为 555 nm)的单色光源,在某方向上的辐射强度为 1/683 W/sr 时,此方向上的发光强度是 1 cd。

③ (光)亮度。具有一定面积的广光源,其上各处的发光强度可能是不同的,向各个方向辐射的特性也是不一样的,为此引入光强面密度的概念。如图 8.3 所示,在发光体上取面积 dS,在与此面法线成 θ 角的方向上观看,这个方向上的亮度 L_{v} 定义为:在此方向上的光强 I_{v} 与面积 dS 在该方向上的投影 dS' 之比,即

$$L_{v} = \frac{I_{v}}{dS'} = \frac{I_{v}}{dS\cos\theta} \tag{8.5}$$

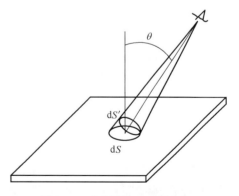

图 8.3　广光源的元面积亮度

dS' 即人眼在此方向上看到的 dS 的大小。亮度的国际单位是 cd/m²(坎 / 米²)。

④ (光)照度。(光)照度简称照度,用于衡量光照射在某个面上的强弱,用被照面上光通

量的面密度表示,即

$$E_{\mathrm{v}} = \frac{\mathrm{d}\Phi_{\mathrm{v}}}{\mathrm{d}S} \qquad (8.6)$$

式中,E_{v} 为照度;$\mathrm{d}S$ 为被照面上的元面积;$\mathrm{d}\Phi_{\mathrm{v}}$ 为元面积上得到的光通量。

如果面积 S 上的总光通量为 Φ_{v},那么平均照度为

$$E_{\mathrm{av}} = \frac{\Phi_{\mathrm{v}}}{S} \qquad (8.7)$$

照度的单位是 lx(勒克斯)。在 1 m² 的面积上得到 1 lm 的光通量,那么照度就是 1 lx,即 1 lx = 1 lm/m²。

8.2   常见电光源

电光源是将电能转换成光学辐射能的器件。照明工程中常用的电光源按发光原理可分为两大类:

①热辐射光源。使用电能加热元件,使之炽热而发光的光源。如白炽灯和卤钨灯。

②气体放电光源。利用气体、金属蒸气放电而发光的光源。如荧光灯、高压汞灯、高压钠灯和金属卤化物灯等。

8.2.1   常见电光源种类

1. 白炽灯

白炽灯是用电加热玻璃壳内的灯丝,使其发光的光源。它由灯头、玻璃外壳、灯芯柱、引线、灯丝等部分组成,如图 8.4 所示。现在白炽灯的灯丝一般采用耐高温且不易蒸发的钨丝,并卷曲成螺旋形状。玻璃外壳内抽成真空,或充入惰性气体阻止灯丝蒸发。玻璃外壳的形状一般采用梨形、球形、圆柱形和尖形等轴对称的形式,一般是透明的;为了防止眩光,可以对玻璃壳内表面进行磨砂处理,或者内涂白色材料,或者使用白色玻璃外壳,使其具有漫反射的性质。为了加强某一方向上的光强,可在玻璃外壳内镀上金属反射层,形成反射面,增加定向投射。另外,还可以用彩色玻璃构成灯的外壳,用做装饰照明。

白炽灯的灯头有不同的规格,常见的是卡口灯头和螺口灯头。

白炽灯自爱迪生于 1879 年发明以来,历经改进,现在仍然是广泛使用的电光源之一。由于是热辐射光源,所以光谱功率连续分布;显色性好,显色指数可以达到 95 以上;色温一般在 2 400 ~ 2 900 K,属于低色温光源;白炽灯的功率因数接近 1,可以瞬时点亮,没有频闪;因为构造简单,所以易于制造,价格便宜。但是,白炽灯的发光效率低,由于辐射集中于红外线区,大致只有 2% ~ 3% 的电能转化为可见光。它的平均寿命通常只有 1 000 h 左右。并且,白炽灯不耐震。白炽灯的另一个特点是:它的光通量、发光效率和使用寿命会受到电源电压的巨大影响,如图 8.5 所示。从图上可以看出,光通量和电压正向变化,可以很方便地利用白炽灯的这种特性制成调光灯。

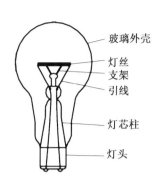

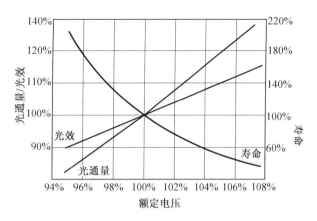

图8.4　白炽灯结构图　　　　图8.5　白炽灯电气参数与电压的关系

2.卤钨灯

灯泡内充入的气体中含有卤族元素(氟、氯、溴和碘等)或者卤化物的热辐射光源称为卤钨灯,如图8.6所示。卤钨灯能够实现钨的再生循环,从而大大减小钨丝的蒸发量。循环的简单过程是:当点亮卤钨灯时,由于高温,钨丝蒸发出钨原子并向周围扩散。卤族元素(目前,普遍采用碘、溴两种元素)与之反应形成卤化钨,卤化钨的化学性质不稳定,扩散到灯丝附近时,由于高温,卤化钨又分解为钨原子和卤素,钨原子会重新沉积于钨丝上,而卤族元素再次扩散到外围进行下一次循环。

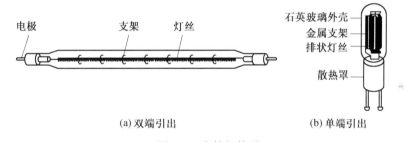

(a)双端引出　　　　　　　　(b)单端引出

图8.6　卤钨灯外形

卤钨灯抑制了钨丝的蒸发,改善了一般白炽灯因为钨丝蒸发而沉积在灯泡内壁,造成玻璃外壳发黑的现象,提高了灯丝的寿命。其灯丝的工作温度也因此而有了提高,在2 600 ~ 3 200 K之间,使发光效率高于白炽灯。

卤钨灯作为白炽灯的改进,除了兼有白炽灯的特点之外,还具有体积小、功率大、亮度高、色温稳定、不错的灯丝稳定性和抗震性等特点,优于白炽灯的光效和使用寿命。不过,卤钨灯的灯管温度很高,在200 ℃以上,所以其玻璃外壳多使用耐高温的石英玻璃。

卤钨灯广泛应用于电影、电视的拍摄现场,演播室,舞台,展示厅,商业橱窗,汽车和飞机等的照明。

3.荧光灯

荧光灯是利用放电而产生的紫外线激发灯管内荧光粉,使其发光的放电灯。它属于一种低气压的汞蒸气放电灯。荧光灯管的构造如图8.7所示。

荧光灯同白炽灯相比使用的寿命长(荧光灯的寿命是指每3 h开关一次,每天开关8次,许多灯同时点燃,当其中50%报废的时间),能达到10 000 h以上。其发光效率也高,发出的

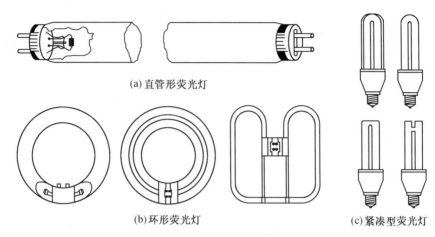

(a)直管形荧光灯

(b)环形荧光灯　　　　　　　　　　(c)紧凑型荧光灯

图 8.7　荧光灯管的构造

可见光可以达到输入能量的 26% 左右。荧光灯的表面亮度较低,大约在 10^4 cd/m²,照明柔和,眩光影响小;色温接近于白天的自然光,显色性好。因此,荧光灯常用于办公场所、教学场所、商场和住宅等需要长时间使用眼睛的、需要营造白天舒适的自然光照条件的环境。

荧光灯的规格种类很多,按色温可把其分为:日光型荧光灯,色温约为 6 500 K;冷白光型荧光灯,色温约为 4 300 K;暖白光型荧光灯,色温约为 2 900 K。荧光灯的光色、色温、显色指数等指标可以通过改变荧光粉的成分和比例而达到。目前使用的荧光粉有卤磷酸钙荧光粉和稀土三基色荧光粉等。

常见的荧光灯按灯管的形状及结构可分为以下几类。

(1)直管形荧光灯。直管形荧光灯是玻璃外壳为细长形管状的荧光灯,是照明工程中常用的电光源之一。长度尺寸一般在 150~2 374 mm,灯管直径一般在 16~38 mm(如果用"T"表示 $\frac{1}{8}$ in 长度即 3.175 mm,那么 16 mm 就是 T5,38 mm 是 T12)。现在,不少直管形荧光灯采用新型稀土荧光粉,其发光效率和显色性都很好,如 T5 型细管径直管稀土荧光灯等。

(2)环形荧光灯。环形荧光灯是玻璃外壳制成环形(一般为圆形)的荧光灯,它是直管荧光灯的改进型。通常采用卡口式灯头,属于单端荧光灯。常见的规格有:单圆环的 T9、T6、T5,双圆环的 2C、立 2C 等,如图 8.7(b)所示。由于环形管容易和各种灯具相配合,造型美观,具有良好的装饰效果,所以在居住环境应用较多。

(3)紧凑型荧光灯。将灯管弯曲或拼接成一定的形状,以缩短灯管长度的荧光灯称为紧凑型荧光灯,如图 8.7(c)所示。紧凑型荧光灯又被称为节能灯,常见的规格有:U 形(U、2U、3U、4U、5U),Π 形(Π、2Π、3Π、4Π),H 形(H、2H),螺旋形等。紧凑型荧光灯的管径细,普遍采用新型稀土荧光粉和贴片式、集成电路式的电子镇流器,结构尺寸很小巧;其发光效率、色温、寿命都比白炽灯好得多,一般 9 W 的灯相当于 45 W 白炽灯的光输出量,现在,紧凑型荧光灯广泛地替代白炽灯作为室内、室外照明,尤其是自镇流紧凑型荧光灯,由于使用了与白炽灯一样的螺口灯头和卡口灯头,使它可以很方便地用在各种灯具上。

荧光灯的不足之处有:低温启动性能差,不宜频繁启动,调光困难等,这些问题还有待于进一步解决。

4. 荧光高压汞灯

荧光高压汞灯又称高压水银荧光灯,属于一种高强度的气体放电灯,主要由放电管和内涂钒磷酸钇荧光粉的玻璃外壳组成,其发光管表面负荷超过 3 W/cm²。荧光高压汞灯的放电管采用耐高温、高压的石英玻璃,内部充有汞和氩气,玻璃外壳内也充入氮气。

荧光高压汞灯的结构如图8.8所示。启动电极通过启动电阻和第二主电极相连,并且与第一主电极靠得很近,只有几毫米。其工作原理是:当荧光高压汞灯通电后,启动电极和第一主电极之间加上了电压;由于两者靠得很近,之间的电场很强,而发生辉光放电。辉光电产生的电离子扩散到主电极间,造成主电极之间击穿,进而过渡到主电极弧光放电。在此期间管内温度是逐渐升高的,汞不断气化直至全部蒸发完毕,最后进入稳定

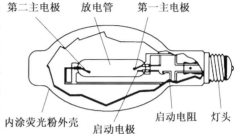

图 8.8　荧光高压汞灯结构示意图

的高压汞蒸气放电状态(放电管内的工作气压为 1～5 个大气压)。汞气化后电离激发产生紫外线和可见光,紫外线照射玻璃外壳的荧光层而发出可见的荧光。

荧光高压汞灯成本较低,发光效率高,省电,一般寿命较长,抗震性能好。但有明显的频闪,而且此灯色温虽接近日光,但显色性差;点亮时灯光看上去是白色,照射下的景物却泛青绿色,不能很好地还原色彩。荧光高压汞灯从启动到正常稳定工作的时间比较长,一般需要4～8 min。并且,当电压突然降低5%以上时灯会熄灭,灯熄灭后需要经过 5～10 min 的冷却才能再次点亮。

荧光高压汞灯的功率在 25～1 000 W,常用于道路、广场、车站、码头和企业厂房内外照明等。

5. 金属卤化物灯

金属卤化物灯简称金卤灯,此灯是在高压汞灯的基础上发展起来的,结构与其相似。不同的是放电管中除了充入汞和稀有气体之外,还加入了一些金属(钠、铊、铟、镝、钪、锡等)卤化物。金属卤化物灯通电后放电管内的物质在高温下分解,产生金属蒸气和汞蒸气,金属卤化物灯的光辐射由它们放电电离共同激发产生。金属原子激发出的光谱线弥补了汞光谱线的不足,增加了红光的成分。金属卤化物灯在可见光范围内辐射比较均匀,显色性比荧光高压汞灯好,显色指数在 65 以上,有的能达到 90。金属卤化物灯的发光效率也比荧光高压汞灯高,节能效果显著。但寿命要低于荧光高压汞灯。

金属卤化物灯的规格种类很多,如钠铊铟灯、镝灯、铊灯和铟灯等。在放电管中加入不同的金属卤化物,按照不同的比例可得到不同光色的灯。灯内部的放电管除了透明的石英玻璃管外,现在有了陶瓷管(通常称为陶瓷金卤灯),它可以使灯的色温有很好的一致性。金属卤化物灯的使用前景很广阔,现在开展的绿色照明工程正逐步计划用金属卤化物灯替代荧光高压汞灯。它适合于显色性要求高的照明场所,可以作为聚光灯用在电视拍摄现场及演播室等场合。

彩色金属卤化物灯是在传统的"白光"型金属卤化物灯基础上发展起来的,属于单色灯,有红色、绿色、蓝色和紫色等。它广泛用于夜晚城市建筑物的泛光和投射照明,效果绚丽夺目。

6. 钠灯

（1）高压钠灯。高压钠灯也属于高强度的气体放电灯。其放电管采用半透明氧化铝管，管内除了充钠之外，还加入少量汞以及氙或氩氖混合惰性气体。此灯达到放电稳定时，钠蒸气的压强能达到 10^4 Pa。高压钠灯的结构如图 8.9 所示。高压钠灯的玻璃外壳内部是抽成真空的。其光辐射由于钠原子激发的原因在 589 nm 附近有一个很高的峰值，恰巧处于人眼最敏感的区域，发光效率很高，可达到 140 lm/W，是荧光高压汞灯的 2 倍，节能效果非常显著。灯的寿命能达到 26 000 h。普通高压钠灯色温低，发出金黄色的光，透雾性好；灯的紫外线辐射量低，只占总辐射的 1% 左右，不易招惹飞虫，适合用于室外，尤其是道路照明。这种灯的显色指数小于 40，在对显色性有要求的场合一般不使用。中显色性高压钠灯对此作了改进，显色指数达到 60，使之适用于商业区、住宅区、公共聚集场所照明。高显色性高压钠灯的显色指数则达到 80 以上，能用于高档照明。

（2）低压钠灯。低压钠灯的发光效率是日常使用光源中最高的，达到 150 lm/W。在放电稳定时放电管内钠蒸气的压强为 0.1 ~ 1.5 Pa。低压钠灯的结构如图 8.10 所示。

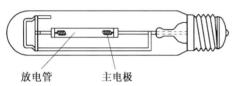

图 8.9　高压钠灯结构示意图　　　　图 8.10　低压钠灯结构示意图

低压钠灯的放电管中除了充钠之外，还加入氩氖混合惰性气体。玻璃外壳内抽成真空，并在外壳内壁涂上透明红外线反射层，以提高发光效率。低压钠灯通电后主要发出单一的 589 nm 波长的黄光，显色性很差，适用于道路照明。

7. 氙灯

氙灯属于 HID 灯，在耐高温、高压的石英玻璃内充入高压氙气（一些灯加入少量汞、金属卤化物），两头各装一个电极，通电后弧光放电产生强烈的白光。其辐射光的波长范围广，可见光范围内光谱连续，在使用惰性气体的放电灯中最接近日光，色温在 6 000 K 左右，显色指数不小于 95。氙灯具有超高的亮度、超宽的功率范围。照明常用的有长弧氙灯和短弧氙灯。长弧氙灯使用细长管状的石英玻璃外壳，电弧长度就是管子的长度，适用于广场、车站、码头、体育场馆、机场和施工工地等大面积场所照明；因辐射接近太阳光，所以可作为材料的老化实验，人工气候中植物栽培，颜色检验的光源用等。短弧氙灯的玻璃外壳是球形的，两个电极靠得很近，只有 5 ~ 6 mm，属于点光源，广泛用于探照灯，舞台追光灯，电影放映，电影、电视、幻灯投影，飞机、船舶、机车、汽车照明，照相制版、摄影、光学仪器照明等。

氙灯能瞬间点燃，没有灯丝所以耐震，适应温度的能力强，在寿命时间内工作稳定，光色特性不变；但寿命短，一般在 500 ~ 1 000 h，需要触发器在高频高压下启动，价格较高。

常用电光源主要性能参数比较见表 8.1。

表8.1　常用电光源主要性能参数比较

电光源名称	白炽灯	卤钨灯	荧光灯	荧光高压汞灯	高压钠灯	金属卤化物灯
额定功率范围/W	10~1 500	20~5 000	5~200	50~1 000	35~1 000	35~3 500
光效/(lm·W⁻¹)	6.5~25	14~30	30~87	32~55	60~140	52~130
平均寿命/h	1 000~1 500	1 500~2 000	2 500~8 000	10 000~20 000	16 000~24 000	2 000~10 000
色温/K	2 400~2 900	2 700~3 200	2 500~6 500	5 500	1 900~2 800	3 000~6 500
一般显色指数 Ra	95~99	95~99	70~95	30~60	20~85	65~90
启动稳定时间/min	瞬间	瞬间	0~4	4~8	4~8	4~10
再启动时间/min	瞬间	瞬间	0~4	5~10	10~20	10~15
频闪效应	不明显	不明显	高频管不明显	明显	明显	明显
电压变化对光通的影响	大	大	较大	较大	大	较大
环境温度对光通的影响	小	小	大	较小	较小	较小
耐震性能	较差	较差	较好	好	较好	好

8.2.2　电光源选择

1. 技术性需求

光源使用的环境对光源本身技术参数的要求包括功率、亮度、显色性、色温、频闪特性、启动再启动性能、抗震性、平均寿命等,具体要求如下:

选择合适的功率以满足照度要求;在显色性要求高的地方如展览厅、展示厅等必须选用显色指数不小于80的光源;休息场所宜使用色温较低的光源,以取得温馨舒适的氛围;办公、工作、学习场所宜采用色温较高的日光型光源,可以提高工作、学习效率;在有高速机械运动的场所不使用一般的气体放电灯,以避免频闪效应;开关次数较为频繁的场所可以用白炽灯;需要调光的场所一般用白炽灯和卤钨灯,也可以用高频调光镇流器使荧光灯实现调光;在有较大震动的环境中可使用氙灯;在电压波动大的场所不宜使用易熄灭的灯;低温环境中不宜用荧光灯以免启动困难。

当采用单一光源不能满足显色性和光色要求时,可以采用两种光源形式的混光光源。混光光源的混光光通量比宜按表8.2选取。

2. 经济性要求

照明设备从投入使用到寿命完结需要一笔资金,在满足技术要求的前提下需要计算这样使用是否经济,以便比较和更改设计。总投资包括光源的初投资和运行费用。初投资有光源的设备费、材料费、人工费等,运行费用有电费、维护修理费、折旧费等。

表8.2　混光光源的混光光通量比

混光光源	光通量/%	一般显色指数 Ra	色彩辨别效果
DDG+NGX	40~60	≥80	除部分颜色为"中等"外,其他颜色为"良好"
DDG+NG	60~80	60~70	
NG+NG	50~80	60~80	
DDG+NG	30~60	70~80	
KNG+NGX	40~60	60~70	
GGY+NGX	30~40	70~80	
ZJD+NGX	40~60		
GGY+NG	40~60	40~0	除个别颜色为"可以"外,其他颜色为"中等"
KNG+NG	30~50	40~60	
GGY+NGX	40~60	40~60	
ZJD+NG	30~40	40~50	

注:①GGY—荧光高压汞灯;DDG—镝灯;KNG—钪钠灯;NG—高压钠灯;NGX—中显色性高压钠灯;
ZJD—高光效金属卤素灯。
②混光光通量比是指前一种光源光通量与两种光源光通量的和之比。

3.节能的要求

我国目前正在实施绿色照明工程,其核心是节约照明用电。新实施的《GB 50034—2004 建筑照明设计标准》中也将照明节能放在重要位置,其规定的照明功率密度值属于强制性标准,必须严格执行。在选择电光源时应采用光效高、使用寿命长的光源,如以细管径(≤26 mm)、直管形荧光灯代替较粗管径(>26 mm)荧光灯,以紧凑型荧光灯取代白炽灯等。

8.3　照　明　灯　具

照明灯具的定义为:能透光、分配和改变光源光分布的器具。它包括除光源外所有用于固定和保护光源所需的全部零部件,以及与电源连接所必需的线路附件。它在照明设备中是除光源之外的第二要素。为了使光源发出的光辐射合乎要求地分配到被照面上,以满足视觉要求,美化、装饰环境,必须正确地选择照明灯具。

8.3.1　灯具的特性及分类

1.灯具的特性

照明灯具(配光)的特性可以从灯具的配光曲线、保护角和灯具光效率等3个指标加以衡量。

(1)配光曲线。配光曲线是以平面曲线图的形式反映灯具在空间各个方向上发光强度的分布状况。一般灯具可以用极坐标配光曲线。具有旋转轴对称的灯具在通过光源中心及旋转轴的平面上测出不同角度的发光强度值,以某一个位置为起点,不同角度上发光强度矢量的顶端所勾勒出的轨迹即灯具的极坐标配光曲线,如图8.11所示。由于是旋转轴对称,所以任意一个通过旋转轴的平面,其上曲线形状都是一样的。

非旋转轴对称灯具比如说管形荧光灯灯具,需要多个平面的配光曲线才能表明光的空间分布特性。对于像投光灯、聚光灯和探照灯等类的灯具,其光辐射的范围集中用直角坐标配光曲线,这样更能将其分布特性表达清楚,如图 8.12 所示。

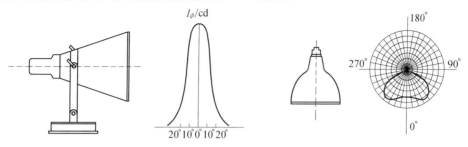

图 8.11　旋转轴对称灯具的配光曲线　　　　图 8.12　直角坐标配光曲线

(2)保护角。保护角又称遮光角,用于衡量灯具为了防止眩光而遮挡住光源直射光范围的大小。用光源发光体从灯具出口边缘辐射出去的光线和出口边缘水平面之间的夹角表示,如图 8.13(a)所示。如果灯具是非旋转轴对称的,那么必须选几个有代表性的横截面,用各横截面的保护角来综合反映遮光范围。如常用的管形荧光灯灯具,如图 8.13(b)所示。

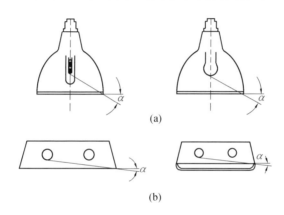

(a)

(b)

图 8.13　灯具的保护角

(3)灯具光效率。灯具的光效率 η 是指在相同的使用条件下,灯具输出的总光通量 Φ' 与灯具中光源发出的总光通量 Φ 之比,即

$$\eta = \frac{\Phi'}{\Phi} \times 100\% \tag{8.8}$$

光效率的数值总是小于 1 的。灯具光效率越高,光源光通量的利用程度越大,也就越节能。实际中应优先采用光效率高的灯具。

2. 灯具分类

目前各厂家生产的灯具规格种类繁多,为了方便选用,有必要对灯具从不同的角度进行分类。

(1)按安装方式分类(见图 8.14)。

①悬吊式:用吊绳、吊链、吊管等吊在顶棚上或墙支架上的灯具。

②嵌入式:完全或部分地嵌入安装表面的灯具。

③吸顶式:直接安装在顶棚表面上的灯具。

④壁式:直接固定在墙或柱子上的灯具。

⑤落地式:装在高支柱上并立于地面上的可移动式灯具。

⑥台式:放在桌上或其他台面上的可移动式灯具。

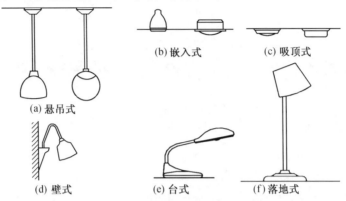

图8.14　灯具按安装方式分类

（2）按防触电保护分类。为了保护人身和设备安全,灯具所有带电部分(如灯头座、引线、接头等)必须有防直接触电和防间接触电的安全保护措施。根据使用环境的不同,灯具的防护级别分为4个等级,具体见表8.3。

表8.3　灯具的防触电保护分类

灯具等级	等级说明	应用说明
0 类	依赖灯具基本绝缘防止触电,如果基本绝缘损坏,灯具的可触及导体部件可能会带电,这时需要周围有防触电的环境以提供保护	适用于不易触电、安全程度高的场所
I 类	除了基本绝缘之外,可触及导体部件通过导线接地,一旦基本绝缘损坏灯具漏电,电源开关跳闸保护人身安全	安全程度提高,适用于金属外壳灯具
II 类	除了基本绝缘之外,还有附加的绝缘措施(称为双重绝缘或外层绝缘),可以防止间接触电	绝缘性好,安全程度高,适用于人经常接触的灯具如台灯、手提灯等
III 类	采用安全电压(50 V 以下交直流)供电,并保证灯内不会有高于此值的电压	安全程度最高,适用于恶劣环境

（3）按灯具的防护结构形式分类。

①开启式灯具:灯具敞开,光源与周围环境直接接触,属于普通灯具。

②闭合式灯具:灯具有闭合的透光罩,但罩内外空气是流通的,不能阻止灰尘、湿气进入。

③密闭式灯具:灯罩密封,将内外空气隔绝,罩内外空气不能流通,能有效地防湿、防尘。

④防爆式灯具:使用防爆型外罩,采用严格密封措施,确保在任何情况下都不会因灯具原因造成爆炸危险。用于不正常情况下可能会发生爆炸的场所。

⑤隔爆式灯具:结构坚实,即使内部发生爆炸也不会对灯罩外产生影响。用于在正常情况下可能发生爆炸危险的场所。

（4）按灯具外壳的防护等级分类。根据我国灯具外壳防护等级分类的规定,使用 IP 防护等级系统。等级代号由字母"IP"和2个特征数字组成,第一个特征数字表示灯具防止人体触及或接近灯外壳内部的带电体,防止固体物进入内部的等级;第二个特征数字表示灯具防止湿气、水进入内部的等级。两个特征数字的等级含义见表8.4,表8.5。

表 8.4 防护等级第一特征数字表示的等级含义

第一个特征数字	防护说明	含　义
0	没有防护	对外界没有特别的防护
1	防止大于 50 mm 的固体物进入	防止人体某一大面积部分(如手)因意外而接触到灯具内部。防止较大尺寸(直径大于 50 mm)的固体物进入
2	防止大于 12 mm 的固体物进入	防止人的手指接触到灯具内部。防止中等尺寸(直径大于 12 mm)的固体物进入
3	防止大于 2.5 mm 的固体物进入	防止直径或厚度大于 2.5 mm 的工具、电线或类似的细小固体物进入到灯具内部
4	防止大于 1.0 mm 的固体物进入	防止直径或厚度大于 1.0 mm 的线材、条片或类似的细小固体物进入到灯具内部
5	防尘	完全防止固体物进入,虽不能完全防止灰尘进入,但侵入的灰尘量并不会影响灯具的正常工作
6	尘密	完全防止固体物进入,且可完全防止尘埃进入

表 8.5 防护等级第二特征数字表示的等级含义

第二个特征数字	防护说明	含　义
0	无防护	没有特殊防护
1	防滴水进入	垂直滴水对灯具不会造成有害影响
2	倾斜 15°防滴水	当灯具由正常位置倾斜至不大于 15°时,滴水对灯具不会造成有害影响
3	防淋水进入	与灯具垂线夹角小于 60°范围内的淋水不会对灯具造成损害
4	防飞溅水进入	防止从各个方向飞溅而来的水进入灯具造成损害
5	防喷射水进入	防止来自各个方向的喷射水进入灯具造成损害
6	防大浪进入	经过大浪的侵袭或水强烈喷射后进入灯壳内的水量不至于达到损害程度
7	浸水时防水进入	灯具浸在一定水压的水中,规定时间内进入灯壳内的水量不至于达到损害程度(此等级的灯具未必适合水下工作)
8	潜水时防水进入	灯具按规定条件长期潜于水下,能确保不因进水而造成损坏

(5)按灯具的光学特性分类。

①按灯具在上下空间光通量分布的比例可将室内灯具分为 5 类。

a. 直接型灯具:能将 90%～100% 光通量直接投射到灯具下部空间的灯具。这类灯具光通量的利用效率最高,灯罩一般用反光性能好的不透明材料制成。灯具射出光线的分布状况因灯罩的形状和使用材料的不同而有较大差异。

b. 半直接型灯具:能将 60%～90% 光通量投射到灯具下部空间,小部分投射到上部的灯具。光通量的利用率较高,灯罩采用半透明材料,或灯具上方有透光间隙。它改善了室内的亮度对比,在保证被照面充分的光通量下,比直接型灯具的柔和。

c. 漫射型灯具:灯具向上和向下发射的光通量几乎相等,都是 40%～60%。这种灯具向

周围均匀散发光线,照明柔和,但光通利用率较低。典型的漫射型灯具是球形乳白玻璃罩灯。

d.半间接型灯具:向下部空间反射的光通量在10%~40%的灯具。此灯具大部分光线照在顶棚和墙面上部,把它们变成二次发光体。包括灯具在内的房间上部亮度比较统一,整个室内光线更加均匀柔和,无光阴影或阴影较淡。典型的灯具是一种具有向上开口的半透明灯罩。

e.间接型灯具:向下部空间反射的光通量在10%以内的灯具。90%以上的光线射到顶棚和墙面上部,利用它们形成房间照明。整个室内光线均匀柔和,无明显阴影。各种具有向上开口、不透明灯罩的灯具,吊顶灯等属于此种类型。

灯具的光通量分类见表8.6。

表8.6 灯具按上下光通分布分类

灯具类型	光通量分配/%		光强分布示意	灯具举例
直接型	上	0~10		
	下	90~100		
半直接型	上	10~40		
	下	60~90		
漫射型	上	40~60		
	下	40~60		
半间接型	上	60~90		
	下	10~40		
间接型	上	90~100		
	下	0~10		

②按灯具射出光束的宽窄及扩散程度分类,可分为以下各种类型。

a.直接型灯具按配光曲线的形状分类:直接型灯具的反射罩形式多样,形成的照明光束宽窄也不同,反映在配光曲线上就是各自的形状不一样。分为特深照型、深照型、中照型、广照型、特广照型5种。

b.道路照明按照控制眩光的程度分类:常规道路照明所采用的灯具按控制眩光的程度可分为截光型、半截光型、非截光型3种,它们的光强分布各不相同。所谓截光就是为避免或减少眩光而遮挡人眼直接看到高亮度发光体的措施。灯具的截光角是遮光角的余角。

截光型灯具的最大光强方向在0°~65°,80°和90°方向上的光强最大允许值分别是30 cd/1 000 lm和10 cd/1 000 lm。

半截光型灯具的最大光强方向在0°~75°,80°和90°方向上的光强最大允许值分别是100 cd/1 000 lm和50 cd/1 000 lm。

非截光型灯具 90°方向上的光强最大允许值为 1 000 cd。

截光型灯具把绝大部分光线投射到路面上,可以获得较高的路面亮度,同时几乎感觉不到眩光;非截光型灯具不限制水平方向上的光线,有较为严重的眩光;半截光型灯具介于两者之间。一般道路主要使用截光型和半截光型灯具。

c.泛光灯按光束发散角分类:投光灯利用反射器和折射器可以把射出的光线限制在一定的空间范围(立体角)内,泛光灯即光束发散角大于 10°的投光灯,其可向任意方向转动。泛光灯的分类见表 8.7。

表 8.7　泛光灯按光束发散角分类

序号	光束发散角的度数/(°)	泛光灯分类
1	10 ~ 18	特窄光束
2	18 ~ 29	窄光束
3	29 ~ 46	中等光束
4	46 ~ 70	中等宽光束
5	70 ~ 100	宽光束
6	100 ~ 130	特宽光束

8.3.2　灯具的选择

灯具选用的基本原则有以下几点。

①功能原则:合乎要求的配光曲线、保护角、灯具效率,款式符合环境的使用条件。

②安全原则:符合防触电安全保护规定要求。

③经济原则:初投资和运行费用最小化。

④协调原则:灯饰与环境整体风格协调一致。

⑤高效原则:在满足眩光限制和配光要求条件下,应选用效率高的灯具,以利节能。选择灯具时应综合考虑以上原则。下面以灯具的使用环境和配光特性为例来具体介绍。

1.按使用环境选择灯具

无特殊防尘、防潮等要求的一般环境中宜使用高效率的普通式灯具。

有特殊要求的场合要使用有专门防护结构及外壳的防护式灯具,如:

①在潮湿的场所,应采用防水灯具或带防水灯头的开敞式灯具;

②在有腐蚀性气体或蒸汽的场所,宜采用防腐蚀密闭式灯具或有防腐蚀或防水措施的开敞式灯具;

③在高温场所,宜采用耐高温、散热性能好的灯具;

④在有灰尘的场所,应按防尘的相应等级选择灯具;

⑤在有锻锤、大型桥式吊车等振动、摆动较大场所,使用的灯具应有防振和防脱落措施;

⑥在易受机械损伤、光源脱落可能造成人员伤害或财物损失的场所,灯具应有相应防护措施;

⑦在有爆炸或火灾危险的场所,使用灯具应符合国家现行相关标准和规范的有关规定;

⑧在有洁净要求的场所,应采用不易积尘、易于擦拭的洁净灯具;

⑨在需防止紫外线照射的场所,应采用隔紫灯具或无紫光源。

2. 按配光特性选择灯具

①窄配光类(深照型)的灯具,使光线在较小立体角内分布,保护角大,不易产生眩光,发出的光通量能最大限度地直接落在被照面上,利用率高。如体育馆、企业的高大厂房、高速公路等照度要求较高的地方,可以采用。但是灯具必须高密度排列,才能保证照度的均匀度。

②中配光类(中照型)的灯具,使光线在中等立体角内分布,配光曲线要宽一些,直接照射面积较大,合理的布局和灯具高度可以眩光。适合用于中等照度的一般室内照明。

③宽配光类(广照型)的灯具,使光线在较大立体角内分布,适用于照度要求低的场所,如楼道、厕所等。

8.3.3 灯具的布置

1. 灯具布置的基本要求

室内灯具布置应满足以下几个方面:

①符合规定的照度值,工作面上照度均匀。

②有效地控制眩光和阴影。

③符合使用场所要求的照明方式。

④方便灯具的维护修理。

⑤保证光源用电安全。

⑥符合节能的要求,提高光效,将光源安装容量降至最低。

⑦布置整齐、美观大方,与室内环境协调一致。

室外灯具的布置,要根据具体的使用要求来定。如道路照明、广场照明等。

2. 灯具的平面布置

室内灯具平面布置方式有均匀布置和选择性布置两种。

①均匀布置。采用同类型灯具按固定的几何图形均匀排列,可以使整个区域有均匀的照度。常见的有直线型、正方形、矩形、菱形等,如图8.15所示。室内灯具作为一般照明使用的,通常采用均匀布置方式。

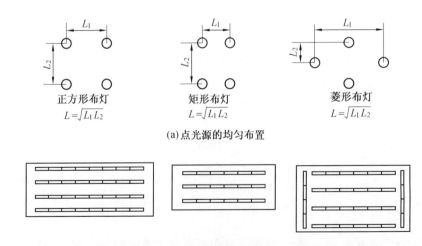

图 8.15 光源的均匀布置示意图

②选择性布置。根据环境对灯光的不同要求,选择布灯的方式和位置。一般只有在需要局部照明或定向照明时,根据情况才考虑用选择性布置。

8.4 照明种类和基本要求

8.4.1 照明种类和方式

1.照明种类

(1)正常照明。正常照明即在正常情况下使用的室内、外照明。

(2)应急照明。应急照明是正常照明因为电源故障造成熄灭后启用的照明,又称事故照明。其中包括以下几部分。

①疏散照明:应急照明的一个部分,用于确保疏散通道被有效地辨认和使用的照明。

疏散照明的地面水平照度不宜低于 0.5 lx。影剧院、体育馆、礼堂等聚集场所的安全疏散通道出口必须有疏散指示灯。

②安全照明:应急照明的一个部分,用于确保处于潜在危险之中的人员安全的照明。工作场所的安全照明照度不应低于该场所正常照明的 5%。

③备用照明:应急照明的一个部分,用于确保正常活动暂时继续进行的照明。一般场所的备用照明照度不应低于正常照明的 10%。应急照明要使用可靠的、能瞬间点燃的光源,如白炽灯、瞬间启动荧光灯等。考虑到照明设备的利用率,应急照明也可以作为正常照明的一部分而长期使用;在不需要进行电源切换的条件下,也可用其他形式的光源,如氙灯等。

(3)值班照明。在上班工作时间之外,供值班人员值班使用的照明称为值班照明。值班照明可以利用正常照明中能单独控制的一部分,也可以利用应急照明的一部分或全部。

(4)警卫照明。在晚上为了改善和增强对于人员、材料、设备、建筑物和财产等的保卫,而安装的用于警戒的照明称为警卫照明。可以根据需要在仓库区、货物堆放区、厂区等警戒范围内设置。

(5)障碍照明。为保障航空飞行安全,在高大建筑物、构筑物上安装的障碍标志灯,或当有船舶通过的两侧建筑物上装设的障碍指示灯等称为障碍照明。应该按照民航和交通部门的有关规定装设。

(6)装饰照明。装饰照明为美化、烘托某一特定环境而设置,起到点缀、装饰作用的照明称为装饰照明。通常采用装饰性灯具,和建筑装潢及环境结合成一体。

(7)城市环境艺术照明。利用各种照明技术和设备,营造出能体现环境风格,符合艺术美学,给人以视觉享受的城市夜景照明称为城市环境艺术照明。如公园、广场、雕塑、喷泉、绿化园林、庭园小区、标志性建筑物等的景观照明和广告照明等。

2.照明方式

按照安装部位或使用功能而构成的基本形式,照明方式可以分为以下几种。

①一般照明:不考虑特殊区域的需要,为照亮整个场所而设置的均匀照明方式。适用于对光照方向无特殊要求的场所;以及受到条件限制,不适合装设局部照明或混合照明不合理时采用。

②分区一般照明:根据不同地点对照度的要求,提高特定区域照度的一般照明方式。特定

区域可以通过增加灯具的布置密度来提高照度,而其他区域可以维持原来的布置方式。

③局部照明:为满足特殊需要而照亮某个局部的照明。局部照明只能照射有限的小范围。在一般照明或分区一般照明不能满足要求的场所(照度、照射方向、光幕反射、频闪效应等不合要求),应增加局部照明。但在工作场所中不能只装局部照明。

④混合照明:由一般照明和局部照明共同组成的照明。对照度要求较高、照射方向有特殊要求的,以及工作位置密度不大,且单独装设一般照明不合理的场所,经常使用混合照明。

8.4.2 照度标准

1.一般规定

照度标准是国家有关部门制定与颁布的,是各类建筑物和工作场所的光源应该符合的照度值。照度标准要根据人眼的视觉特性,按不同场所对视觉的使用要求来制定,同时又要与本国的经济发展水平、人民物质文化生活水平相称。我国依据当前的具体国情,于2004年12月1日正式批准实施了《GB 50034 建筑照明设计标准》。2004建筑标准中规定:照度标准值应按0.5、1、3、5、10、15、20、30、50、75、100、150、200、300、500、750、1 000、1 500、2 000、3 000、5 000(单位为lx)分级。标准规定的照度值均为作业面或参考平面上的维持平均照度值。符合下列条件之一及以上时,作业面或参考平面的照度,可按照度标准值分级提高一级。

①视觉要求高的精细作业场所,眼睛至识别对象的距离大于500 mm时。

②连续长时间紧张的视觉作业,对视觉器官有不良影响时。

③识别移动对象,要求识别时间短促而辨认困难时。

④视觉作业对操作安全有重要影响时。

⑤识别对象亮度对比小于0.3时。

⑥作业精度要求较高,且产生差错会造成很大损失时。

⑦视觉能力低于正常能力时。

⑧建筑等级和功能要求高时。

符合下列条件之一及以上时,作业面或参考平面的照度,可按照度标准值分级降低一级。

①进行很短时间的作业时。

②作业精度或速度无关紧要时。

③建筑等级和功能要求较低时。作业面邻近周围的照度可低于作业面照度,但不宜低于表8.8中的数值。

表8.8 作业面邻近周围照度

作业面照度/lx	作业面邻近周围照度值/lx
≥750	500
500	300
300	200
≤200	与作业面照度相同

注:邻近周围指作业面外0.5 m范围之内。

光源随着使用时间的推移,光通量会因为灯的自然老化而衰减;同时由于长期使用,灯具会积累灰尘,以及房屋表面污染等会造成照度值降低。为在维护周期内保证不低于规定照度,必须在设计时考虑其影响,即把照度值除以维护系数(表8.9)。

表8.9 维护系数

环境污染特征		房间或场所举例	灯具最少擦拭次数/(次/年)	维护系数值
室内	清洁	卧室、办公室、餐厅、阅览室、教室、病房、客房、仪器仪表装配间、电子元器件装配间、检验室等	2	0.80
	一般	商店营业厅、候车室、影剧院、机械加工车间、机械装配车间、体育馆等	2	0.70
	污染严重	厨房、锻工车间、铸工车间、水泥车间等	3	0.60
室外		雨篷、站台	2	0.65

在一般情况下,设计照度值与照度标准值相比较,可有-10% ~ +10%的偏差。

2. 照度标准值

居住建筑、公共建筑、工业建筑、公共场所的照明标准值见《照明设计手册》。

8.4.3 照明质量

照明设计优劣与否主要用照明质量指标加以评价与衡量。客观物理量可以作为评价照明质量的依据,这些物理指标包括照度、照度均匀度、亮度分布、眩光限制、阴影消除、光色、照明的稳定性等。

1. 参考面上的照度水平

照明设计时要选择合适的照度水平,一方面使人容易辨别所从事工作的细节;另一方面又能控制或消除视觉不舒适的因素,保护人们视力健康。

2. 照度均匀度

视觉对象的位置会经常发生变化,为了避免视觉不适,要求工作面上的照度保持一定的均匀程度。根据我国国家标准规定,照度的均匀程度是用照度均匀度来表示的。照度均匀度定义为:给定工作面上的最低照度与平均照度之比,即 $\frac{E_{\min}}{E_{\mathrm{av}}}$。最低照度是指参考面上某一点的最低照度,平均照度是指整个参考面上的平均照度。

我国国家标准规定:公共建筑的工作房间和工业建筑作业区域内的一般照明照度均匀度不应小于0.7,而作业面邻近周围的照度均匀度不应小于0.5;房间或场所内的通道和其他非作业区域的一般照明的照度值不宜低于作业区域一般照明照度值的1/3;在有彩色电视转播要求的体育场馆,其主摄像方向上的照明应符合下列要求:

①场地垂直照度最小值与最大值之比不宜小于0.4。

②场地平均垂直照度与平均水平照度之比不宜小于0.25。

③场地水平照度最小值与最大值之比不宜小于0.5。

④观众席前排的垂直照度不宜小于场地垂直照度的0.25。

3. 亮度分布

视野范围内的亮度分布,不仅关系到物体的可见度,而且还是舒适视觉的必要条件。因此,对室内亮度分布有一定的要求,我国国家标准中推荐了房间内各个面的反射比(该表面的

照度与工作面一般照度之比)的范围,见表8.10。

表8.10 房间表面反射比与照度比

表面名称	反射比
顶棚	0.6~0.9
墙面	0.3~0.8
地面	0.1~0.5
作业面	0.2~0.6

4. 眩光限制

眩光可以由光源和灯具直接引起,也可以由反射比高的表面形成的镜面反射引起;它对人的生理和心理都将造成危害,因此必须采取措施加以限制。

公共建筑和工业建筑常用房间或场所的不舒适眩光按新照明设计标准采用统一眩光值(UGR)评价,室外体育场所的不舒适眩光应采用眩光值(GR)评价。直接型灯具的遮光角不应小于表8.11的规定。

表8.11 直接型灯具的遮光角

光源平均亮度/(kcd/m^2)	遮光角/(°)	光源平均亮度/(kcd/m^2)	遮光角/(°)
1~20	10	50~500	20
20~50	15	≥500	30

可用下列方法防止或减少光幕反射和反射眩光:

①避免将灯具安装在干扰区内。

②采用低光泽度的表面装饰材料。

③限制灯具亮度。

④照亮顶棚和墙表面,但避免出现光斑。有视觉显示终端的工作场所照明应限制灯具中垂线以上等于和大于65°高度角的亮度。

灯具在该角度上的平均亮度限值宜符合表8.12的规定。

表8.12 灯具平均亮度限值

屏幕分类,见ISO9241-7	Ⅰ	Ⅱ	Ⅲ
屏幕质量	好	中等	差
灯具平均亮度限值	≤1 000 cd/m^2	200 cd/m^2	—

注:①本表适用于仰角小于或等于15°的显示屏。

②对于特定使用场所,如敏感的屏幕或仰角可变的屏幕,表中亮度限值应用在更低的灯具高度角(如55°)上。

5. 光源的颜色

前面已经讨论过光源的色温和显色性,以及不同色温的光源给人的不同感受。照明设计时要根据环境的要求选择不同色温、显色性,不同光谱分布的光源。

不同光谱分布的光线在视觉心理上会有不同的色感受。低色温(<3 300 K)的光源给人以"暖"的感觉,具有日近黄昏的情调,在室内可以形成温馨轻松的气氛;高色温(>5 300 K)的光源接近自然光色,给人以"冷"的感觉,能使人精神振奋。不同的环境氛围可以按表 8.13 选取不同色调感觉的光源。白天,在需要补充自然光的场所,或在有特殊要求的无窗建筑中,光源色温不宜低于 5 300 K。正确的物体彩色感觉只有在光源光谱分布接近于自然光的情况下才能形成。在光源光谱分布和自然光相差较大的条件下,被照物体的颜色将有较大的失真。这对需要正确辨别色彩的工作场所是不合适的,应使用较高显色指数的光源。长期工作或停留的房间或场所,照明光源的显色指数(Ra)不宜小于 80。在灯具安装高度大于 6 m 的工业建筑场所,Ra 可低于 80,但必须能够辨别安全色。

表 8.13　光源色表分组

色表分组	色表特征	相关色温 K	适用场所举例
I	暖	<3 300	客房、卧室、病房、酒吧、餐厅
II	中间	3 300 ~ 5 300	办公室、教室、阅览室、诊室、检验室、机加工车间、仪表装配
III	冷	>5 300	热加工车间、高照度场所

8.5　照明计算

照度计算是照明计算的主要内容之一,其目的有两点:一是根据场所的照度标准以及其他相关条件,通过一定的计算方法确定符合要求的光源容量及灯具的数量;二是在灯具的形式、数量,光源的容量都确定的情况下计算其所达到的照度值。

照明计算的方法很多,本节主要介绍几种常用的计算方法。

8.5.1　逐点照度计算法

逐点照度计算法又称为平方反比法,它可以求出工作面上任何一点的直射照度。

当光源的尺寸和它到被照面的距离相比非常小时,可以忽略光源的大小而认为是点光源。点光源到被照面上某个照度计算点的水平照度为

$$E_x = \frac{I_\alpha \cos \alpha}{l^2} \tag{8.9}$$

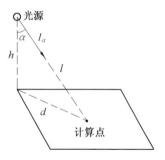

式中,E_x 为照度计算点的水平面照度,lx;I_α 为光源照射方向的光强,cd;α 为光源的入射角;l 为光源与计算点之间的距离,m。

图 8.16　逐点照度计算法图示

当有多个点光源时,逐一计算每个光源对计算点的照度,然后叠加起来即可。利用式(8.9),把其加以变化就可以计算任意倾斜面上的照度。实际的工程计算中为了简化,利用灯具厂商提供的空间等照度曲线和平面相对等照度曲线进行逐点照度计算。

1.空间等照度曲线法

在具有旋转轴对称配光特性灯具的场所,可利用空间等照度曲线进行水平照度的计算。只要知道计算高度 h 和水平距离 d 就可以从曲线上查得该点的水平照度值。

由于曲线是按光源的光通量为 1 000 lm 绘制的,所以查得的数值还要根据实际光通量进行换算。被照计算点的水平照度值 E_n 为

$$E_n = \frac{K\Phi \sum E}{1\,000} \tag{8.10}$$

式中,K 为维护系数;Φ 为每个灯具内的总光通量,lm;$\sum E$ 为各灯具对计算点产生的水平照度的总和,lx。

图 8.17 为平圆形吸顶灯的空间等照度曲线。其他常用灯具的曲线可查阅有关手册。

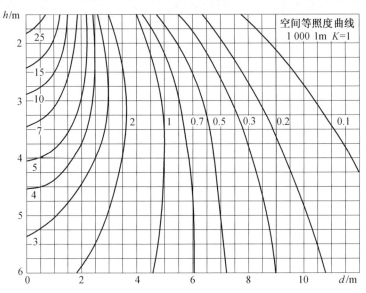

图 8.17 平圆形吸顶灯的空间等照度曲线

2.平面相对等照度曲线法

非对称配光特性的灯具可使用平面相对等照度曲线进行计算。由于曲线是假设计算高度 1 m 的条件下绘制的,所以计算公式为

$$E_n = \frac{K\Phi \sum E}{1\,000h^2} \tag{8.11}$$

式中,Φ 为每个灯具内的总光通量,lm;$\sum E$ 为各灯具对计算点产生的水平照度的总和,lx;h 为灯具的计算高度,m。

图 8.18 为简式荧光灯 YG2 - 1 的平面相对等照度曲线。

8.5.2　光通利用系数法

利用系数法是计算工作面上平均照度的常用方法。利用系数 μ 是指投射到工作面的光通量(包括灯具的直射光通量和墙面、顶棚、地面等的反射光通量) 和灯具发出的总光通量的比值。

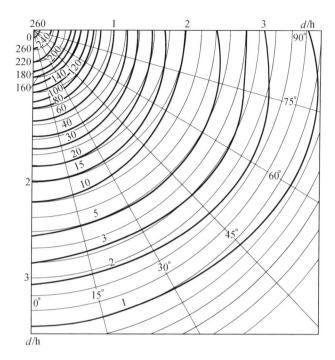

图 8.18　YG2 – 1 的平面相对等照度曲线

1. 计算公式

$$E_{av} = \frac{\mu K N \Phi}{S} \qquad (8.12)$$

式中，E_{av} 为工作面的平均照度值，lx；μ 为利用系数；K 为维护系数；N 为灯具数量，盏；Φ 为每个灯具内的总光通量，lm；S 为工作面的面积，m^2。

计算公式并不复杂，关键是利用系数。常用灯具在各种条件的利用系数已经计算出来并制成表格，供人们使用。接下来看如何选取利用系数。

2. 利用系数的选取

利用系数的选取与多种因素有关，步骤如下。

（1）确定房间的空间特征系数。房间的空间特征可以用空间系数表征。如图 8.19 所示，将房间横截面的空间分为三个部分，灯具出口平面到顶棚之间的为顶棚空间；工作面到灯具出口平面之间的为室空间；工作面到地面之间的为地板空间。三个空间分别有各自的空间系数。

① 室空间系数为

$$RCR = \frac{5h_{rc}(L + W)}{LW} \qquad (8.13)$$

② 顶棚空间系数为

$$CCR = \frac{5h_{cc}(L + W)}{LW} = \frac{h_{cc}}{h_{rc}}RCP \qquad (8.14)$$

③ 地板空间系数为

$$FCR = \frac{5h_{fc}(L + W)}{LW} = \frac{h_{fc}}{h_{rc}}RCP \qquad (8.15)$$

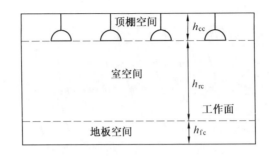

图 8.19

式中,h_{rc} 为室空间高度,m;h_{cc} 为顶棚空间高度,m;h_{fc} 为地板空间高度,m;L 为房间的长度,m;W 为房间的宽度,m。

(2)确定顶棚、地板空间的有效反射比和墙面的平均反射比。射向灯具出口平面上方空间的光线,除一部分吸收之外,剩下的最终还要从灯具出口平面向下射出。那么,可以把灯具开口平面看成一个有效反射比为 ρ_{cc} 的假想平面。光在这个假想平面上的反射效果同在实际顶棚空间的效果等价。同样,地板空间的反射效果也可以用一个假想平面来表示,其有效反射比为 ρ_{fc}。

(顶棚、地板)空间有效反射比为

$$P_{00} = \frac{\rho S_0}{S_s - \rho S_s + \rho S_0} \tag{8.16}$$

式中,ρ 为(顶棚、地板)空间各表面的平均反射比;S_s 为(顶棚、地板)空间内所有表面的总面积,m。

如果某个空间是由 i 个表面组成,则平均反射比为

$$\rho = \frac{\sum \rho_i S_i}{\sum S_i} \tag{8.17}$$

式中,ρ_i 为第 i 个表面的反射比;S_i 为第 i 个表面面积,m。

墙面的平均反射比 ρ_w 如需要可利用式(8.16)计算。

(3)确定利用系数。在求出 RCR、ρ_{cc}、ρ_w 后,按灯具的利用系数计算表即可查出其利用系数。如系数不是表中的整数,可用插值法算出对应值。表 8.14 为 YG1-1 型荧光灯具利用系数表。一般情况下,系数表是按 $\rho_{fc}=20\%$ 求得的,如果实际的 ρ_{fc} 值不是 20%,应该加以修正。在精度要求不高的场合也可以不修正。

【例 8.1】 有一实验室长 9.5 m,宽 6.6 m,高 3.6 m,在顶棚下方 0.5 m 处均匀安装 9 盏 YG1-1 型 40 W 荧光灯(光通量为 2 400 lm),设实验桌高度为 0.8 m,实验室内各表面的反射比如图 8.20 所示,试用利用系数法计算实验桌上的平均照度。

解 (1)求空间系数

$$RCR = \frac{5h_{rc}(L+W)}{LW} = \frac{5 \times 2.3 \times (6.6+9.5)}{6.6 \times 9.5} \approx 2.95$$

$$CCR = \frac{h_{cc}}{h_{rc}}RCP = \frac{0.5}{2.3} \times 2.95 \approx 0.64$$

$$FCR = \frac{h_{fc}}{h_{rc}}RCP = \frac{0.8}{2.3} \times 2.95 \approx 1.03$$

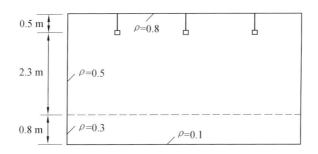

图 8.20　利用系数法举例示意

表 8.14　YG1 - 1 型荧光灯具利用系数表

有效顶棚反射系数	0.70	0.50	0.30	0.10	0
墙反射系数	0.70 0.50 0.30 0.10	0.70 0.50 0.30 0.10	0.70 0.50 0.30 0.10	0.70 0.50 0.30 0.10	0
室空间比　1	0.75 0.71 0.67 0.63	0.67 0.63 0.60 0.57	0.59 0.56 0.54 0.52	0.52 0.50 0.48 0.46	0.43
2	0.68 0.61 0.55 0.50	0.60 0.54 0.50 0.46	0.53 0.48 0.45 0.41	0.46 0.43 0.40 0.37	0.34
3	0.61 0.53 0.46 0.41	0.54 0.47 0.42 0.38	0.47 0.42 0.38 0.34	0.41 0.37 0.34 0.31	0.28
4	0.56 0.46 0.39 0.34	0.49 0.41 0.36 0.31	0.43 0.37 0.32 0.28	0.37 0.33 0.29 0.26	0.23
5	0.51 0.41 0.34 0.29	0.45 0.37 0.31 0.26	0.39 0.33 0.28 0.24	0.34 0.29 0.25 0.22	0.20
6	0.47 0.37 0.30 0.25	0.41 0.33 0.27 0.23	0.36 0.29 0.25 0.21	0.32 0.26 0.22 0.19	0.17
7	0.43 0.33 0.26 0.21	0.38 0.30 0.24 0.20	0.33 0.26 0.22 0.18	0.29 0.24 0.20 0.16	0.14
8	0.40 0.29 0.23 0.18	0.35 0.27 0.21 0.17	0.31 0.24 0.19 0.16	0.27 0.21 0.17 0.14	0.12
9	0.37 0.27 0.20 0.16	0.33 0.24 0.19 0.15	0.29 0.22 0.17 0.14	0.25 0.19 0.15 0.12	0.11
10	0.34 0.24 0.17 0.13	0.30 0.21 0.16 0.12	0.26 0.19 0.15 0.11	0.23 0.17 0.13 0.10	0.09

（2）求顶棚有效反射比

$$\rho = \frac{\sum \rho_i S_i}{\sum S_i} = \frac{0.8 \times 6.6 \times 9.5 + 0.5 \times (0.5 \times 6.6 + 0.5 \times 9.5) \times 2}{6.6 \times 9.5 + 0.5 \times 6.6 \times 2 + 0.5 \times 9.5 \times 2} \approx 0.74$$

$$\rho_{cc} = \frac{\rho S_0}{S_s - \rho S_s + \rho S_0} = \frac{0.74 \times 62.7}{78.8 - 0.74 \times 78.8 + 0.74 \times 62.7} \approx 0.69$$

（3）确定利用系数

根据 $RCR = 2, \rho_w = 0.5, \rho_{cc} = 0.7$，查表 8.14 得 $\mu = 0.60$。

根据 $RCR = 3, \rho_w = 0.5, \rho_{cc} = 0.7$，查表 8.14 得 $\mu = 0.54$。

用插值法可得，$RCR = 2.95$ 时 $\mu = 0.534$。

（4）求实验桌上的平均照度

$$E_{av}/\mathrm{lx} = \frac{\mu K N \Phi}{S} = \frac{0.534 \times 0.8 \times 9 \times 2\,400}{6.6 \times 9.5} \approx 147.2$$

注意，上述计算并没有考虑实验室的开窗面积，如计入开窗面积的影响，平均照度将降低。

8.5.3　单位容量法

光源的单位容量是指在单位水平面积上光源的安装电功率，它实际上是光源电功率的面

密度。即

$$P_0 = \frac{\sum P}{S} \tag{8.18}$$

式中，P_0 为单位容量，W/m；$\sum P$ 为房间安装光源的总功率，W；S 为房间的总面积，m²。

单位容量法就是利用已经制作好的单位面积光通量或单位面积安装电功率数据表格进行计算。根据已知条件在表上查得单位容量，室内照明的总安装容量为

$$\sum P = P_0 S \tag{8.19}$$

室内需要的灯具数量为

$$N = \frac{\sum P}{P_L} \tag{8.20}$$

式中，P_L 为每盏灯具的光源容量，W；N 为灯具数量，盏。

【例8.2】 用单位容量法计算例8.1，如规定照度为150 lx，采用 YG2－1 型荧光灯需要多少盏灯？

解 由已知条件 $h = 2.3$ m，$S = 6.6 \times 9.5 = 62.7$ m²，$E_{av} = 150$ lx，查表 8.15 得 $P_0 = 10.2$ W/m²。

照明总安装功率为

$$\sum P/\text{W} = P_0 S = 10.2 \times 62.7 = 639.54$$

应装设荧光灯的盏数为

$$N = \frac{\sum P}{P_L} = \frac{639.54}{40} \approx 16$$

用单位容量法求得的灯数要比利用系数法计算出来的灯数多一些。

表 8.15　YG2－1 型荧光灯的单位容量

计算高度 h/m	房间面积 S/m²	平均照度 E_{av}/lx					
		30	50	75	100	150	200
2 ~ 3	10 ~ 15	3.2	5.2	7.8	10.4	15.6	21
	15 ~ 25	2.7	4.5	6.7	8.9	13.4	18
	25 ~ 50	2.4	3.9	5.8	7.7	11.6	15.4
	50 ~ 150	2.1	3.4	5.1	6.8	10.2	13.6
	150 ~ 300	1.9	3.2	4.7	6.3	9.4	12.5
	> 300	1.8	3.0	4.5	5.9	8.9	11.8
3 ~ 4	10 ~ 15	4.5	7.5	11.3	15	23	30
	15 ~ 20	3.8	6.2	9.3	12.4	19	25
	20 ~ 30	3.2	5.3	8.0	10.8	15.9	21.2
	30 ~ 50	2.7	4.5	6.8	9.0	13.6	18.1
	50 ~ 120	2.4	3.9	5.8	7.7	11.6	15.4
	120 ~ 300	2.1	3.4	5.1	6.8	10.2	13.5
	> 300	1.9	3.2	4.9	6.3	9.5	12.6

8.6　照　明　配　电

电光源需要通电才能使用,合理的照明配电系统是电光源安全、可靠运行的保证。

8.6.1　电光源使用电压要求

一般照明光源的供电电压用交流220 V;1 500 W及以上的高强度气体放电灯(氙灯)的电压可采用380 V供电电压,以降低损耗。

移动式和手提式灯具应采用Ⅲ类灯具,要用安全特低电压供电,其电压值应符合以下要求:

①在干燥场所不大于50 V。

②在潮湿场所不大于25 V。照明灯具端电压允许偏移量,上限为额定电压的+5%,允许偏移量下限为额定电压的:

a.一般工作场所,-5%。

b.远离变电所的小面积一般工作场所难以满足第1款要求时,-10%。

c.应急照明和用安全特低电压供电的照明,-10%。在电源电压偏差较大的场所,有条件时,宜设置自动稳压装置。

8.6.2　照明电源

1.供照明用的配电变压器的设置要求

①动力设备无大功率冲击性负荷时,照明和电力宜共用变压器。

②当动力设备有大功率冲击性负荷时,考虑到电压的偏移与波动,照明宜与冲击性负荷接自不同变压器;如条件不允许,需接自同一变压器时,照明应由专用馈电线供电。

③照明安装功率较大时,宜采用照明专用变压器。

2.应急照明的电源设置要求

应急照明的电源,应根据应急照明类别、场所使用要求和该建筑电源条件,采用下列方式之一:

①接自电力网有效地独立于正常照明电源的线路。

②蓄电池组,包括灯内自带蓄电池、集中设置或分区集中设置的蓄电池装置。

③应急发电机组。

④以上任意两种方式的组合。常用照明电源系统如图8.21所示。

8.6.3　照明配电网络

照明配电网络由连接变配电所内的低压配电屏至总照明配电箱的馈电线,总照明配电箱配出的干线和连接分照明配电箱的分支线组成。

照明配电网络宜采用放射式和树干式结合的方式,如图8.22所示。

照明配电的单相负荷宜在三相配电干线上平衡分配,以使各相电压偏差不致差别太大。一般规定相负荷不超过三相负荷平均值的±15%。为了减小分支线路内发生故障的影响范围以及方便检查维修,每个照明单相分支回路的电流不宜超过16 A,所接光源数不宜超过25

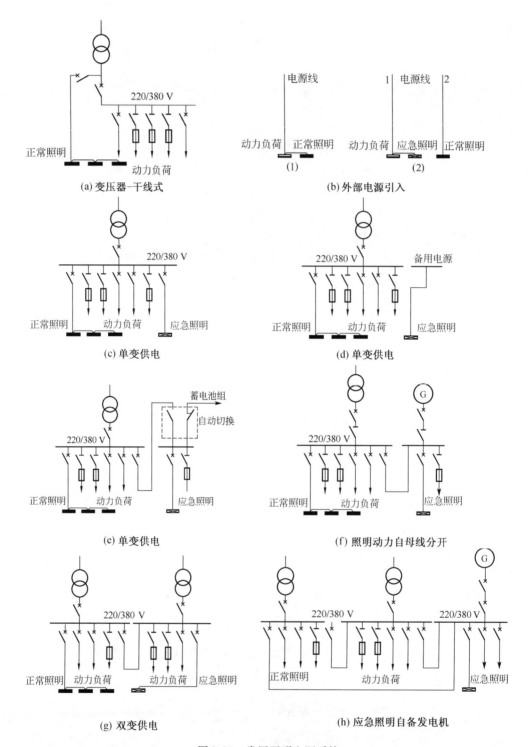

(a) 变压器-干线式

(b) 外部电源引入

(c) 单变供电

(d) 单变供电

(e) 单变供电

(f) 照明动力自母线分开

(g) 双变供电

(h) 应急照明自备发电机

图 8.21　常用照明电源系统

个;连接组合式灯具时,回路电流不宜超过 25 A,光源数不宜超过 60 个;连接高强度气体放电灯的单相分支回路的电流不应超过 30 A。

　　照明配电箱应设置在靠近照明负荷中心附近便于操作维护的位置;供给气体放电灯的配

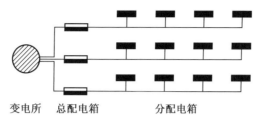

图 8.22　照明配电网络形式示意图

电线路宜在线路或灯具内设置电容补偿,补偿后功率因数不应低于0.9;这些措施可以降低电压损失与电能损耗。

居住建筑应按户设置电能表;办公楼宜按租户或单位设置电能表;工厂在有条件时宜按车间设置电能表;分户计量便于管理,有利于节电。

考虑到要装设剩余电流动作保护器(即漏电保护器),插座不宜和照明灯接在同一分支回路。在气体放电灯的频闪效应对视觉作业有影响的场所,应采用下列措施之一:

①采用高频电子镇流器。

②相邻灯具分接在不同相序。

8.6.4　照明配电线路导线的选择

①照明配电常用的导线主要是绝缘电线和电缆。绝缘电线大致分为塑料绝缘电线与橡皮绝缘电线两大类。常用的 BLV、BV、BVV、BVR、RV 聚氯乙烯绝缘线等属于塑料绝缘电线;BLX、BX、BBX、BXF 等属于橡皮绝缘电线。

照明配电用的低压电力电缆由导电芯线、绝缘层、保护层组成。电力电缆按其芯数有单芯、双芯、三芯、四芯、五芯线之分。常用电力电缆型号字母含义见表8.16。

表 8.16　常用电力电缆型号字母含义

绝缘种类	线芯材料	内护层	其他特征	外护层			
				第一个数字		第二个数字	
Z:纸 X:橡皮 V:聚氯乙烯 Y:聚乙烯 Y J:交联聚乙烯	T:铜(省略) L:铝	Q:铅护套 L:铝护套 H:橡皮套(H) F:非燃性橡皮套 V:聚氯乙烯护套 Y:聚乙烯护套	D:不滴油 F:分相铅包 P:屏蔽 C:重型	代号 0 1 2 3 4	铠装层类型 无 — 双钢带 细圆钢丝 粗圆钢丝	代号 0 1 2 3 4	外被层类型 无 纤维绕包 聚氯乙烯护套 聚乙烯护套

②照明配电线路应按负荷计算电流(即允许载流量或发热条件)和灯端允许电压值选择导体截面积。电照设计中可以根据实际情况灵活运用两种方法。选择导线截面积应考虑必要的短路和机械强度校验。

照明配电干线和分支线,应采用铜芯绝缘电线或电缆,分支线截面不应小于1.5 mm²。主要供给气体放电灯的三相配电线路,其中性线截面应满足不平衡电流及谐波电流的要求,且不应小于相线截面,接地线截面选择应符合国家现行标准的有关规定。

附　　录

附表1　导线与地面的最小距离　　　　　　　　　　　　　　　　　　m

线路经过地区	线路电压/kV		
	35	3~10	<3
居民区	7.0	6.5	6.0
非居民区	6.0	5.5	5.0
交通困难地区	5.0	4.5	4.0

附表2　架空线路的导线与建筑物间及街道行道树间的最小距离　　　　　m

线路经过地区	线路电压/kV		
	35	3~10	<3
导线跨越建筑物垂直距离(最大计算弧垂)	4.0	3.0	2.5
导线跨越建筑物垂直距离(最大计算风偏)	3.0	1.5	1.0
最大计算弧垂情况下的垂直距离	3.0	1.5	1.0
最大计算风偏情况下的水平距离	3.5	2.0	1.0

注:架空线路不应跨越屋顶为易燃材料的建筑物,对其他建筑物也应尽量不跨越。

附表3　屋内电气线路与其他管道之间的最小净距　　　　　　　　　　m

敷设方式	管道及设备名称	穿管线	电缆	绝缘导线	裸导线	滑触线	母线槽	配电设备
平行	煤气管	0.5	0.5	1.0	1.8	1.5	1.5	1.5
	乙炔管	1.0	1.0	1.0	2.0	1.5	1.5	1.5
	氧气管	0.5	0.5	0.5	1.8	1.5	1.5	1.5
	蒸汽管	1.0/0.5	1.0/0.5	1.0/0.5	1.5	1.5	1.0/0.5	0.5
	热水管	0.3/0.2	0.1	0.3/0.2	1.5	1.5	0.3/0.2	0.1
	通风管	0.1	0.1	0.2	1.5	1.5	0.1	0.1
	上下水管	0.1	0.1	0.2	1.5	1.5	0.1	0.1
	压缩空气管	0.1	0.1	0.2	1.5	1.5	0.1	0.1
	工艺设备	0.1			1.5	1.5		
交叉	煤气管	0.1	0.3	0.3	0.5	0.5	0.5	
	乙炔管	0.1	0.5	0.5	0.5	0.5	0.5	
	氧气管	0.1	0.3	0.3	0.5	0.5	0.5	
	蒸汽管	0.3	0.3	0.3	0.5	0.5	0.5	
	热水管	0.1	0.1	0.1	0.5	0.5	0.1	
	通风管	0.1	0.1	0.1	0.5	0.5	0.1	
	上下水管	0.1	0.1	0.1	0.5	0.5	0.1	
	压缩空气管	0.1	0.1	0.1	0.5	0.5	0.1	
	工艺设备	0.1			1.5	1.5		

0

附表4　0.6/1.0 kV 低压电缆的经济电流范围　A

线芯材料	截面 /mm²	低电价区（西北、西南）			中电价区（华北、华中、东北）			高电价区（华东、华南）		
		一班制 $T_{max}=$ 2 000 h	二班制 $T_{max}=$ 4 000 h	三班制 $T_{max}=$ 6 000 h	一班制 $T_{max}=$ 2 000 h	二班制 $T_{max}=$ 4 000 h	三班制 $T_{max}=$ 6 000 h	一班制 $T_{max}=$ 2 000 h	二班制 $T_{max}=$ 4 000 h	三班制 $T_{max}=$ 6 000 h
铜芯	1.5	5	4	~3	~3	~3	~3	~4	~3	~2
	2.5	5~8	4~6	3~5	3~7	3~5	3~4	4~7	3~5	2~4
	4	8~12	6~9	5~8	7~11	5~8	4~6	7~10	5~7	4~6
	6	12~19	9~14	8~11	11~18	8~13	6~10	10~17	7~12	6~9
	10	19~31	14~24	11~19	18~29	13~21	10~16	17~27	12~20	9~15
	16	31~50	24~37	19~29	29~46	21~34	16~26	27~43	20~31	15~23
	25	50~73	37~55	29~43	46~68	34~50	26~38	43~63	31~45	23~34
	35	73~104	55~78	43~61	68~96	50~70	38~54	63~89	45~64	34~49
	50	104~147	78~111	61~86	96~135	70~99	54~76	89~126	64~91	49~69
	70	147~202	111~153	86~119	135~186	99~137	76~105	126~173	91~125	69~95
	95	202~265	153~200	119~156	186~244	137~179	105~138	173~227	125~163	95~125
	120	265~333	200~251	156~196	244~307	179~225	138~173	227~285	163~205	125~156
	150	333~414	251~312	196~243	307~381	225~279	173~215	285~354	205~255	156~194
	185	414~523	312~394	243~307	381~481	279~353	215~271	354~448	255~323	194~246
	240	523~666	394~502	307~391	481~613	353~450	271~346	448~571	323~411	246~313
	300	666	502	391	613	450	346	571	411	313
铝芯	25	~23	~18	~14	~22	~17	~13	~20	~15	~11
	35	23~32	18~25	14~20	22~31	17~23	13~18	20~28	15~21	11~16
	50	32~46	25~35	20~28	31~44	23~33	18~26	28~40	21~29	16~23
	70	46~63	35~48	28~38	44~60	33~46	26~36	40~55	29~40	23~31
	95	63~83	48~63	38~50	60~79	46~60	36~47	55~71	40~53	31~41
	120	83~104	63~80	50~63	79~99	60~75	47~59	71~90	53~66	41~52
	150	104~138	80~105	63~84	99~131	75~100	59~78	90~119	66~88	52~68
	185	138~155	105~118	84~94	131~147	100~115	78~88	119~133	88~99	68~77
	240	155	118	94	147	115	88	133	99	77

注：①低电价区0.3~0.33元/kW·h,中电价区0.38~0.4元/kW·h,高电价区0.5~0.52元/kW·h。

②铝芯电缆按 VLV-1 3+1 芯计算,铝芯交联电缆经济电流范围约乘1.15倍。

③本表原始数据摘自国际铜业协会(中国)资料。

附表 5 敷设在自由空气中多芯电缆载流量校正系数

敷设方法		托盘数	电缆数					
			1	2	3	4	6	9
无孔托盘	接触	1	1.00	0.85	0.79	0.75	0.72	0.70
		2	0.97	0.84	0.76	0.73	0.68	0.63
		3	0.97	0.83	0.75	0.72	0.66	0.61
		6	0.97	0.81	0.73	0.69	0.63	0.58
	有间距	1	0.97	0.96	0.94	0.93	0.90	—
		2	0.97	0.95	0.92	0.9	0.86	—
		3	0.97	0.94	0.91	0.89	0.84	—
		6	0.97	0.93	0.9	0.88	0.83	—
有孔托盘	接触	1	1.00	0.88	0.82	0.79	0.76	0.73
		2	1.00	0.87	0.80	0.77	0.73	0.68
		3	1.00	0.86	0.79	0.76	0.71	0.66
		6	1.00	0.84	0.77	0.73	0.68	0.64
	有间距	1	1.00	1.00	0.98	0.95	0.91	—
		2	1.00	0.99	0.96	0.92	0.87	—
		3	1.00	0.98	0.95	0.91	0.85	—
		6	1.00	0.97	0.94	0.90	0.84	—

注:所给数值用于托盘与墙之间间距不少于 20 mm 的情况,小于这一距离时,系数应当减小。

附表 6 0.6/1 kV 聚氯乙烯绝缘及护套电缆在自然空气或有空托盘上明敷时的载流量 （$\theta_n = 70$ ℃）

线芯面积/mm²		不同环境温度的载流量/A			
主线芯	中性线	25 ℃	30 ℃	35 ℃	40 ℃
1.5		20	18	17	16
2.5		27	25	24	22
4	4	36	34	32	30
6	6	46	43	40	37
10	10	64	60	56	52
16	16	85	80	75	70
25	16	107	101	95	88
35	16	134	126	118	110
50	25	162	153	144	133
70	35	208	196	184	171
95	50	252	238	224	207
120	70	293	276	259	240
150	70	338	319	300	278
185	95	386	364	342	317
240	120	456	430	404	374
300	150	527	497	467	432
2.5		20	19	18	17
4	4	28	26	24	23
6	6	35	33	31	29
10	10	49	46	43	40
16	16	65	61	57	53
25	25	83	78	73	68
35	25	102	96	90	84
50	25	124	117	110	102
70	35	159	150	141	131
95	50	194	183	172	159
120	70	225	212	199	184
150	70	260	245	230	213
185	95	297	280	263	244
240	120	350	330	310	287
300	150	404	381	358	331

铜芯（前16行主线芯列）
铝芯（后15行主线芯列）

附表7　母线的集肤效应系数(50 Hz)

母线尺寸 宽×厚/(mm×mm)	铝	铜	母线尺寸 宽×厚/(mm×mm)	铝	铜
31.5×4	1.00	1.005	63×8	1.03	1.09
40×4	1.005	1.011	80×8	1.07	1.12
40×5	1.005	1.018	100×8	1.08	1.16
50×5	1.008	1.028	125×8	1.112	1.22
50×6.3	1.01	1.04	63×10	1.08	1.14
63×6.3	1.02	1.055	80×10	1.09	1.18
80×6.3	1.03	1.09	100×10	1.13	1.23
100×6.3	1.06	1.14	125×10	1.18	1.25

附表8　不同频率时的电流透入深度δ值　　　　　　　　　　　　　　　cm

频率/Hz	铝			铜		
	60 ℃	65 ℃	70 ℃	60 ℃	65 ℃	70 ℃
50	1.349	1.361	1.383	1.039	1.048	1.066
300	0.551	0.555	0.565	0.424	0.428	0.435
400	0.477	0.481	0.489	0.367	0.371	0.377
500	0.427	0.430	0.437	0.329	0.331	0.337
1 000	0.302	0.304	0.309	0.232	0.234	0.238

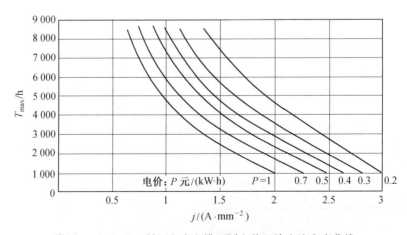

附图1　0.6/1 kV 低压电力电缆不同电价经济电流密度曲线

附表 9　RT0 型低压断路器的主要技术数据

型号	熔管额定电压/V	额定电流/A		最大分断电流/kA
		熔管	熔体	
RT0-100	交流 380 直流 440	100	30,40,50,60,80,100	50 (cos φ = 0.1 ~ 0.2)
RT0-200		200	(80,100),120,150,200	
RT0-400		400	(150,200),250,300,350,400	
RT0-600		600	(350,400),450,500,550,600	
RT0-1000		1000	700,800,900,1 000	

注:表中括号内的熔体电流尽量不采用。

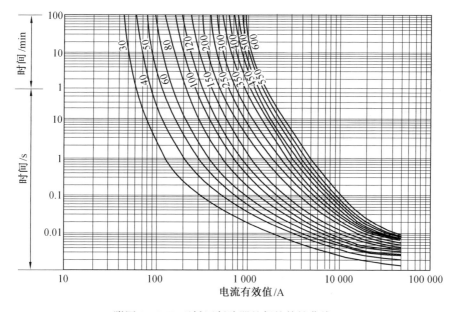

附图 2　RT0 型低压断路器的保护特性曲线

附表 10 绝缘导线明敷、穿钢管和穿塑料管时的允许载流量

（导线正常最高允许温度为 65 ℃）

附表 10.1 绝缘导线明敷时的允许载流量

芯线截面 /mm²	橡皮绝缘								塑料绝缘							
	25 ℃		30 ℃		35 ℃		40 ℃		25 ℃		30 ℃		35 ℃		40 ℃	
	铜芯	铝芯	铜芯	铝芯	铜芯	铝芯	铜芯	铝芯	铜芯	铝芯	铜芯	铝芯	铜芯	铝芯	铜芯	铝芯
2.5	35	27	32	25	30	23	27	21	32	25	30	23	27	21	25	19
4	45	35	41	32	39	30	35	27	41	32	37	29	35	27	32	25
6	58	45	54	42	49	38	45	35	54	42	50	39	46	36	43	33
10	84	65	77	60	72	56	66	51	76	59	71	55	66	51	59	46
16	110	85	102	79	94	73	86	67	103	80	95	74	89	69	81	63
25	142	110	132	102	123	95	112	87	135	105	126	98	116	90	107	83
35	178	138	166	129	154	119	141	109	168	130	156	121	144	112	132	102
50	226	175	210	163	195	151	178	138	213	165	199	154	183	142	168	130
70	284	220	266	206	245	190	224	174	264	205	246	191	228	177	209	162
95	342	265	319	247	295	229	270	209	323	250	301	233	279	216	254	197
120	400	310	361	280	346	268	316	243	365	283	343	266	317	246	290	225
150	464	360	433	336	401	311	366	284	419	325	325	303	362	281	332	257
185	540	420	506	392	468	363	428	332	490	380	458	355	423	328	387	300
240	660	510	615	476	570	441	520	403	—	—	—	—	—	—	—	—

附表 10.2　橡皮绝缘导线穿钢管时的允许载流量

芯线截面/mm²	芯线材料	2根单芯线 环境温度/℃				2根穿管 管径/mm		3根单芯线 环境温度/℃				3根穿管 管径/mm		4~5根单芯线 环境温度/℃				4根穿管 管径/mm		5根穿管 管径/mm	
		25	30	35	40	SC	MT	25	30	35	40	SC	MT	25	30	35	40	SC	MT	SC	MT
2.5	铜	27	25	23	21	15	20	25	22	21	19	15	20	21	18	17	15	20	—	20	25
	铝	21	19	18	16			19	17	16	15			16	14	13	12				
4	铜	36	34	31	28	20	25	32	30	27	25	20	25	30	27	25	23	20	25	20	25
	铝	28	26	24	22			25	23	21	19			23	21	19	18				
6	铜	48	44	41	37	20	25	44	40	37	34	20	25	39	36	32	30	25	25	25	32
	铝	37	34	32	29			34	31	29	26			30	28	25	23				
10	铜	67	62	57	53	25	32	59	55	50	46	25	32	52	48	44	40	25	25	32	40
	铝	52	48	44	41			46	43	39	36			40	37	34	31				
16	铜	85	79	74	67	25	32	76	71	66	59	32	32	67	62	57	53	32	32	40	50
	铝	66	61	57	52			59	55	51	46			52	48	44	41				
25	铜	111	103	95	88	32	40	98	92	84	77	32	40	88	81	75	68	40	40	40	—
	铝	86	80	74	68			76	71	65	60			68	63	58	53				
35	铜	137	128	117	107	32	40	121	112	104	95	32	50	107	99	92	84	40	50	50	—
	铝	106	99	91	83			94	87	83	74			83	77	71	65				
50	铜	172	160	148	135	40	50	152	142	132	120	50	50	135	126	116	107	50	50	70	—
	铝	135	124	115	105			118	110	102	93			105	98	90	83				
70	铜	212	199	183	168	50	50	194	181	166	152	70	—	172	160	148	135	70	—	70	—
	铝	164	154	142	130			150	140	129	118			133	124	115	105				
95	铜	258	241	223	204	70	—	232	217	200	183	70	—	206	192	178	163	70	—	80	—
	铝	200	187	173	158			210	196	181	166			190	177	164	150				
120	铜	297	277	255	233	70	—	271	253	233	214	70	—	245	228	216	194	70	—	70	—
	铝	230	215	198	181			210	196	181	166			190	177	164	150				
150	铜	335	313	289	264	70	—	310	289	267	244	70	—	284	266	245	224	80	—	100	—
	铝	260	243	224	205			240	224	207	189			220	205	190	174				
185	铜	381	355	329	301	80	—	348	325	301	275	80	—	323	301	279	254	80	—	100	—
	铝	295	275	255	233			270	252	233	213			250	233	216	197				

附表 10.3　塑料绝缘导线穿钢管时的允许载流量

芯线截面/mm²	芯线材料	2根单芯线 环境温度/℃				2根穿管 管径/mm		3根单芯线 环境温度/℃				3根穿管 管径/mm		4~5根单芯线 环境温度/℃				4根穿管 管径/mm		5根穿管 管径/mm	
		25	30	35	40	SC	MT	25	30	35	40	SC	MT	25	30	35	40	SC	MT	SC	MT
2.5	铜	26	23	21	19	15	15	23	21	19	18	15	15	19	18	16	14	15	15	15	20
	铝	20	18	17	15			18	16	15	14			15	14	12	11				
4	铜	35	32	30	27	15	15	31	28	26	23	15	15	28	26	23	21	15	20	20	20
	铝	27	25	23	21			24	22	20	18			22	20	18	16				
6	铜	45	41	39	35	15	20	41	37	35	32	15	20	36	34	31	28	20	25	25	25
	铝	35	32	30	27			32	29	27	25			28	26	24	22				
10	铜	63	58	54	49	20	25	57	53	49	44	20	25	49	45	41	39	25	25	25	32
	铝	49	45	42	38			44	41	38	34			38	35	34	30				
16	铜	81	75	70	63	25	25	72	67	62	57	25	25	65	59	55	50	25	32	32	40
	铝	63	58	54	49			56	52	48	44			50	46	43	39				
25	铜	103	95	89	81	25	32	90	84	77	71	32	32	84	77	72	66	32	40	32	50
	铝	80	74	69	63			70	65	60	55			65	60	56	51				
35	铜	129	120	111	102	32	40	116	108	99	92	32	32	103	95	89	81	40	50	40	—
	铝	100	93	86	79			90	84	77	71			80	74	69	63				
50	铜	161	150	139	126	40	50	142	132	123	112	40	40	129	120	111	102	50	50	50	—
	铝	125	116	108	98			110	102	95	87			100	93	86	79				
70	铜	200	186	173	157	50	50	184	172	159	146	50	50	164	150	141	129	50	—	70	—
	铝	155	144	134	122			143	133	123	113			127	118	109	100				
95	铜	245	228	212	194	50	50	219	204	190	173	50	50	196	183	169	155	70	—	70	—
	铝	190	177	164	150			170	158	147	134			152	142	131	120				
120	铜	284	264	245	224	50	50	252	235	217	199	50	50	222	206	191	175	70	—	80	—
	铝	220	205	190	174			195	182	168	154			172	150	148	136				
150	铜	323	301	279	254	70	—	290	271	250	228	70	—	258	241	223	204	70	—	80	—
	铝	250	233	216	197			225	210	194	177			200	137	173	158				
185	铜	368	343	317	290	70	—	329	307	284	259	70	—	297	277	255	233	80	—	100	—
	铝	285	266	246	225			255	238	220	201			230	215	198	181				

附表 10.4　橡皮绝缘导线穿硬塑料管时的允许载流量

芯线截面/mm²	芯线材料	2根穿管管径/mm	2根单芯线 环境温度/℃ 25	30	35	40	3根穿管管径/mm	3根单芯线 环境温度/℃ 25	30	35	40	4~5根单芯线 环境温度/℃ 25	30	35	40	4根穿管管径/mm	5根穿管管径/mm
2.5	铜	15	25	22	21	19	15	22	19	18	17	19	18	16	14	20	25
2.5	铝	15	19	17	16	15	15	17	15	14	13	15	14	12	11	20	25
4	铜	20	32	30	27	25	20	30	27	25	23	26	23	22	20	20	25
4	铝	20	25	23	21	19	20	23	21	19	18	20	18	17	15	20	25
6	铜	20	43	39	36	34	20	37	35	32	28	34	31	28	26	25	32
6	铝	20	37	34	32	29	20	34	31	29	26	30	28	25	23	25	32
10	铜	25	57	53	49	44	25	52	48	44	40	45	41	38	35	32	32
10	铝	25	44	41	38	34	25	40	37	34	31	35	32	30	27	32	32
16	铜	32	75	70	65	58	32	67	62	57	53	59	55	50	46	32	40
16	铝	32	58	54	50	45	32	52	48	44	41	46	43	39	36	32	40
25	铜	32	99	92	85	77	32	88	81	75	68	77	72	66	61	40	40
25	铝	32	77	71	66	60	32	68	63	58	53	60	56	51	47	40	40
35	铜	40	123	114	106	97	40	108	101	93	85	95	89	83	75	40	50
35	铝	40	95	88	82	75	40	84	78	72	66	74	69	64	58	40	50
50	铜	40	155	145	133	121	50	139	129	120	111	123	114	106	97	50	65
50	铝	40	120	112	103	94	50	108	100	93	86	120	112	103	94	50	65
70	铜	50	197	184	170	156	50	174	163	150	137	155	144	133	122	65	75
70	铝	50	153	143	132	121	50	135	126	116	106	120	112	103	94	65	75
95	铜	50	237	222	205	187	65	213	199	183	168	194	181	166	152	75	80
95	铝	50	184	172	159	145	65	165	154	142	130	150	140	129	118	75	80
120	铜	65	271	253	233	214	65	245	228	212	194	219	204	190	173	80	80
120	铝	65	210	196	181	166	65	190	177	164	150	170	158	147	134	80	80
150	铜	75	323	301	277	254	75	293	273	253	231	264	246	228	209	80	90
150	铝	75	250	233	215	197	75	227	212	196	179	205	191	177	162	80	90
185	铜	80	364	339	313	288	80	329	307	284	259	299	279	258	236	100	100
185	铝	80	282	263	243	223	80	255	238	220	201	232	216	200	183	100	100

附表 10.5　塑料绝缘导线穿硬塑料管时的允许载流量

芯线截面/mm²	芯线材料	2根穿管管径/mm	2根单芯线 环境温度/℃ 25	30	35	40	3根穿管管径/mm	3根单芯线 环境温度/℃ 25	30	35	40	4~5根单芯线 环境温度/℃ 25	30	35	40	4根穿管管径/mm	5根穿管管径/mm
2.5	铜	15	23	21	19	18	15	21	18	17	15	18	17	15	14	20	25
	铝		18	16	15	14		16	14	13	12	14	13	12	11		
4	铜	20	31	28	26	23	20	28	26	24	22	25	22	20	19	20	25
	铝		24	22	20	18		22	20	19	17	19	17	16	15		
6	铜	20	40	36	34	31	20	35	32	30	27	32	30	27	25	25	32
	铝		31	28	26	24		27	25	23	21	25	23	21	19		
10	铜	25	54	50	46	43	25	49	45	42	39	43	39	36	34	32	32
	铝		42	39	36	33		38	35	32	30	33	30	28	26		
16	铜	32	71	66	61	51	32	63	58	54	49	57	53	49	44	32	40
	铝		55	51	47	43		49	45	42	33	44	41	38	34		
25	铜	32	94	88	81	74	40	84	77	72	65	74	68	63	58	40	50
	铝		73	68	63	57		65	60	56	51	57	53	49	45		
35	铜	40	116	108	99	92	40	103	95	89	81	90	84	77	71	50	65
	铝		90	84	77	71		80	74	69	63	70	65	60	55		
50	铜	50	147	137	126	116	50	132	123	114	103	116	108	99	92	65	65
	铝		114	106	98	90		102	95	89	80	90	84	77	71		
70	铜	50	187	174	161	147	50	168	156	144	132	148	138	128	116	65	75
	铝		145	135	125	114		130	121	112	102	115	107	98	90		
95	铜	65	226	210	195	178	65	204	190	175	160	181	168	156	142	75	80
	铝		175	163	151	138		158	147	136	124	140	130	121	110		
120	铜	65	266	241	223	205	65	232	217	200	183	206	192	178	163	75	80
	铝		206	187	173	158		180	168	155	142	160	149	138	126		
150	铜	75	297	277	255	233	75	267	249	231	210	239	222	206	188	80	90
	铝		230	215	198	181		207	193	179	163	185	172	160	146		
185	铜	75	342	319	295	270	80	303	283	262	239	273	255	236	215	90	100
	铝		265	247	220	209		235	219	203	185	212	198	183	167		

附表 11　绝缘导线芯线的最小截面

线路类别			芯线最小截面/cm²		
			铜芯软线	铜芯线	铝芯线
照明用灯头引下线	室内		0.5	1.0	2.5
	室外		1.0	1.0	2.5
移动设备线路	生活用		0.75	—	—
	生产用		1.0	—	—
敷设在绝缘支持件上的绝缘导线（L 为支持点间距）	室内	$L \leqslant 2$ m	—	1.0	2.5
	室外	$L \leqslant 2$ m	—	1.5	2.5
		2 m$<L \leqslant 6$ m	—	2.5	4
		6 m$<L \leqslant 15$ m	—	4	6
		15 m$<L \leqslant 25$ m	—	6	10
穿管敷设的绝缘导线				1.0	2.5
沿墙明敷的塑料护套线			—	1.0	2.5
板孔穿线敷设的绝缘导线			—	1.0	2.5
PE 线和 PEN 线	有机械保护时		—	1.5	2.5
	无机械保护时	多芯线	—	2.5	4
		单芯干线	—	10	16

附表 12   RM10 型低压断路器的主要技术数据

型号	熔管额定电压/V	额定电流/A		最大分断能力	
		熔管	熔体	电流/kA	cos φ
RM10-15	交流 220,380,500 直流 220,440	15	6,10,15	1.2	0.8
RM10-60		60	15,20,25,35,45,60	3.5	0.7
RM10-100		100	60,80,100	10	0.35
RM10-200		200	100,125,160,200	10	0.35
RM10-350		350	200,225,260,300,350	10	0.35
RM10-600		600	350,430,500,600	10	0.35

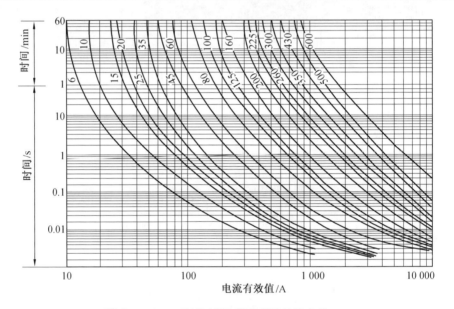

附图 3   RM10 型低压断路器的保护特性曲线

附表 13　部分低压断路器的主要技术数据

型号	脱扣器额定电流/A	长延时动作整定电流/A	短延时动作整定电流/A	瞬时动作整定电流/A	单相接地短路动作电流/A	分断能力 电流/kA	分断能力 cosφ
DW15-200	100	64~100	300~1000	300~1000	—	20	0.35
	150	98~150	—	—	—		
	200	128~200	600~2000	600~2000 1600~4000	—		
DW15-400	200	128~200	600~2000	600~2000 1600~4000	—	25	0.35
	300	192~300	1200~1400	—	—		
	400	256~400	900~3000	3200~8000	—		
DW15-600 （630）	300	192~300	1200~4000	900~3000	—	30	0.35
	400	256~400	1800~6000	1400~6000	—		
	600	384~600	1800~6000	1200~4000 3200~8000	—		
DW15-1000	600	420~600	2400~8000	—	—	40 （短延时 30）	0.35
	800	560~800	3000~10000	6000~12000	—		
	1000	700~1000	4500~15000	8000~16000	—		
DW15-1500	1500	1050~1500	4500~9000	10000~20000	—		
	1500	1050~1500	6000~12000	15000~30000	—		
DW15-2500	2000	1400~2000	7500~15000	10500~21000	—	60 （短延时 40）	0.2 （短延时 0.2）
	2500	1750~2500	7500~15000	14000~28000	—		
	2500	1750~2500	9000~18000	17500~35000	—		
DW15-4000	3000	2100~3000	12000~24000	17500~35000 21000~42000	—	80 （短延时 640）	0.2
	4000	2800~4000	—	28000~56000	—		

続附表 13

型号	脱扣器额定电流/A	长延时动作整定电流/A	短延时动作整定电流/A	瞬时动作整定电流/A	单相接地短路动作电流/A	分断能力 电流/kA	分断能力 cos φ
DW16—630	100	60~100	—	300~600	50	30 (380 V) 20 (660 V)	0.25 (380 V) 0.3 (660 V)
	160	102~160		480~960	80		
	200	128~200		600~1 200	100		
	250	160~250		750~1 500	125		
	315	202~315		945~1 890	158		
	400	256~400		1 200~2 400	200		
	630	403~630		1 890~3 780	315		
DW16—2000	800	512~800	—	2 400~4 800	400	50	—
	1 000	640~1 000		3 000~6 000	500		
	1 600	1 024~1 600		4 800~9 600	800		
	2 000	1 280~2 000		6 000~12 000	1 000		
DW16—4000	2 500	1 400~2 500	—	7 500~15 000	1 250	80	—
	3 200	2 048~3 200		9 600~19 200	1 600		
	4 000	2 560~4 000		12 000~24 000	2 000		
DW17—630 (ME630)	630	200~400 350~630	3 000~5 000 5 000~8 000	1 000~2 000 1 500~3 000 2 000~4 000 4 000~8 000	—	50	0.25

续附表 13

型号	脱扣器额定电流/A	长延时动作整定电流/A	短延时动作整定电流/A	瞬时动作整定电流/A	单相接地短路动作电流/A	分断能力 电流/kA	分断能力 cos φ
DW17-800 (ME800)	800	200~400 350~630 500~800	3 000~5 000 5 000~8 000	1 500~3 000 2 000~4 000 4 000~8 000	—	50	0.25
DW17-1000 (ME1000)	1000	350~630 500~1 000	3 000~5 000 5 000~8 000	1 500~3 000 2 000~4 000 4 000~8 000	—	50	0.25
DW17-1250 (ME1250)	1 250	500~1 000 750~1 250	3 000~5 000 5 000~8 000	2 000~4 000 4 000~8 000	—	50	0.25
DW17-1600 (ME1600)	1 600	500~1 000 900~1 600	3 000~5 000 5 000~8 000	4 000~8 000	—	50	0.25
DW17-2000 (ME2000)	2 000	500~1 000 1 000~2 000	5 000~8 000 7 000~12 000	4 000~8 000 6 000~12 000	—	80	0.2
DW17-2500 (ME2500)	2 500	1 500~2 500	7 000~12 000 8 000~12 000	6 000~12 000	—	80	0.2
DW17-3200 (ME3200)	3 200	—	—	8 000~16 000	—	80	0.2
DW17-4000 (ME4000)	4 000	—	—	10 000~20 000	—	80	0.2

附表 14　GL-$\frac{11、15}{21、25}$型电流继电器的主要技术数据

型号	额定电流/A	额定值		速断电流倍数	返回系数
		动作电流/A	10 倍动作电流的动作时间/s		
GL-11/10，-21/10	10	4,5,6,7,8,9,10	0,5,1,2,3,4	2 ~ 8	0.85
GL-11/5，-21/5	5	2,2,5,3,3,5,4,4,5,5			
GL-15/10，-25/10	10	4,5,6,7,8,9,10	0,5,1,2,3,4		0.8
GL-15/5，-25/5	5	2,2,5,3,3,5,4,4,5,5			

注：速断电流倍数=电磁元件动作电流(速断电流)/感应元件动作电流(整定电流)。

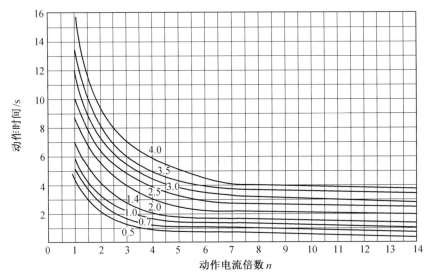

GL-$\frac{11、15}{21、25}$型电流继电器的动作特性曲线

参 考 文 献

[1] 周瀛,李鸿儒.工业企业供电[M].北京:冶金工业出版社,2002.

[2] 苏文成.工厂供电[M].2 版.北京:机械工业出版社,2007.

[3] 刘介才.工厂供电[M].4 版.北京:机械工业出版社,2004.

[4] 《中国电力百科全书》编辑委员会.中国电力百科全书[M].2 版.北京:中国电力出版社, 2001.

[5] 任元会.工业与民用配电设计手册[M].3 版.北京:中国电力出版社,2005.

[6] 中华人民共和国国家质量监督检验检疫总局,中国国家标准化管理委员会.GB 156—2007 标准电压[S].北京:中国标准出版社,2007.

[7] 中华人民共和国国家质量监督检验检疫总局,中国国家标准化管理委员会.GB/T 15164—94 油浸式电力变压器负载导则[M].北京:中国标准出版社,1994.

[8] 许建安.35 ~ 110 kV 输电线路设计[M].北京:中国水利水电出版社,2003.

[9] 中华人民共和国住房和城乡建设部,中华人民共和国国家质量监督检验检疫总局.GB 50052—2009 供配电系统设计规范[S].北京:中国计划出版社,2010.

[10] 中华人民共和国国家质量监督检验检疫总局,中国国家标准化管理委员会. GB/T 17468—2008 电力变压器选用导则[S].北京:中国标准出版社,2008.

[11] 中华人民共和国国家质量监督检验检疫总局,中国国家标准化管理委员会. GB/T 3485—1998 评价企业合理用电技术导则[S].北京:中国标准出版社,1998.

[12] 工厂常用电气设备手册编写组.工厂常用电气设备手册[M].北京:中国电力出版社, 1998.

[13] 黄明达,李庄.2005 版工厂常用电气设备选型、设计与技术参数及性能速查实用手册 [M].长春:吉林电子出版社,2005.

[14] 税正中.电力系统继电保护[M].2 版.重庆:重庆大学出版社,2005.

[15] 刘介才.工厂供电设计指导[M].2 版.北京:机械工业出版社,2010.

[16] 蔺萍.总降压变电站变压器容量及台数的选择[J].有色冶金节能,2010,4(2):31-33.

[17] 李书奇.论工厂供配电系统的方案比较[J].山西建筑,2010,1(2):209-210.

[18] 孙永发.工厂供电区高压配电的经济性和技术性分析[J].湖北民族学院学报(自然科学版),2003,6(2):72-75.

[19] 申明勇.浅谈工厂供配电系统运行和维护的安全技术要求[J].动力与电气工程,2011,7 (13):148.

[20] 杜宪文.工厂厂区供电设计方案探讨[J].长春大学学报,1999.12(6):15-16.

[21] 胡生彬,耿林选.油田 35 kV 直配电网存在问题及解决办法[J].电工技术杂志,2004,6 (6):64-66.

[22] 李涛,隋永刚.35 kV 直配供电技术及节能效果[J].石油规划设计,1992,10(4):23-24.

[23] 中华人民共和国国家质量监督检验检疫总局,中国国家标准化管理委员会. GB/T 13462—2008 电力变压器的经济运行[S]. 北京:中国标准出版社,2008.

[24] 艾谵.10 kV 配电线路存在的问题及对策[J].北京电力高等专科学校学报,2009,10:64-65.